JN421899

결혼, 성과 유전

-만남에서 출산까지-

결혼, 성과 유전

-만남에서 출산까지-

유 민 저

월드사이언스
worldscience.co.kr

결혼, 성과 유전 제2판

인 쇄 | 2022년 1월 10일
발 행 | 2022년 1월 20일

저 자 | 유 민
발행인 | 신정숙
발행처 | 도서출판 월드사이언스

주 소 | 서울특별시 서초구 도구로 115 (월드빌딩 1층)
등록일자 | 1988년 2월 12일
등록번호 | 제 16-1601호
대표전화 | (02) 581-5811~3
팩 스 | (02) 521-6418

E-mail | worldscience@hanmail.net
URL | http://www.worldscience.co.kr

가격 | 14,000원
ISBN | 978-89-5881-306-4

*이 책의 저작권은 월드사이언스에 있으며, 무단 전재, 복제는 저작권법에 저촉됩니다.

책머리에

졸업이 가까운 대학생들을 대상으로 설문조사를 한 적이 있습니다. 젊은 청년들이 고민하는 두 가지 큰 문제는 결혼, 그리고 취업이었습니다. 물론 결혼 적령기가 점점 늦어지고 있고, 심지어 "결혼을 꼭 해야 하나요"라는 반문도 있지만 사랑하는 동반자와 발맞추어 시작하는 "결혼여행"이야말로 인생을 풍요롭게 만드는 필수적 요소라 하겠습니다.

이 책은 생물학적 차원에서 결혼에 대한 의미를 해석한 교재입니다. 기존의 책 내용에 학생들의 요구를 반영해 "피임"에 대한 정보를 일부 추가하였습니다. 생물학적으로 본다면 결혼은 유성생식(남·여의 구별이 뚜렷한 생식)의 한 과정이며 이를 통해 새로운 생명체를 탄생시키는 과정입니다. 물론 인간 사회에서의 결혼은 "사랑과 협력"을 전제로 하여 부부 간의 관계가 더욱 돈독해지는 독특한 사건이기도 합니다.

과거에는 맞선 또는 연애를 통해 두 남·여가 서로를 알아가는 과정이 결혼에 필요한 최선의 준비였다면 지금은 두 사람의 건강검진서까지 주고받는 시대가 되었습니다. 그만큼 두 사람을 넘어 자녀 문제까지도 예측하고 준비하려는 조심스러운 욕구가 강해졌기 때문입니다. 이를 위해서 젊은이들이 알아야 하는 과학적 지식도 훨씬 다양해지고 있습니다. 예를 들어, 남·여의 생식 기능은 어떻게 같고 다른지? 우리 자녀가 특정한 유전 질환에 걸릴 확률은 얼마인지? 만약에 불임이라는 선고를 받으면 어떻게 대처해 나갈 것인지? 건강한 아기를 위해 부부가 노력할 수 있는 부분은 무엇인지? 등등에 대해 예측이 필요하다는 것입니다.

이 책은 다른 사람에게 쉽사리 묻기 어려워하면서도 실제로는 잘 알지 못하는 "성"의 근본적 문제들을 구체적으로 다루어 행복한 결혼을 준비할 수 있도록 도와주려는 것입니다. 한편 결혼과 관련된 최신 생물학적 이슈들도 함께 다루었습니다. 이 책이 완성될 때까지 물심양면으로 도와주신 월드사이언스에 감사를 드립니다.

2022년 봄

대구 앞산 고산골에서
유 민

차 례

제 4 장 여성 바르게 이해하기 / 51

제 5 장 임신, 성 결정과 발생 / 69

제 6 장 아기에게 해로운 물질 / 93

제 7 장 흡 연 / 101

제 8 장 신생아와 유아 / 109

제 9 장 유전질환 / 119

제 10 장 유전자 검사 / 141

제 11 장 유전자 치료 / 157

제 12 장 생명 복제 / 165

MARRIAGE, SEX & INHERITANCE

CHAPTER 01

결혼 성과 유전

학|습|목|표

결혼은 혼자 하는 것이 아니기 때문에 상대방에 대한 이해가 전적으로 요구됩니다. 여기서 이해란 생물학적 기능에 대한 이해를 말합니다. 변화하는 환경과 기술의 발달은 예전에 가능하지 못했던 유전질환들을 예방하고 또 치료할 수 있게 해주고 있습니다. 따라서 성과 관련된 과학 지식들은 이제 결혼을 앞에 둔 젊은이들에게 필수 상식이 되고 있습니다. 앞으로 어떤 주제들이 논의될 것인지 미리 알아봅시다.

서론

결혼은 성(性)을 전제로 한 만남입니다. 남자와 여자가 만나 가정을 이루고 자손을 이어 나가는 인류 최대의 생물학적 업적이면서 과제이기도 합니다. 과제라고 말하는 이유는 건강한 자손이 계속 이어져 나가야 하겠지만, 때로 부부가 불임일 수도 있고 선천성 기형이나 유전질환을 가진 자녀가 태어날 수도 있기 때문입니다. 예전에는 이런 주제를 다루는 것조차 꺼려해 왔습니다. 왜냐하면, 이런 일들의 빈도가 상대적으로 낮았기 때문에 나와는 상관 없는 일부 운 나쁜 사람들의 고통으로 치부하고 마는 경향이 높았기 때문입니다. 유전질환으로 고생하는 환자가 생기면 병원에 데리고 가서 공개적인 치료를 받기 보다는 오히려 형제들의 혼삿길이 막힌다고 집안에 감추어 버리는 폐쇄적 정서도 여기에 한 몫 했습니다. 불임의 문제도 체계적인 검사를 받기 보다는 여성에게 모든 잘못을 뒤집어씌우는 것이 관례였고, 심지어 우리는 "씨받이" 제도를 도입하여 여러 여성들의 인생을 동시에 황폐하게 만든 뼈아픈 전통도 가지고 있습니다.

최근에는 사람들의 사고방식과 환경이 많이 달라졌습니다. 우선 불임과 유전질환의 출현 빈도가 상대적으로 높아졌습니다. 주된 원인은 식생활의 서구화와 스트레스로 인해 생활 패턴이 변화하였고, 환경호르몬 같은 공해 물질이 엄청나게 늘어났기 때문입니다. 그 만큼 주변 요인들이 복잡해졌습니다. 여성의 사회 활동도 한 몫하고 있습니다. 결혼

연령이 상대적으로 늦어지면 불임과 유전질환의 원인이 될 수 있기 때문입니다. 예전 같으면 그냥 지나칠 수도 있는 경미한 질환까지 샅샅이 밝혀내는 의학의 발달도 역시 빈도를 높이는 데 한 몫 하고 있습니다. 그러나 가장 중요한 변화는 더 이상 우리가 불임이나 유전질환 같은 불행한 사태에 대해 속수무책이 아니라는 점입니다. 최근에 분자의학과 유전공학은 난치성 질환을 극복하기 위한 신기술들을 다양하게 개발해 내었습니다. 유전자치료는 선천성질환을 가진 아이의 유전자를 아예 바꾸어 줄 수 있는 단계에 이르렀고, 정자의 수가 적거나 난관염을 앓아 불임이 된 사람들도 시험관 아기 시술을 통해 예쁜 자녀를 가질 수 있게 되었습니다.

이제는 젊은이들이 결혼에 앞서 이에 대한 과학 지식을 상식 차원에서 공부할 필요가 있습니다. 이런 지식은 배우자의 성에 대해 기본적 이해를 더해 줄 뿐 아니라, 결혼에 대한 책임 의식도 고취시켜 주기 때문입니다. 그리고 만약의 경우 이를 어떻게 헤쳐 나갈 수 있는지에 대해 해답을 찾는 방법을 제시해 주기도 합니다. 이런 내용들은 대학에서 무엇을 전공했느냐와 상관없이 행복한 결혼 생활을 유지하기 위해 지극히 상식 차원에서 요구되는 것들이기도 합니다.

졸업을 앞둔 학생들이 하는 고민은 대체로 두 가지입니다. 하나는 "어디에 취업할 것인가"하는 문제이고, 다른 하나는 "인생의 반려자로 누구를 선택할 것인가"라는 문제입니다. 이렇게 결혼과 취업이라는 두 가지 큰 문제를 두고 고민을 하게 됩니다. 취업은 본인만의 문제이지만, 결혼은 당사자인 두 사람이 서로 엮어가야 하는 것이기에 어느 누구도 모든 상황에 적합한 조언을 미리 드릴 수는 없습니다. 다만 이 책을 통해 우리가 얻고자 하는 것은 남성에 대한 올바른 이해, 여성에 대한 올바른 이해, 그리고 이를 토대로 한 아기의 문제까지 간단하게 나마 살펴보려는 것입니다.

어느 날 신문기사를 통해 충격적인 사실을 알게 되었습니다. 우리 학생들의 피임 상식이 OECD 선진국 중에서 가장 뒤떨어져 있다는 사실입니다. 어느 날인가는 여학생이 자기가 전립선염을 앓고 있다고 고민하는 모습을 본 적도 있습니다. 이런 착각은 가장 기본적인 생식기의 구조조차 이해하지 못해서 생기는 부끄러운 일입니다. 물론 대부분의 학생이 중•고등학교 시절 기초 성교육을 받기는 했지만 입시를 위해 시간에 쫓기던 것이 현실이기에 정작 당장 필요할 수도 있는 성 개념에 대해서는 그만 무지해지고 만 것입니다. 물론 공부하지 않고도 누구나 결혼할 수 있습니다. 그리고 건강한 자녀를 두고 행복한 가정을 이룰 수 있습니다. 그런데, 여기에 약간의 준비(성에 대한 지식)만 추가한다면 혹시나 있을 수 있는 불행한 사태에까지 대비할 수 있지 않겠습니까?

우리가 앞으로 공부하려는 성지식은 단순히 생식기가 어떻게 생겼는지를 이해하는 정도를 훨씬 넘어섭니다. 이는 아무 준비가 되지 않은 상태에서 결혼 상대를 만났을 때 생기는 불안함과 미진함을 해소시키는 것이 목표이기 때문입니다. 성을 제대로 이해하지 못했기 때문에 아기를 어떻게 키우는 것이 좋은지, 또 불임과 피임의 문제는 어떻게 해결하면 좋은지 등에 대한 구체적인 설명들이 앞으로 하나씩 전개되어 나갈 것입니다. 물론 대부분의 내용은 인문학 차원에서가 아닌 과학적 차원에서 다루어집니다. 간략히 소개를 하면, 남성과 여성의 구조, 생식주기, 정자와 난자, 불임과 피임, 시험관 아기, 생명복제, 일란성쌍둥이와 이란성쌍둥이, 아기 발생과정, 신생아와 유아, 유전질환의 종류, 유전질환의 검사와 유전상담, 동성애와 트랜스젠더, 성폭력과 문제점 등 다양한 주제들이 논의될 것입니다. 아울러 아기에게 영향을 미칠 수 있는 유해한 물질들, 특히 흡연에 관해서도 살펴봅니다.

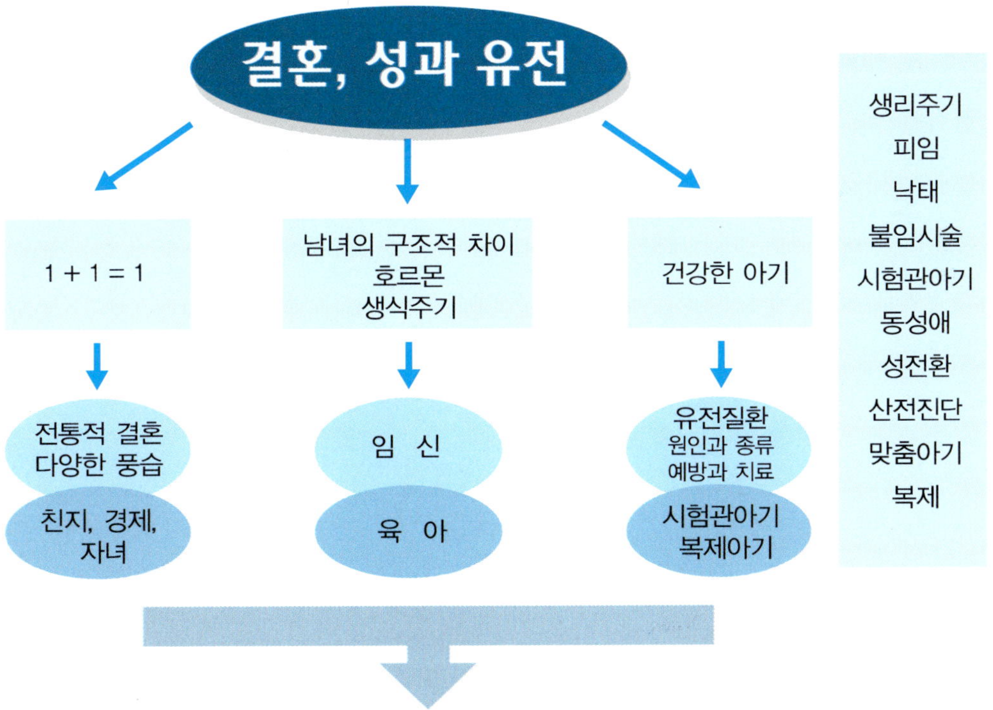

결혼은 피상적인 생각으로 부딪혀 볼 수 있는 문제가 아닙니다. 한번 결정하면 평생을 바꿀 수 없는 중요한 문제이기 때문입니다. 우리는 가까운 곳으로 여행을 가려해도 지도를 보고 길을 찾고 배낭을 챙겨 준비를 합니다. 결혼도 마찬가지입니다. 결혼 이후의 생활은 남편이든 아내든 모두 처음 가보는 길입니다. 때문에 여기서 비롯되는 성의 문제, 아기의 문제 등 모든 것이 새롭기만 합니다. 그럼에도 불구하고 모든 것이 원활하다면 아무 걱정이 없습니다만, 만에 하나라도 불편함이 생긴다면 그 해답을 신속히 찾을 수 있어야 합니다. 특히 아기의 문제는 더욱 그렇습니다. 그리고 그 해답을 찾는 속도는 평소에 얼마나 많은 과학적 상식을 가지고 있느냐와 정비례합니다. 행복한 결혼을 위한 여정에 동참해 주기 바랍니다.

결혼의 정서

결혼식 사진

결혼은 한사람이 한사람을 만나고, 그래서 또 한 사람이 태어날 때 비로소 완전해지는 과정입니다. 단순한 수학으로는 이해할 수 없는 1+1=1의 공식이 맞아 떨어지는 형이상학적인 과정입니다. 서로 이해하고 사랑하고 그래서 두 사람이 마음과 육체적으로 하나를 이루는 이런 경건한 과정이 바로 결혼입니다. 따라서 결혼의 풍속과 형식은 시대별로, 또 지역별로 조금씩 다를 수 있어도 그 기본 정서와 관념은 절대로 변할 수 없습니다.

예를 들면, 아주 옛날에는 일부다처제 형태가 널리 퍼져있었지만, 점차 시대가 달라지면서 지금은 보편적으로 일부일처제가 정착되어 있습니다. 그리고 여성이 남성에게 귀속된 것으로 보았던 원시적 개념도 이제는 바뀌어 성 풍습과 사회적 위치에서 남녀가 동등하게 되었습니다. 이것은 변화를 넘어 일종의 진화인 셈입니다. 그 오랜 세월 속에서의 변화 덕분에 이제 현대사회에서는 남자와 여자가 대등한 관계에서 결혼할 수 있게 되었습니다. 결국 어떤 형식과 풍속을 배경으로 가정이 형성되었든지 간에 결혼을 하면 자녀가 태어나게 마련이고, 그 자녀로 인해 가문이 이어져 오고, 자신의 자녀가 훌륭하게 되기를 바라면서 그것을 바라보는 부모의 흐뭇한 마음은 예나 지금이나 같다는 것입니다.

물론 결혼의 주인공은 남편과 아내, 두 사람입니다. 그러나 조금 넓게 보면 두 집안의 만남도 됩니다. 달리 표현하자면, 두 가문이 만나 새로운 유전적 줄기를 창조하는 과정이라는 말입니다. 자라온 환경이 서로 다른 두 사람이 만나는 것은 물론, 전통과 습관이 다른 두 개의 가문이 서로 융화되어야 하기 때문에 당연히 예상하지 못한 불화도 있을 수 있습니다. 갓 결혼한 부부라면 양쪽 집 어른들에 대해 지켜야 하는 균등한 예의범절도 과제라 할 수 있습니다. 그리고 때로는 비본질적인 것들이 본질적인 것보다 더 큰 문제화되기도 합니다. 이런 문제들을 하나씩 경험하고 배워 나가면서 현명하게 적응해 나가는 것도 결혼의 과정이라 할 수 있겠습니다.

섹스의 어원

"성"은 인류를 비롯하여 지구 상의 모든 생명체가 종족을 유지하기 위해 태초부터 사용해 온 도구입니다. 이번 장에서는 "성"이라는 용어에 대해 간단히 살펴보기로 하겠습니다. 우리말로는 "성"이라는 글자 하나로 관련된 모든 내용을 표현할 수 있지만, 영어로는 "섹스(sex)"와 "젠더(gender)"가 분명하게 구별됩니다. 소위 부부간의 성문제, 성생활 등에서의 "성"은 "섹스"이고, 여성과 남성, 이성과 지성 등에서의 "성"은 "젠더"입니다. 즉, 젠더와 달리 섹스는 다분히 생물학적이고 또 해부학적인 용어입니다.

원래 섹스의 뜻은 "자르다"입니다. 둘로 가른다는 뜻이지요. 그리스 신화에 의하면 사람은 남녀가 지금처럼 따로 떨어져 있었던 것이 아니고 서로 붙어 있었다고 합니다. 남자와 여자가 붙어 있었기 때문에 당연히 다리도 4개, 팔도 4개였습니다. 아시다시피 사람은 팔 두 개만 있어도 굉장히 재주가 많습니다. 그런데 팔과 다리가 모두 4개나 되다 보니까 힘도 세고, 재주도 많고, 빨리 달리고, 모든 일에 완벽할 정도로 능숙했습니다. 심지어는 제우스 신이 시샘을 할 정도였지요. 제우스 신은 사람이 저렇게 능력이 많으면 신들이 결국 위협을 받을거라 생각하였고, 이들을 갈라놓기로 결정하였습니다. 소위 섹스! 자른 것입니다. 이렇게 섹스는 어원적으로 "자르다"에서 유래하였습니다. 그 이후 우리는 서로 붙어있었던 처음 그때를 회상하면서 남자는 끊임없이 여자를, 여자는 끊임없이 남자를 그리워하게 되었고, 결국 결혼이라는 과정을 통해 다시 한번 합쳐진다는 재미있는 이야기가 있습니다. 어떤 사람들은 신화시대에는 남녀 커플 외에도 남남 커플, 여여 커플 등 다양한 형태가 있었으리라 생각합니다. 만약 남남 관계를 잘라 놓는다면 남자끼리 그리워하게 되겠고, 여여 관계를 잘라 놓는다면 여자가 여자를 그리워하게 될 것입니다. 이것이 바로 동성애의 시작이라고 주장하는 사람들도 있습니다.

남자와 여자

결혼은 꼭 해야 하는가? 아마 개인적인 취향에 따라 대답이 다소 다를 수 있을겁니다. 그럼에도 불구하고, 우리가 결혼을 통해 한세대를 만들어 나가고 또 다음 세대를 창출하는 것은 자연의 법칙이라 할 수 있겠습니다. 우선 결혼을 생각하기 이전에 여성의 역할과 남성의 역할을 비교해 볼 필요가 있습니다. 섹스의 어원이 "자르다"에서 유래된 것처럼 결혼은 오래 전에 잃어버린 자기의 반쪽을 찾아 나서는 행위입니다. 50억 인구 중에서 그 반쪽을 도대체 어떻게 찾겠다는 말인지 의아스럽기도 하겠지만, 상대방에 대한 취향과 호감도에 의존하면 아주 어려운 일은 아닙니다. 남성마다 여성을 선택하는 취향이 다르고 여성 또한 호감 가는 남성이 분명히 있습니다. 사회적으로 볼 때도 남성에게 일반적으로 요구되는 조건들이 있는가 하면 여성 역시 보편적으로 갖추어야 할 준비 단계가 있습니다. 여기에는 지적, 육체적 성숙함과 상대방에 대한 배려 및 호기심, 부모가 될 준비 등이 함께 포함됩니다. 게다가 아무리 남녀가 대등한 사회라 할지라도 가정을 꾸리면서 서로의 역할은 분명하게 구분될 수밖에 없습니다. 다만, 그 역할이 상호보완적이면서도 협력 관계에 있어야 아름다운 가정이 만들어지겠지요.

합력과 합심

여자아기에게는 분홍색 옷을 입히고 남자아기에게는 파란색 옷을 입힙니다. 장난감을 사다 주어도 여자아기에게는 인형을 사다 주고 남자아기에게는 총을 사다 줍니다. 어른들의 고정 관념을 벌써 그 아기에게 이미지로 심어 넣는 것이지요. 아기는 그렇게 주변 이미지에 휩쓸리면서 상당한 영향을 받고 자라날 수밖에 없습니다. 그러면서 점차 그것이 당연한 사회적 요구인 것으로 받아들이게 됩니다. 그렇다고 해서 남성이 태어날 때부터 공격적이거나 폭력적이다 라는 뜻은 아닙니다. 그리고 여성이 반드시 수동적이고 감성적이다 라는 말도 아닙니다. 다만 이렇게 성향과 취향이 다른 두 사람이 만나 결혼을 하려면 서로가 사랑하고 이해하는 것은 물론이고 그 이상의 노력과 인내가 필요하다는 뜻입니다. 서로의 습관을 받아들이면서 두 사람의 인격이 조화되어야 되고 합력을 해야 비로소 행복한 가정이 이루어집니다. 협력보다 더 강한 의미가 합력입니다. 합쳐서 노력한다는 뜻이지요.

때로는 남편이 일방적인 사랑을 쏟아 붓는 경우도 있습니다. 의사 결정에서 자기주장이 강한 남성과 수동적인 여성이 만날 경우 그런 결과가 초래됩니다. 어떤 면에서는 남자가 모든 것을 준비하기에 여성이 편할 것처럼 보이지만, 이것이 반복되면 여성은 점차 가정에서 설 자리를 잃게 됩니다. 심할 경우, 아이들이 다 자라고 나면 엄마의 존재가 무의미해질 수도 있습니다. 따라서 부부의 균형잡힌 합력과 합심은 행복한 결혼을 위해 꼭 필요한 요소 중 하나입니다.

부부간 서로 이해하기

어떤 분은 아내에게 일방적으로 선물을 하기 좋아하기도 합니다. 물론 선물은 몰래 준비해서 뜻하지 않게 주는 것이 극적이므로, 어느 날 "짠"하고 내미는 것도 이벤트성 효과가 충분히 있을 겁니다. 문제가 되는 것은 상대방의 취향을 전혀 고려하지 않고 무조건 자기가 좋아하는 것을 사다 준다거나 "내가 하는 선물이니까 당신은 무조건 좋아해야 한다"라는 식으로 몰아붙이는 것입니다. 그보다는 상의를 통해서 진짜 상대에게 필요한 것을 꼭 집어내는 것이 더 현명한 처사겠지요. 이런 경우도 있지요. 부인은 주말에 등산이라도 가고 싶은데, 남편은 일주일 내내 직장에서 시달렸기에 주말을 집에서 쉬고 싶은 경우 말입니다. 이럴 때 부인이 지나치게 강요해 남편을 산으로 끌고 간다면 당연히 만족스러운 결과를 기대할 수 없겠지요. 이렇듯 부부라도 취향과 성격이 분명히 다르기 때문에 가정 내에서의 역할도 구분될 수밖에 없습니다. 그러나 그런 가운데에서도 상호 의견을 존중하고 인격적으로 서로 존중하면서 합력한다면 분명 잉꼬부부라는 말을 듣게 될 것입니다.

연애와 생활습관

일반적으로 남성이 어떤 여성을 좋아하면 80%의 결혼 성공 가능성이 있다고 합니다. 그러나 그 반대로 여성이 남성을 좋아할 경우에는 성공 가능성이 대단히 낮다고 합니다. 이것은 남성이 성적인 문제에서 훨씬 공격적이기 때문에 그렇다고 봅니다. 남성은 좋아하는 여성을 위해 연애시절 무척 다정다감하고요. 일부러 여성이 좋아하는 영화를 선택해서 같이 보러 가기도 합니다. 여성이 좋아하는 음식을 사주기도 하면서 자신의 성적인 욕구는 감추고 여성에게 호감 있게 보이기 위한 노력을 다양하게 기울입니다. 그러나 일단 결혼을 하고나면 그 모든 것이 바뀌게 됩니다. 물론 현대 젊은이들은 결혼 후에도 서로에게 잘합니다만, 연애시절 다정다감했던 모습은 사라지고 대신에 요구와 주문만 많아지는 게 보통입니다. 이런 모습에서 여성들은 부담을 가지게 되고 결혼 자체에 회의를 느끼기도 하지요. 그러나 이것 역시 전혀 다른 환경에서 자란 두 사람이 서로를 알아가는 과정이라 생각하고 견디어내는 인내가 필요합니다.

여대생들에게 물어 본 설문 결과가 재미있습니다. 미국 대학생들, 호주 대학생들, 그리고 한국대학생들에게 물어보았습니다. "연애할 때 상대방으로부터 가장 원하는 것이 무엇입니까?" 라고 질문을 했더니, 대부분의 미국 학생들은 선물이라고 대답을 했습니다. 굉장히 실리적인 대답이지요. 반면에 한국 대학생들은 "같이 손을 잡고 걷는 시간"이라고 대답을 했습니다. 손을 잡고 걸으면서 많은 대화가 오가는 거죠. 지극히 낭만적이고 한국 사람다운 정감 있는 대답입니다. 그럼 호주 학생들은 어떨까요? 호주 대학생들은 좀 더 적극적인 스킨쉽을 원한다고 대답하였습니다. 조금은 당돌하게 보일 수도 있겠지만, 그만큼 적극적이고 솔직한 표현이 젊은 대학생답다는 생각입니다. 어쨌든 간에 여성과 남성은 사회적으로도 인식이 다르고 각자가 느끼는 바도 서로 다릅니다. 성에 대한 표현 방식도 물론 틀립니다. 이렇게 해서 서로 다른 남자와 여자가 만나는 것이 결혼입니다. 되풀이되는 이야기지만, 그렇기에 두 사람이 서로 이해하고 존중하면서 조화를 이루어 나가야 하겠지요.

서로 다른 생활 습관 때문에 상처를 받는 경우도 종종 볼 수 있습니다. 아내들이 제일 싫어하는 것 중 하나가 남편이 이를 자주 닦지 않는 것입니다. 발을 씻지 않고 그대로 잠자리에 들어오는 것도 마찬가지입니다. 빨랫감을 내놓을 때 양말을 돌돌 뭉친 채로 내던지는 것도 작은 일이지만, 여성에게는 굉장히 불편하고 자기에 대한 배려가 없다라는 생각에 배신감마저 느끼게 하는 행위입니다. 이것 역시 자라온 환경이 달라서 그렇습니다. 한사람은 늘 씻는 집안에서 자랐고 한사람은 늘 씻지 않는 집안에서 자라서 그렇습니다.

기왕에 만났으면 그런 것들까지도 함께 맞추어 나가야 하겠지요. 남편이 양말을 돌돌 말아 던지면 아내도 스타킹을 돌돌 말아서 함께 던지든지 아니면 남성이 정신을 차리고 양말을 똑바로 펴서 제대로 갖다 놓게 교육을 시키든지 둘 중에 하나로 해결해야 할 문제인 것 같습니다.

일부일처제와 일부다처제

사회관습적으로 대부분의 나라들이 일부일처제를 선택하고 있습니다. 일부일처제는 개방적 성 관념으로 인해 생길 수 있는 여러 가지 문제를 줄여 주기 때문입니다. 게다가 일부일처제는 남편과 아내가 서로에게만 최선을 다해 몰입할 수 있기에 가장 훌륭한 결혼 방법으로 인식되고 있습니다. 물론 그럼에도 불구하고, 성범죄라든가 부적절한 관계로 인해 야기되는 사회적 물의는 항상 생겨납니다. 그리고 성과 관련된 범죄 행위들은 일부일처제를 선택하든 일부다처제를 선택하든 언제나 우리 사회 한구석에 존재할 것으로 추측됩니다. 왜냐하면, "성"은 인간이 소유한 가장 강한 욕구이고 성취욕과 연관되어 있기 때문입니다. 과장되게 표현한다면, 성을 통해 자녀를 얻고자 하는 것은 우리의 잠재적 본능이라는 겁니다.

우리나라도 아주 옛날에는 일부다처제가 공공연하게 묵인되었던 적이 있습니다. 그러나 분명한 것은 일부일처제가 보다 문화적이고 현명한 제도라는 것입니다. 결혼은 두 사람이 서로에게만 전념할 것을 약속하는 거룩한 의식이기도 합니다. 따라서 이렇게 결합된 두 남녀가 서로 의지하고 합력하며 살아가는 모습은 아름다울 수밖에 없습니다. 결혼은 아름다운 것입니다.

결혼생활의 즐거움

우리는 결혼을 통해 비로소 짝을 찾고 인생의 의미와 활력을 두 배로 얻습니다. 행복과 안정도 당연히 가정으로 찾아 들어옵니다. 결혼 후 몇 년이 지나 우연히 결혼식 사진을 꺼내 들면 추억에 젖는 것도 그런 감회에서 오는 것입니다. 바쁘게 살아가는 현대인의 생활. 그러나 그 생활 속에 그렇게 바빠야 하는 이유와 목적이 없다면 우리의 삶은 힘만 들고 아무 보람도 없을 것입니다. 결혼은 바로 그 보람을 찾아주는 원동력입니다. 그리고 결혼 과정을 통해 제일 크게 달라지는 변화는 새 생명의 창조 – 바로 아기가 태어나는 겁니다. 어느 부모나 아기가 태어나는 순간은 거룩해질 수밖에 없습니다. 그리고 태어난 아기가 누구를 닮았느냐가 금방 화제 거리가 됩니다. 예를 들어, 옆 사람들이 아기가 아빠 닮았다고 하면 그 아버지는 민망해하면서도 흡족한 표정을 감추지 못합니다. 자녀가 여럿이라도 자기를 더 많이 닮을수록 귀엽고 사랑스러운 것이 인간의 자연스런 정서입니다.

재미있는 사실은 누구나 아기가 자기를 닮기 원하지만 닮는 차원을 넘어 자기와 똑같다면 그건 문제가 다를 것이라는 겁니다. 예를 들어, 인간복제의 문제입니다. 오랫동안 아기가 생기지 않자 부부는 남편을 복제하겠다고 결정합니다. 그래서 남편의 머리카락을 하나 뽑아 아기를 복제해 만듭니다. 그러면 태어나는 아기는 남편을 닮은 것이 아니라 남편 그 자체가 되어 버리지요. 그랬을 때 남편 입장에서 보면 복제를 통해서 태어난 아기가 정말 예쁠까요? 닮았다는 것하고 똑같은 것하고는 차이가 있겠죠? 물론 인간복제는 기술적으로만 상당히 접근되어 있을 뿐 아직 사회적, 윤리적, 종교적 문제들이 해결되지 않아 요원한 상태입니다만 미래학자들은 벌써 복제아기의 출현을 점치고 있기에 마음 속 준비가 필요할 때가 올 것입니다.

아기가 자라서 1년쯤 되면, 최소한 맘마, 빠빠 정도의 이야기는 할 수 있게 됩니다. 아기가 이렇게 해맑게 웃을 때 부모의 마음도 행복하기 짝이 없겠지요. 행복한 가정이란 바로 이런 것입니다. "결혼은 여러 가지를 구속하지만, 그래도 싱글보다는 결혼을 하는게 낫다"고 주장한 진화학자 찰스 다윈(Charles Darwin)[1]도 바로 이런 점을 부러워했을 겁니다. 결혼의 공식을 "1+1=1"이라 쓰기도 하지만 때로는 "1+1=3, 4, 5, …"으로 표시할 수 있습니다. 그만큼 결혼생활에는 신비함도 숨어 있습니다. 아기가 주어짐으로써 가정은 비로소 완벽해집니다. 가정의 평안과 평온, 이런 것들이 비로소 완성되는 것입니다.

결혼식 때 주례 선생님들이 자주 인용하는 "검은 머리가 파뿌리처럼 될 때까지 서로 사랑 하십시오" 라는 이야기가 있습니다. 사실 젊었을 때는 누구나 그 젊음 하나만으로도 예쁘고 아름답습니다. 그러나 세월이 가면 늙을 수밖에 없는 것이 자연의 법칙입니다. 부부애란 좋을 때만 행복한 것이 아니라 나이가 들어 보잘것 없게 되고, 또 병들었을 때에도 여전히 아끼고 보살피는 그런 진정한 사랑을 말합니다. 현실적으로는 고령화시대에 들어서면서 이것이 큰 문제가 되고 있습니다. 한쪽이 노환에 시달리게 되면 다른 쪽은 마음이 서글플 수밖에 없고 또 간호하기에도 체력적으로 힘이 들게 됩니다.

1) 1800년대 중반에 활동했던 진화학자.

아픈 할머니 옆에서 애처롭게 쳐다보며 옆을 지키는 할아버지의 모습을 병원이나 요양원에 가면 심심치 않게 볼 수 있습니다. 이럴 때면 두 분이 모두 애처로와 보여 사람들은 눈시울을 적시곤 합니다. 우리는 행복하기 위해서 결혼을 합니다. 그러나 결혼을 한다고 해서 그 행복이 저절로 따라오는 건 결코 아닙니다. 앞서 말한 대로 서로 협력하고 합심하여야 얻어지는 것입니다. 결혼생활에서 오는 각종 어려움들 - 아기의 문제, 유전질환의 문제, 질병의 문제, 노화의 문제, 불임의 문제 등은 조금만 미리 알고 있으면 대처할 수 있는 방법이 생깁니다. 완전하게 해결할 수 없을지라도 예방 차원에서 증상을 완화시키거나 보다 부드럽게 상황을 해결할 수도 있습니다. 그러기 위해서는 과학적인 상식이 어느 정도 필요합니다.

생명의 기원

사람은 생명의 기원에 대해 늘 궁금해 했습니다. 어떻게 해서 사람이 만들어지는 걸까? 물론 우리는 본능적으로 결혼을 하고 또 아기를 낳아 자손을 보존합니다. 그건 성에 대해 특별한 지식이 없어도 가능합니다. 그러나 그 자연스러운 과정에 호기심을 가지고 질문을 던진 사람들이 있었고 우리는 그들을 생명과학자라고 부릅니다.

남자와 여자가 만나면 아무 것도 없는 상태에서 어떻게 새로운 사람이 만들어지는 걸까요? 여기에는 아주 오래전 두 가지 "이론"이 있었습니다. 소위 정원설과 난원설입니다. 우리는 남자가 정자를 가지고 있고, 여자가 난자를 가지고 있다는 것을 잘 알고 있습니다. 정원설과 난원설은 정자 또는 난자 속에 인간이 근원이 되는 아주 작은 사람(miniature human)이 들어 앉아 있다는 것입니다. "miniature"는 "작다"는 뜻인데, 이 작은

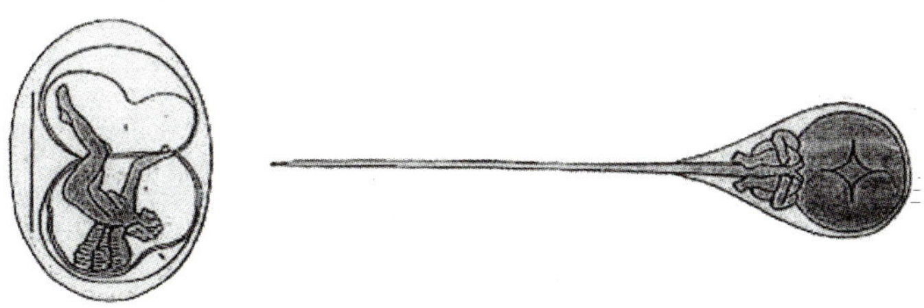

정원설과 난원설

사람이 정자 안에 들어 앉아 있다가 여성 몸속에 들어가면 점차 커져 온전한 사람이 된다고 보는 것이 정원설입니다. 난원설도 마찬가지로 난자 속에 작은 사람이 들어앉아 있다고 보는 설입니다. 정자가 여성 몸속에 들어오면 자극을 받아서 난자 속에 들어 있던 작은 사람이 그냥 부풀어 커진다는 개념이지요. 이렇듯, 미리 만들어진 사람이 그냥 커지기만 하면 사람이 된다는 이론을 "전성설(preformation theory)"이라 합니다.

후성설

그러나 우리는 지금 정원설과 난원설 모두 옳지 않다는 것을 너무나 잘 알고 있습니다. 정자는 현미경으로 보아야만 관찰이 가능할 정도로 아주 작습니다. 그렇게 작은 정자 속에 그보다 더 작은 사람이 들어있다는 것은 옳지 않은 견해입니다. 상대적으로 난자는 정자보다 커서 육안으로도 볼 수 있을 정도입니다. 거의 모래알만하지요. 그럼에도 불구하고 난자에 사람이 들어있다는 것 역시 옳지 않은 견해입니다.

유전적으로 보면 정자도 반쪽 세포이고 난자도 반쪽 세포입니다. 다시 말해, 정자 속에 들어있는 유전자의 양은 정상 세포에 비해 절반이고, 난자 속에 들어 있는 유전자의 양도 절반입니다. 때문에 이 둘이 합쳐져야 온전한 하나의 세포로 복원됩니다. 우리는 이 과정을 수정(fertilization)이라 부르고, 복원된 세포를 수정란(fertilized egg)이라고 부릅니다. 이 수정란은 혼자서는 자라날 수 없고 어머니 자궁에 착상[1]되어 영양분을 공급받아야 세포분열하면서 커갈 수 있습니다. 수정란은 분열을 통해 2배수로 나누어지는데, 그 숫자가 약 100조(10^{14})개가 될 때까지 계속 나눠지면서 분화해 나갑니다. 분화라는 말은 각 세포가 특수한 조직이나 기관으로 운명이 결정되어 나간다는 뜻입니다. 보통 8개 세포로 나뉠 때까지는 운명이 결정되지 않지만, 그 이후부터는 정해진 운명에 따라 분화해 나갑니다. 이렇게 해서 같은 운명의 세포들이 모여 우리 신체의 각 조직이 만들어집니다. 이 과정을 발생(development)이라고 부릅니다. 이렇게 수정란이 만들어진 후 세포분열과 분화를 통해 사람이 만들어진다는 이론을 후성설(epigenesis)이라 말합니다. 우리는 지금 후성설이 맞다는 것을 잘 알고 있습니다. 그리고 분화는 유전자 프로그램에 따라 단계적으로 진행되게 됩니다.

1) Implantation. 자궁내막에 수정란이 부착되어 자리기 시작하는 현상.

레오나르도 다 빈치의 그림

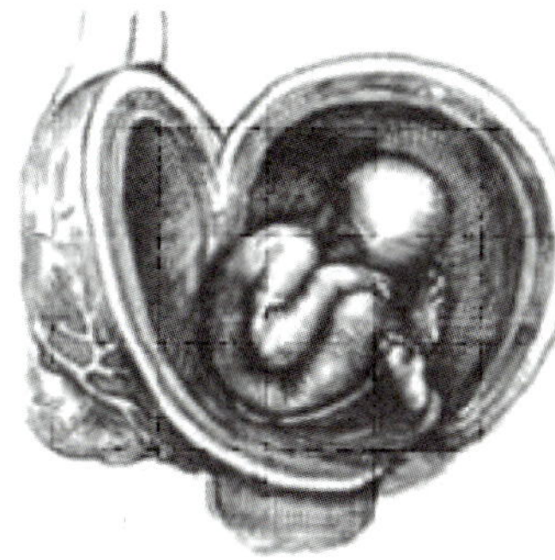

레오나르도 다 빈치의 태아 그림

중세 시대에 레오나르도 다 빈치(Leonardo da Vinci)라는 과학자가 있었습니다. 화가로도 잘 알려진 사람이지요. 이 분은 임신부의 자궁을 절개한 해부도를 남겼습니다. 그림을 보면 태반과 그 안에 들어있는 아기가 상세하게 묘사되어 있습니다. 이 정도의 아기라면 적어도 임신 6개월은 충분히 되었으리라 생각됩니다. 그림 속의 아기는 똑바로 앉아 있지만 태어날 때는 머리가 거꾸로 아래쪽을 향하게 됩니다. 그래야 머리부터 출생을 할 수 있습니다. 아기는 태반 속에 들어 있는데, 태반의 바깥쪽은 꾸불꾸불한 주름이 많이 잡혀 있습니다. 출생 시에는 아기가 어머니의 자궁을 빠져나오고 나서 약 20~30분 후에 다시 태반이 빠져 나옵니다. 의사선생님들은 태반까지도 자세히 검사를 하는데, 이는 태반이 건강해야 그 태반으로부터 각종 영양공급을 받으며 자란 아기도 건강하기 때문입니다. 다 빈치가 이처럼 자세하게 그려 놓은 것을 보면 임신과 출산이라는 것이 그 당시 사람에게도 얼마나 신기하고 호기심 나는 사건이었는지를 짐작하게 만듭니다.

아기는 혼자 태어나는 것이 아니고 반드시 엄마와 아빠가 함께 있어야 합니다. 엄마와 아빠와의 만남. 생물학적으로는 두 가지 성의 구별이 있다는 뜻으로 이를 유성생식(sexual reproduction), 그리고 자웅이체에 의한 생식이라 합니다. 그리고 이것이 바로 결혼입니다. 요즈음 화려한 싱글족을 주장하는 사람들도 많지만 사람들은 결혼을 통해 안정을 찾습니다. 그리고 결혼은 인생의 활력소를 불어 넣어 줍니다. 오죽하면 앞서 말한 바와 같이, 진화론으로 유명한 찰스 다윈도 싱글보다는 결혼 생활이 낫다고 고백하였을까요.

자웅동체와 자웅이체

성은 생식의 도구이지만 인문학적으로 고찰하면 문화 창출을 위한 도구이기도 합니다. 많은 소설과 예술품들이 "성"을 주제로 하고 있고 또 "성"이야 말로 사람의 무한한 호기심을 자극하는 도구이기 때문입니다. 단순히 자녀를 갖기 위한 섹스가 아니라 인간으로서의 고결함과 인간으로서의 정교함 그리고 인간다움을 가지기 위해서는 이 "성"에 대한 이해가 반드시 필요합니다. 그만큼 "성"은 참 재미있는 단어입니다. 해부학적 용어로도 쓰일 수 있고 반면에, 형이상학적인 문화 창출의 도구로 쓰일 수도 있으니까요.

간혹 선천성기형(congenital malformation)으로 남녀 구별이 어려운 경우가 있습니다. 사람은 염색체(chromosome)의 수가 46개인데, 하나가 부족하면 터너증후군(Turner syndrome)[1]에 걸리게 됩니다. 이 경우 여성으로 태어는 나지만 생식 능력이나 이차성징이 완전한 여성답게 발달하지 못하고 맙니다. 심할 경우 호르몬의 이상으로 남녀 구별이 전혀 되지 않는 가성반음양증(pseudohermaphroditism)[2] 현상이 나타날 수도 있습니다. 사실 하등동물에서는 자웅동체가 종종 발견됩니다만, 사람은 자웅이체로서 남녀 구별이 분명한 것이 정상입니다.

자웅동체와 자웅이체를 잠간 살펴보겠습니다. 사실 번식만의 차원에서 본다면 남녀가 한 몸에 있으면 굉장히 편리합니다. 자웅동체인 지렁이를 예로 살펴봅니다. 지렁이 한 마리를 아무 생물체도 살지 않는 어떤 외딴 섬에 던져 놓고 1년 뒤에 가보면 지렁이가 바글바글할 겁니다. 왜냐하면, 자웅동체이기 때문에 한 마리만 던져 놓으면 자생적으로 번식해 나갈 수 있기 때문입니다. 그렇지만 쥐나 사람처럼 고등한 생명체는 남녀가 구별되어 있습니다. 남자만 따로 외딴섬에 데려다 놓거나 여자만 홀로 외딴섬에 데려다 놓아서는 자녀를 낳을 수가 없지요. 때문에 얼핏 보면 자웅동체가 훨씬 효율적인 번식 방법으로 보입니다. 그러면 이처럼 편리한 방법을 두고서 왜 사람은 자웅이체를 택했을까요? 자웅동체가 편리하고 효율적이라면 가장 진화한 동물인 사람은 당연히 그 번식 방법을 취했어야 할 것이기 때문에 이런 질문이 나올 수밖에 없습니다. 왜 효율적이지 못한 자웅이체를 선택하고 있는 걸까요? 이것은 바로 유전자 재조합에 있습니다. 자웅동체의 경우 태어나는 자녀가 모두 똑같을 수밖에 없습니다. 한 몸에서 정자와 난자가 모두 만들어지게 되니 새로운 유전자가 외부에서 이입될 수가 없기 때문이지요. 때문에 첫 번째 한 마리가 살아남기 힘든 생활 조건이 되면 바글바글 번식하던 지렁이 집단 전체가 순식간에 멸종해 버리고 말 것입니다. 그러나 자웅이체의 경우는 결합(결혼)을 통해 남•녀간 유전자를 서로 교환하기에 태어나는 자녀의 유전자 조합이 조금씩 틀리게 됩니다. 결국 10명이

1) 성염색체의 조합이 XO이기에 여성이면서도 생식 기능과 모습이 불완전한 선천성질환.

2) 외형은 남성이지만 여성 생식기를 가졌거나 그 반대인 경우. 호르몬의 불균형으로 인해 초래된다.

태어나면 그 중 2~3명은 새로운 환경에 적응할 우수 유전자 조합을 가지게 되는 거지요. 이것이 원시시대부터 현대에 이르는 엄청난 환경 변화 속에서도 인류가 멸망하지 않고 꾸준히 유지되어 올 수 있었던 유전학적 원동력이랍니다.

사실 지렁이도 자웅동체이기는 하지만 자기의 난자와 정자를 자가 수정시키기보다 유전자의 다양성을 위해서 두 마리가 교접을 통해 서로의 유전자를 교환하는 것으로 알려져 있습니다.

유전질환

유전질환(genetic disease)은 선천성질환(congenital disease)이라고도 말합니다. 우리 신체가 만들어지는 과정은 유전자 프로그램에 따르기 때문에 특정한 유전자(gene)가 고장나면 그 명령에 대한 부분이 태어날 때부터 당연히 문제가 있겠지요. 그 결과는 선천적 기

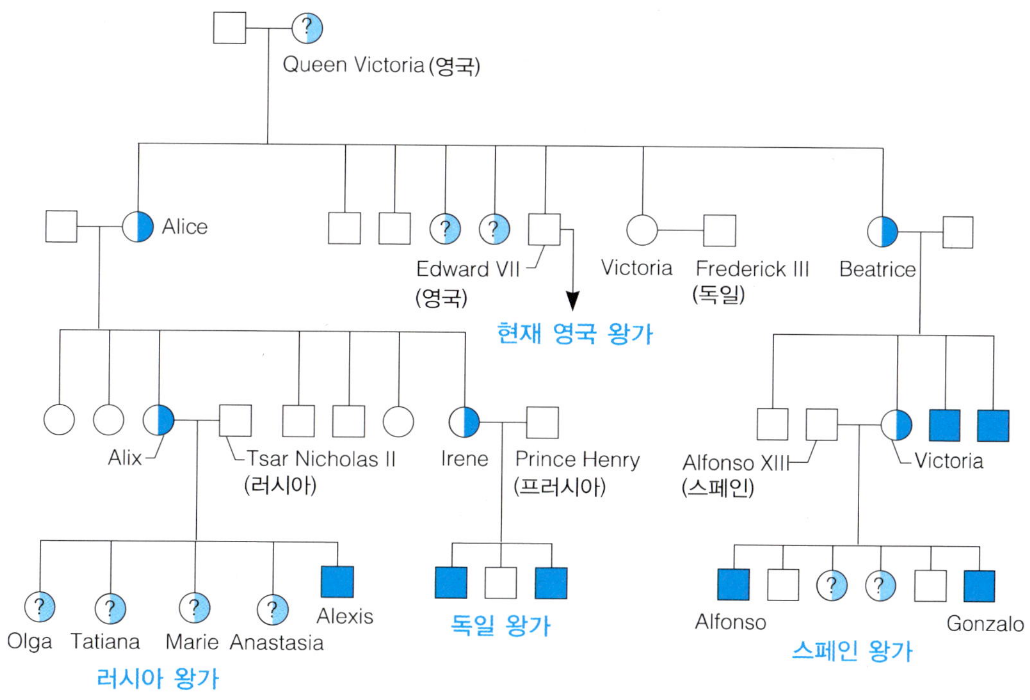

혈우병의 유럽 왕조 전파 가계도

형이나 장애 또는 심할 경우 태어나지도 못하고 죽음을 초래할 수 있습니다. 이처럼 심각한 유전질환을 정복하기 위해 과학자들은 아예 사람의 유전자를 모조리 밝혀내기 위한 노력을 그동안 경주해 왔는데, 그 프로젝트가 바로 인간게놈프로젝트(Human Genome Project)입니다. 인간게놈프로젝트가 최종 완결된 것은 2004년으로서 비교적 최근의 일입니다. 그리고 그 결과 우리 몸에 있는 유전자가 약 25,000개라는 사실이 밝혀졌습니다.

어느 하나 중요하지 않은 유전자가 없지만, 특히 이 중에서 3,000여 개 유전자가 잘못될 경우 아기에게 심각한 유전질환을 초래하는 것입니다. 어쩌면 다른 22,000개 유전자가 고장날 경우 증상이 너무 심각하여 태어나지도 못하고 죽기 때문에 환자가 발견되지 않았을 수도 있습니다. 문제는 이 3,000여 개 질환 중 어느 하나도 완전히 치료할 수 있는 방법이 아직 없다는 것입니다. 그만큼 유전질환은 그 심각성이 치명적입니다. 유전질환을 더욱 심각하게 만드는 것은 질병이 한 세대에 끝나지 않고 대대로 이어질 수 있다는 사실입니다. 한때 영국 왕실을 비롯해 유럽의 왕조들 사이에서 "혈우병(hemophilia)[1]"이 걷잡을 수 없이 퍼져 나갔던 사실을 기억한다면, 그 피해가 얼마나 빠르게 퍼져나갈 수 있는지 또 치명적인지를 쉽게 이해할 수 있습니다.

산전진단과 유전자치료

유전질환을 치료할 수 없다면 최소한 미리 진단하는 것이 필수입니다. 그래야 부모가 어떤 형태로든지 준비를 할 수 있기 때문입니다. 아기가 질환을 가지고 태어날 것을 미리 안다면, 그 증상을 최소한으로 완화시킬 수 있도록 장치를 마련할 수 있을 것이고 또 마음의 대비도 할 수 있을 것입니다. 아주 심각한 경우라면 합법적인 유산(abortion)[2]도 고려할 수 있을 것입니다. 심지어는 결혼 전에 상호 건강진단서를 교환함으로써 앞으로 태어날 아기에 대해 미리 유전상담(genetic counselling)을 할 수도 있을 것입니다.

산전진단이라는 것은 아이를 낳기 전에 어머니 자궁내에서 미리 검사를 해서 유전질환이 있는지 여부를 따져 보는 방법입니다. 사실 모든 부부가 산전진단이 필요한 것은 아닙니다. 다만 미처 모르고 결혼했더라도 나중에 배우자 가계에 유전질환이 있었다는 사실을 알게 된다면 그때는 산전진단이 꼭 필요합니다. 유전질환은 세대를 건너뛰어 전

1) 혈액 응고 인자의 유전자 고장으로 인한 선천성질환. 보통 어머니로부터 아들에게 전해진다.

2) 24주, 즉 6개월 이내에 임신이 종료되는 것을 말함. 자연유산과 인공유산으로 구별된다.

해질 수도 있기 때문에 몇 세대 이전에 질환이 있었다 할지라도 이때는 검사가 필요합니다. 여성의 나이가 35세를 넘었을 때에도 산전진단은 필수입니다. 대개 연애 시절에는 서로가 사랑하기 때문에 "둘"만의 세상을 보게 되지만 일단 결혼을 하게 되면 실질적인 문제에 부딪힐 수밖에 없습니다. 결혼 전에는 미처 대화하지 못했던 유전질환이 혹시나 아기에게 전해지지는 않았는지 출생 이전에 미리 검사하여 철저히 준비할 수 있도록 해주는 것이 바로 산전진단입니다.

과학자들은 앞으로 맞춤아기도 가능해질 것이라고 말합니다. 자궁내 "유전자치료(gene therapy)"도 곧 가능해질 것이라고 합니다. 산전진단에서 아기의 유전적 결함이 발견되면 이 유전자를 자궁 내에 있을 때 아예 바꿔 주자는 것입니다. 그렇게 되면, 소위 맞춤아기를 얻을 수가 있는 것이지요. 예를 들어, 태어나지도 않은 아기의 코를 유전자 조작으로 더 높게 성형한다든지 부모는 작더라도 자녀의 키를 늘려서 늘씬한 몸매를 부여한다든지 하는 것들입니다. 그러나 치료 목적이 아닌 단순 성형을 위해 유전자 변형을 실시하는 것은 윤리적 문제를 수반하게 됩니다.

불임

때로는 불임부부가 있을 수 있습니다. 불임은 보통 결혼을 하고 나서야 나타나는 문제이기에 더욱 큰 고통을 안길 수 있습니다. 불임의 문제는 일차적으로 부부의 문제이지만, 두 사람이 속한 가문으로 볼 때도 굉장히 불행한 일이 아닐 수 없습니다. 지금은 과학이 발달해서 불임을 극복할 수 있는 방법들이 많이 개발되어 있습니다. 그중의 하나가 "시험관아기(test tube baby)" 시술[3]입니다. 아직은 방법적으로나 윤리적으로 허용되지 않고 있지만, 복제아기에 대해서도 조심스럽게 이야기가 나오고 있습니다.

현대생활과 건강한 아기

현대생활은 여러 가지로 건강한 아이가 태어나는 것을 점점 어렵게 만들고 있습니다. 통계적으로도 불과 20년 전에 비해 엄청나게 많은 유전질환들이 새로 보고되고 있고, 경제

3) 배양접시에 난자를 올려놓고 정자를 그 위에 부어서 수정시킨 수정란을 자궁에 착상시켜 발생시키는 방법. 인위적인 생명 조작이라는 점에서 초기에는 종교적 차원의 반대가 심하였지만 지금은 널리 사용되는 불임치료 시술이다.

적 여건도 아기를 양육하고 보살피기에 점점 힘들어지고 있습니다. 요즘 저출산이 국가적 위기라고 하지만, 결국 이것도 경제적 어려움과 환경 공해 때문에 초래된 문제가 아닌가 싶습니다. 건강한 아기는 건강한 부모에게서 태어납니다. 과학, 특히 유전공학이 발달하면서 아기가 태어나기도 전에 여러 질환들을 미리 진단할 수 있게 된 것은 그야말로 다행스러운 일이 아닐 수 없습니다.

사람은 살아가면서 다양한 생명활동을 하게 됩니다. 음식물을 소화하고, 피와 근육을 새로 만들고, 병에 대한 면역력을 키우는 등등 모든 것이 다양한 생명활동의 한 부분들입니다. 그리고 이런 생명활동은 효소라는 단백질이 있기에 가능합니다. 예를 들어, 대부분의 사람이 다 가지고 있는 어떤 영양분에 대한 소화효소가 새로 태어날 아기에게 결핍되어 있다면, 보통 사람에게는 살이 되고 피가 되는 그 영양분이 이 아기에게는 독이 될 수도 있습니다. 소화를 못시키기에 잉여 영양분이 뇌세포에 쌓이게 되고, 결국 정신박약과 운동장애를 초래하기 때문입니다.

현대 의학은 아기가 태어나기도 전에 자궁 속에서 미리 유전자를 조사하여 그 효소의 결핍 여부를 알아내고 태어나자마자 다른 영양소를 대체해 먹임으로써 유전적 결함을 피해갈 수 있을 정도로까지 발달하였습니다. 이런 것을 우리는 산전진단(prenatal diagnosis)[1]이라고 부릅니다. 그리고 이미 많은 선천성질환들이 산전진단으로 검사가 가능해졌습니다. 그러나 이런 것도 부모가 이런 과학적 정보에 대해 미리 알고 있어야만 가능하겠지요. 그렇기 때문에 결혼을 앞두고 있다면 적어도 상식 차원에서 필요한 몇 가지 과학 지식들을 미리 공부해야 하는 것입니다.

행복한 결혼

결혼은 생물학적 결합(육체적 결합)이면서도, 이를 통해 남녀가 모두 정신적 안정을 이룰 수 있다는 것이 특징입니다. 가정을 이루면서 사람은 비로서 화목하고 평화로운 온전한 인생을 만들어 갈 수 있는 것입니다. 남녀의 사랑과 결혼을 주제로 한 감동적인 소설과 영화들도 그동안 수없이 만들어졌습니다. 다시 말해, 인간의 찬란한 문화 속에는 반드시 "성"과 "결혼"이라는 주제가 어떤 형태로든지 내포되어 있다는 것입니다. 문화 창출이란 남녀가 합쳐서 이루어 내는 조화로운 활동이라고도 정의할 수 있습니다.

8) 아기가 태어나기 전에 미리 양수나 융모막 세포를 채취하여 유전자의 이상 여부를 검사하는 방법.

물론 자라온 환경이 서로 다른 두 남녀가 결혼을 하다 보니 때때로 문제점이 없는 것도 아닙니다. 요즈음은 결혼 3년 내에 이혼하는 비율이 급격히 늘어나고 있는데, 그 첫 번째 이유가 놀랍게도 성격 불화라고 합니다. 어떻게 보면, 디지털시대 남녀들은 그만큼 화통하면서도 조금은 급한 면을 보이기 때문이기도 하겠습니다. 그러나 성격 불화는 두 사람이 전혀 다른 환경 속에서 자라나 합쳤기 때문에 서로가 배려하고 포용하는 마음이 없다면 언제든지 생길 수 있는 문제입니다. 때문에 행복한 결혼을 위해서는 첫째, 부부간 서로에 대한 존경심과 이해, 그리고 사랑이 필수조건입니다. 배우자에 대한 신뢰 역시 당연히 중요한 요소 중 하나입니다. 둘째는 충분한 경제력입니다. 부자일 필요는 없지만 적어도 태어날 자녀를 보살피고 교육하는 데 필요한 경비와 부부의 노후를 보장할 수 있을 만큼의 재력을 말합니다. 셋째는 건강한 자녀의 출산입니다. 사랑의 결과, 예쁜 자녀들이 태어나고 그 자녀들이 자라나면서 부모에게 귀여운 재롱을 부릴 때야 말로 부모됨의 보람은 물론 인생 최고의 행복한 순간이 아닐 수 없습니다. 사실 평범한 남녀가 만나 결혼을 하고 아기를 갖게 되는 것은 일부러 배우지 않아도 저절로 이루어지는 자연스러운 과정입니다. 때문에 대부분의 경우 "건강한 아기가 태어나는 것"에 대해 그다지 신경을 쓰지 않는 것도 사실입니다. 아기가 장애를 가지고 태어난다는 말은 나의 이야기가 아닐 것이라는 막연한 안도감도 한 몫 합니다 그러나 환경이 오염되고 점차 현대 생활이 복잡해질수록 불임과 장애아의 문제는 더 이상 내 이웃의 이야기만은 아닙니다. 게다가 아기가 없다는 것이 결혼 생활을 얼마나 괴롭고 삭막하게 만드는지 보통의 부부는 알 수가 없습니다. 과거에는 아기를 갖지 못하는 "죄"가 그대로 여성 혼자만이 지고가야 할 몫이었고, 심지어는 부부가 갈라서게 되는 원인 중 하나가 되기도 하였습니다. 건강한 아기는 건강한 부부 생활과 가정의 평화를 위한 하늘의 선물이라고까지 말할 수 있겠습니다.

동물 세계의 친자 확인

동물에서도 일부다처제를 찾아볼 수 있습니다. 크고 힘센 수컷이 암컷들을 여럿 거느리는 것입니다. 예를 들면, 바다표범이 그렇습니다. 이들은 보통 몸무게가 200~300kg은 족히 되는데, 크면 클수록 다른 수컷들과의 싸움에서 유리합니다. 싸움에서 이긴 수컷은 더 많은 암컷을 거느릴 뿐만 아니라 번식 장소도 더 유리한 곳을 선택할 수 있습니다. 가끔 바다표범들이 무리를 지어 누워있는 바닷가 사진을 보면 다 똑같이 보여도 그렇지가 않습니다. 힘센 놈이 더 고운 모래 장소에 바람이 적은 곳을 선택할 수 있습니다.

힘이 센 수컷은 제일 좋은 구역을 정해놓고서, 그 좋은 환경에 반해 찾아오는 암컷들을 독차지합니다. 간혹 수컷의 마음에 드는 데도 오지 않으려고 하거나 도망을 가는 암컷은 수컷의 커다란 지느러미로 사정없이 얻어맞습니다. 그러나 이렇게 부인이 많다보니까 관리가 필요합니다. 태어난 자식들이 반드시 그 수컷의 자식이 아니라는 거지요. 실제로 잘생긴 암컷들은 그 왕의 옆을 지키기보다 가장자리를 겉돌며 또 다른 수컷을 기다리고 있습니다.

이런 점은 인간 사회나 바다표범의 사회나 다를 바가 없습니다. 수컷은 암컷들이 바람을 필까봐 항시 감시를 함에도 불구하고, 유전자 조사에 의하면 태어난 새끼의 1/3은 이 수컷의 자식이 아니라고 합니다. 게다가 이렇게 노심초사 암컷을 지킨 임금 수컷의 수명은 15년에 불과하지만, 얌체처럼 몰래 와 새끼만 낳게 한 수컷들은 40년의 수명을 누린다는 점입니다. 친자 확인이 이제 모든 동물 세계로까지 확대되어야 할지 모르겠습니다.

생각해봅시다

1. 우리나라의 전통 혼례 방식을 조사하시오.

2. 행복한 결혼 생활을 위해 남자와 여자가 각각 분담해야 할 역할과 합심, 합력해야 할 내용들을 말해보시오.

3. 전성설과 후성설을 구별하여 설명하시오.

4. 현대사회에서 산전진단과 유전자치료가 점점 더 중요해지는 이유를 말하시오.

5. 한때 유럽 사회 전역으로 퍼져나간 혈우병에 대해 조사하시오.

CHAPTER 02

셀프 테스트

학|습|목|표

현대적 의미의 "성"을 이해하기 위해서는 최소한의 과학 상식과 용어 이해 정도는 필수입니다. 나 자신은 물론 상대방 "성"의 생물학적 구조를 얼마나 이해하고 있는지 스스로 확인해 보고, 이와 관련된 과학 상식과 용어에 친숙해지는 것이 목표입니다.

기초 지식 테스트

결혼은 꼭 필요한 것인가? 결론은 사람마다 다를지라도 결혼은 우리에게 안정된 삶과 행복한 미래를 늘 제공해 주었습니다. 젊은이들은 결혼 생활의 신비로움을 마음껏 꿈꾸고 준비할 권리가 분명 있습니다. 인생은 긴 여행길을 떠나는 것과 같기에 준비가 필요합니다. 결혼은 그 여정을 두 사람이 함께 도우며 새로 출발하는 것입니다. 더 많이 준비할수록 그 여행길이 편하리라는 건 당연하지요. 준비란 곧 기초적 성지식과 여기에 관련된 과학적 상식에 대한 공부입니다.

여행에 앞서 아래와 같은 설문을 20문항 제시합니다. 맞으면 O, 틀리면 X로 표시하면서 평소 얼마나 자기 자신과 상대방의 "성"을 이해하고 있는지 확인해 봅시다. 그리고 부족하다고 생각되는 과학 상식에 대해 더 많은 책을 읽는 계기로 삼기 바랍니다. 이들에 대한 해답은 따로 설명하였습니다. 이번 장에서는 간단하게 정답만을 밝히기로 하고, 자세한 내용은 후에 다시 설명하기로 합니다.

1. 복제양 돌리(Dolly)에 관한 이야기입니다. 돌리는 인간복제의 가능성을 보여준 첫 본보기이기에 출생 그 자체가 엄청난 충격을 몰고 왔습니다. 돌리 이전에도 개구리를 복제한 예가 있기는 했지만, 포유동물인[1] 돌리의 복제는 보다 진일보한 기술이기 때문

1) 젖먹이 동물을 말함. 사람, 양, 소, 원숭이, 쥐 등이 여기에 속한다.

입니다. 양의 수명은 대략 9년 정도입니다. 그리고 돌리는 6년생 암양의 젖샘 세포를 이용해 복제되었습니다. 따지고 보면 굉장히 섬뜩한 일입니다. 공상과학 소설에나 나올 법한 이야기이고, 또 멀지 않은 미래에 프랑켄슈타인[2] 같은 괴물이 이 기술로 만들어지지 말라는 법도 없기 때문입니다. 그래서 공포심을 완화시키고 친금감을 주고자 "돌리"라는 예쁜 이름이 주어진 것인지도 모르겠습니다. 어쨌든 돌리는 1991년에 탄생했고, 지금은 죽은 지 여러 해가 흘렀습니다. 그러면 복제양 돌리를 처음 만든 사람은 누구일까요? 또 굳이 복제를 감행한 이유와 목적은 무엇일가요?

복제양 돌리와 윌머트 박사

돌리는 영국에서 이안 윌머트(Ian Wilmut) 박사에 의해 탄생했습니다. 6년생 암양의 젖샘 세포를 떼어내 핵만 끄집어냈고, 이 핵을 난자(핵을 제거한 난자) 안에 넣은 뒤 전기 충격을 주어 세포분열을 촉진시켰습니다. 그리고 이렇게 만들어진 복제 배아를 대리모 암양의 자궁에 착상시켜 돌리가 태어난 것이지요. 핵에는 암양의 유전자가 고스란히 들어있기 때문에 돌리는 이 핵을 제공한 암양을 그대로 복제해 닮은 것입니다. 엄마와 일란성 쌍둥이인 셈인 동시에 엄마가 그대로 다시 태어난 겁니다. 윌머트 박사가 돌리를 복제해 만든 목적은 불임치료와 줄기세포 개발 등 의학적 이용을 위해서였습니다. 자신의 기술을 이용해 인간을 복제할 이유도 없고, 인간을 복제해서도 안 된다는 것이 윌머트 박사의 견해입니다.

❷ 반딧불 유전자와 생쥐의 유전자를 조합하면 눈을 반짝거리게 할 수 있습니다. 우리 몸의 생명 현상은 모두 유전자에 의해 조절됩니다. 사람은 약 25,000개의 유전자를 가지고 있는데, 눈과 코도 유전자 명령에 따라서 만들어지고 남자와 여자의 구별도 유전자에 의해 조절됩니다. 심지어는 심장이 오른쪽이 아닌 왼쪽에 위치하는 것도 유전자 명령에 따른 것입니다. 즉, 유전자란 곧 생명의 설계도인 셈입니다. 사람과 생쥐는 유전자의 95%가 동일하거나 서로 유사합니다. 모든 생명체는 고유의 유전자를 가지고 있는데, 만약에 이 유전자를 서로 교환하면 새로운 생명체가 만들어지게 됩

2) 죽은 사람의 머리와 몸통을 이은 뒤 전기충격을 주어 되살려냈다는 전설의 괴물.

니다. 건축물의 설계도를 바꾸면 전혀 다른 집이 지어지는 것과 같은 원리입니다. 유전자들은 실처럼 긴 DNA 위에 순서대로 나열되어 있는데, 반딧불의 발광유전자(빛을 내는 유전자)도 마찬가지입니다. 이것을 떼어내 쥐의 눈 유전자 바로 뒤에 갖다 붙이는 겁니다. 그러면 눈이 반짝반짝할 수밖에 없지요. 이러한 조작을 유전공학(genetic engineering) 또는 유전자재조합기술(recombinant DNA technology)이라고 합니다. 유전공학은 대단히 정교한 분야로서, 21세기 BT 산업을 이끌고 갈 첨단기술입니다. 이 기술을 잘 이용하면 유전병을 미리 진단도 할 수 있고 맞춤아기도 탄생시킬 수 있습니다. 필요한 장기들을 줄기세포에서 생산할 수 있는 겁니다.

설 문

① 복제양 돌리는 영국에서 탄생하였다
② 반딧불과 쥐의 유전자를 조합하면 쥐의 눈을 반짝거리게 할 수 있다
③ 사람과 동물의 유전자는 DNA이고, 식물의 유전자는 단백질이다
④ 줄기세포란 척추(등줄기)에서 뽑아낸 세포를 말한다
⑤ 정자와 난자는 모두 냉동해서 장기간 보관할 수 있다
⑥ 여성의 평균 생리주기는 28일이다
⑦ 임신이 가능한 기간은 월경을 중심으로 전후 1주일이다
⑧ 월경이란 난소에서 출혈이 되는 현상이다
⑨ 남자의 성염색체는 XX이다
⑩ 남성호르몬은 테스토스테론이고, 여성호르몬은 에스트로겐이다
⑪ 대부분의 유전병은 일찍만 발견하면 완치가 가능하다
⑫ 다운증후군은 염색체가 정상인보다 하나 많을 때 생기는 질환이다
⑬ 정자는 전립선에서 만들어진다
⑭ 정자가 한마리만 여성 생식기에 들어가도 임신이 된다
⑮ 신생아도 격렬하게 울 때는 눈물을 흘린다
⑯ 정신적 스트레스로 인해 생리주기가 변할 수 있다
⑰ 임신기간은 전체 10개월, 즉 300일 전후 약 7일이다
⑱ 첫 관계시에 처녀막이 파열되어 출혈이 있으면 처녀이고, 출혈이 없으면 처녀가 아니다
⑲ 자위행위가 지나치면 결혼해서 임신하는데 문제가 생길 수 있다
⑳ 남성 간에 일어나는 성폭력 행위는 강간죄에 해당되지 않는다

생쥐의 눈이 반짝거리는데 왜 우리가 열광하고 있을까요? 그것은 유전자를 바꿔치기 하면 생명체를 바꿀 수 있다는 것을 실제로 증명해 내었기 때문입니다. 예를 들어, 어떤 아이가 선천적으로 유전질환을 가지고 태어났을 때 건강한 유전자로 바꾸어 줄 수만 있다면 아이를 치료할 수가 있을 겁니다. 또 다른 예는 암(cancer)입니다.

우리 몸에는 암을 일으키는 유전자[3]와 암을 억제하는 유전자[4]가 균형을 이루고 있습니다. 음주나 흡연 등의 이유로 인해 암을 억제하는 유전자가 약해지거나 거꾸로 암을 일으키는 유전자가 강력해지면, 그 사람은 암에 걸리게 됩니다. 그랬을 때 고장난 유전자를 정상 유전자로 바꿔치기 하면 당연히 암을 치료할 수가 있을 겁니다. 이것이 바로 유전자 치료(gene therapy)입니다. 유전자 치료를 통해 선천성 기형도 고칠 수 있고, 아직은 실험적이지만 암도 치유할 수 있습니다. 유전자 치료는 벌써 세계 전역에서 시도하고 있고, 제한적일지라도 가끔씩 성공 사례가 발표되기도 합니다. 멀지 않은 미래에 유전자 차원에서 깔끔하게 모든 질병을 고칠 수 있기를 바라는 마음입니다.

❸ 지구 상에는 약 1,300만 종의 동물과 그 이상의 식물이 살고 있습니다. 동식물 모두 유전자는 DNA로 되어 있습니다. DNA는 두 줄의 나선구조인데, 주욱 늘어뜨리면 마치 긴 실처럼 보입니다. DNA의 각 부분 부분이 개개의 유전자입니다. 한 사람의 몸에는 지구에서 태양을 다섯 번이나 왕복할 수 있을 정도로 긴 DNA가 들어 있습니다. 그 긴 DNA에 바늘 구멍만한 고장이 났는데, 마침 그 부분이 암을 억제하는 유전자였다면 그 사람은 암에 걸리고 맙니다. 그 만큼 구조가 정교한 겁니다. DNA가 너무 길다 보니까 이를 감아 놓을 지지대가 필요합니다. 마치 연을 날릴 때 연줄이 엉키는 것을 막기 위해 얼레를 사용하는 것과 같은 원리입니다. 얼레에다가 줄을 잘 감아 놓으면 줄이 엉키지를 않습니다. 마찬가지로 DNA도 염색체라는 얼레에 차곡차곡 감아 놓는데, 그 길이가 워낙 길기 때문에 여러 개의 염색체(chromosome)가 필요합니다. 사람은 46개의 염색체에 DNA가 감겨 있습니다.

염색체의 이름은 번호로 붙입니다. 제일 긴 염색체를 1번, 그 다음을 2번, 그 다음은 3번, 이런 순서로 번호를 붙이는데, 각 번호에 해당하는 것이 2개씩 있습니다. 이를 상동염색체(homologous chromosome)라고 합니다. 상동염색체 중 하나는 아버지로부터 다른 하나는 어머니로부터 받은 것입니다.

3) oncogene이라고도 함. 원래는 세포내 신호 전달에 관여한다고 알려져 있음. src가 그중의 한 예임.

4) repressor gene이라고도 함. p53가 대표적인 예임.

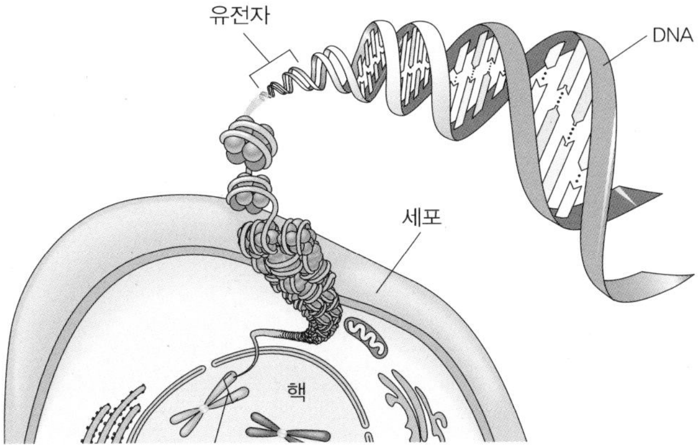

인간 유전자(23쌍 염색체)

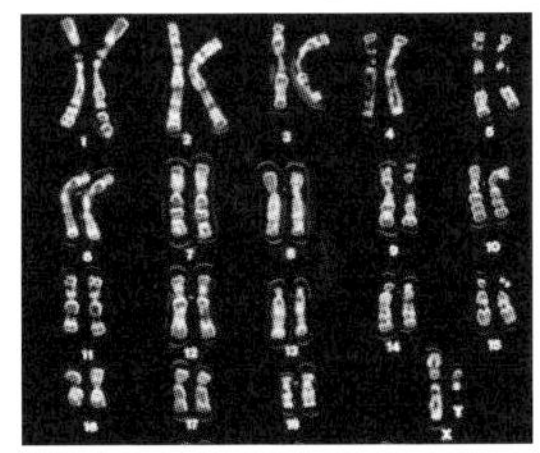

염색체와 DNA

상동염색체는 모두 22쌍입니다. 여기에 성염색체(sex chromosome)가 남녀별로 2개씩 더 있습니다. 남자는 X 염색체와 Y 염색체를 각각 하나씩 가지고 있고, 여자는 X 염색체만 2개를 가지고 있습니다. X는 여성을 결정하는 성염색체이고, Y는 남성을 결정하는 성염색체입니다. 성염색체의 조합이 XY일 때는 남성이고, XX일 때는 여성입니다.

특별한 경우 염색체 하나가 적거나 많을 수 있습니다. 21번 염색체가 3개인 경우 다운증후군(Down syndrome)에 걸리게 됩니다. 사람의 욕심은 한이 없어서 우리는 보통 남보다 무엇이든 더 많이 갖고 싶어 합니다. 떡을 먹어도 친구보다 큰 걸 먹고 싶고 돈도 남보다 더 많기를 원합니다. 그러나 염색체는 그렇지 않습니다. 염색체는 남보다 더 많으면 좋은 것이 아니라 오히려 질병에 걸리게 됩니다.

우리 몸의 근육과 살은 단백질로 되어 있습니다. 쇠고기, 돼지고기, 이런 것들도 모두 단백질입니다. DNA는 유전 명령을 다음 세대로 전달하고 보존하는 역할을 담당하는 반면에, 단백질은 우리가 살아가는 데 필요한 물질대사(metabolism)를 책임지고 있습니다. 병에 걸리면 항체가 만들어진다거나, 헤모글로빈이 몸 전체로 산소를 운반하는 일, 인슐린 호르몬이 당뇨를 조절하는 일 등이 모두 단백질이 하는 작용입니다. 우리가 DNA에 아무런 오류 없이 건강하게 태어났다는 것은 여간 감사한 일이 아닙니다.

DNA는 유전 명령을 다음 세대에 전해주지만 생명 유지를 위해서도 필요합니다. 예를 들어, 밥을 먹으면 소화효소가 만들어져야 하는데 이러한 소화효소도 유전자 명령에 따라 만들어집니다. 병원균이 몸에 들어오면 빠르게 대처하여 항체가 만들어지고,

남녀의 이차성징, 노화현상 등도 DNA에 들어있는 유전정보 덕분입니다.

흰쥐

과학적 사실을 증명하려면 실험동물이 필요합니다. 유전공학으로 신약을 개발하면 사람에게 적용하기 전에 실험동물에서 우선 시험하는데, 보통은 그 대상이 흰쥐(rat) 또는 생쥐(mouse)입니다. 흰쥐는 길이가 20cm 정도이고, 생쥐는 그보다 작아 10cm 정도 됩니다. 쥐가 실험용으로 애용되는 이유는 사람과 똑같은 젖먹이 동물이기 때문입니다. 포유동물이라고 하지요. 예를 들어, 새로 개발된 항암제를 쥐에 투여했을 때 치료 효과가 탁월하고 안전성이 보장된다면 그 약은 사람에게도 쓸 수가 있는 겁니다. 보통 쥐라고 하면 회색의 징그러운 쥐를 떠올리게 되는데, 이런 쥐는 시궁쥐라고 불리며 해부용으로만 사용됩니다. 흰쥐나 생쥐는 사육을 하기에 위생적으로도 깨끗한 쥐들입니다. 동물을 실험용으로 사용할 때에는 미리 철저한 계획을 세워서 절대로 필요 이상으로 희생시키는 일이 없어야 하겠습니다. 동물들도 사람과 함께 지구에 살고 있는 생명체이기 때문입니다.

4 줄기세포(stem cell)는 등줄기에서 뽑아낸 세포가 아닙니다. 그 역할이 마치 나무의 줄기와 같다고 해서 줄기세포라는 이름을 붙인 겁니다. 줄기세포만 있으면 신체의 어느 장기든지 필요한 대로 만들 수가 있습니다. 때문에 전 세계가 줄기세포를 확보하려고 경쟁적으로 노력하고 있는 것입니다.

나무를 보면 뿌리와 줄기가 있습니다. 줄기에서 가지가 뻗어 나오고, 그 가지에 잎과 꽃이 핍니다. 원래는 하나의 줄기였지만, 변형이 되어 가지도 되고, 잎도 되고, 꽃과 열매가 만들어지는 겁니다. 그러니까 줄기만 있으면, 또 그 줄기에 어떤 영양분을 줄 때 다양한 모습으로 변화해 나가는지를 알 수만 있다면, 우리가 원하는 것을 인위적으로 만들 수 있을 겁니다. 사람도 마찬가지입니다. 정자와 난자가 합쳐져서 하나의 수정란이 되고, 그 수정란이 점차 여러 개의 세포로 나눠집니다. 세포분열은 40여 번을 되풀이하게 되고, 그 결과 2^{40}개, 즉 100조의 세포가 될 때까지 계속 분열해 나갑니다. 그러면서 그중의 일부는 얼굴로, 팔로, 다리로, 내장기관으로 분화해서 사람의 형태를 이루어갑니다.

똑같은 수정란에서 분열된 세포인데, 어떻게 서로 다른 신체 장기로 분화할 수 있을까요? 이 조건만 우리가 알아낼 수 있다면, 수정란에서 막 분열한 세포 몇 개를 이용해서 간도 만들 수 있고, 심장도 만들 수 있고, 허파도 만들 수 있고, 위장도 만들 수 있을 것입니다. 병원에 가면 필요한 장기를 이식받지 못해서 안타까워 하는 경우를 자주 볼 수 있습니다. 그 만큼 장기이식자가 많지 않기 때문입니다. 줄기세포 몇 개만 있다면, 그걸 이용해서 간, 심장, 허파, 신장 등 필요한 모든 장기를 언제든지 공급할 수 있게 됩니다. 그래서 줄기세포란 나무줄기 같이 모든 장기로 분화되어 나갈 수 있는 능력을 가진 세포를 말합니다. 그리고 보통 수정란이 30~100개의 세포로 나눠어졌을 때를 줄기세포라고 말합니다. 이 시기가 되면, 줄기세포가 어떤 장기로 분화해 나갈지 운명이 대충 결정된 상태이기 때문에 이용하기 편해서입니다.

❺ 정자를 얼리는 기술은 30여 년 전부터 가축에게 널리 사용되어 왔습니다. 급속 냉동했다가 다시 녹이면 되살아 나는 정자의 특성을 이용해 우량종의 정자를 각 농가에 나누어주기 위해 개발된 기술입니다. 지금은 사람에게도 응용되어 시험관아기 시술에 사용되고 있습니다. 난자는 상대적으로 약한 세포입니다. 배란될 당시의 난자는 아직 감수분열[5]이 완전히 끝나지 않은 미완성 난자이기 때문입니다. 이것이 정자와 수정되어야 감수분열을 완료하면서 비로소 수정란이자 성숙란이 되는 것입니다. 미완성 난자는 그만큼 약할 수밖에 없고 따라서 냉동이 쉽지 않았습니다. 그러나 최근에 생식의학이 발달하면서 이제는 난자도 냉동 가능하고, 심지어는 수정란도 냉동이 가능해졌습니다. 수정란을 냉동할 수 있다는 뜻은 같은 날 수정된 난자를 몇 년간 보관했다가 원하는 때 녹여서 자궁에 착상시킬 수 있다는 말입니다. 이 때문에 탄생의 순서를 인위적으로 바꾼다는 점에서 사회적 문제가 되고 있습니다.

❻ 가임 기간 내에 있는 건강한 20~30대 여성의 평균 생리주기는 약 28일입니다. 물론 개인적 차이는 있을 수 있습니다. 그리고 같은 여성이라도 스트레스나 환경 요인에 의해 조금씩 변할 수 있습니다. 보통은 쉽게 이야기해서 약 한 달이라고 말합니다만 정확하게는 4주, 즉 28일이 맞습니다. 월경으로부터 약 2주 후 배란이 시작됩니다.

그러니까 여성의 생리주기는 월경-배란-월경-배란이 매 2주일 단위로 되풀이되는 현

5) 정자와 난자는 두 번의 감수분열을 통해 염색체 수를 정상세포에 비해 절반으로 감소시킨다. 그래야 다시 합쳤을 때 정상적인 염색체 수를 유지해나갈 수 있기 때문이다. 정자는 감수분열을 완료한 상태이지만 난자는 제2감수분열 중에 배란된다.

상입니다.

❼ 임신이 가능한 기간은 배란(ovulation)을 중심으로 약 일주일입니다. 난자가 살 수 있는 시간이 24시간이므로 정확하게는 배란 후 꼭 하루뿐입니다만, 그 전에 여성생식기로 진입한 정자가 4, 5일 정도 살아남을 수 있기에 일주일이라 표현합니다. 그리고 월경(menstruation)은 배란으로부터 2주일 후입니다. 따라서 월경을 중심으로 전후 일주일은 임신 가능성이 거의 없거나 제일 낮은 시기입니다. 보통 월경은 출혈 때문에 가장 뚜렷하게 육안으로 관찰되는 시기이므로 그 기간에 임신 가능하다고 착각하기 쉽습니다. 그러나 월경기간은 극히 예외적인 케이스를 제외하고는 가장 임신이 어려운 시기입니다.

❽ 월경은 임신되지 않은 자궁내막(endometrium)이 떨어져 나오는 현상입니다. 자궁벽은 3개 층으로 구성되어 있는데, 가장 바깥쪽이 자궁외막(perimetrium), 중간층이 자궁근층(myometrium), 그리고 가장 안쪽이 자궁내막입니다. 자궁외막은 피부처럼 자궁 전체를 덮어 보호하는 얇은 층이고, 자궁근층은 두꺼운 근육질로서 수축운동을 해서 출산을 돕는 층입니다. 자궁내막은 매 28일 주기로 두꺼워졌다가 떨어져 나갑니다. 떨어져 나갈 때는 그 안에 들어있는 혈관도 함께 떨어져 나갑니다. 이것이 바로 여성의 월경입니다. 떨어져 나간 자궁내막은 다음 생리주기를 위해 다시 재생이 됩니다. 만약 임신이 되면 자궁내막은 떨어져 나가지 않고 임신 기간 내내 그대로 보존되면서 태반(placenta)의 일부가 됩니다. 임신을 하면 월경이 멈추는 이유가 바로 이것입니다. 자궁내막에는 혈관이 풍부하기 때문에 아기에게 영양을 공급해 줄 수 있으니까요.

❾ 남성의 성염색체는 XY입니다. 반면 여성의 성염색체는 XX입니다. 염색체는 일반염색체(체세포 염색체라고 함)와 성염색체로 구분됩니다. 반드시 그런 것은 아닐지라도 체세포 염색체에는 신체 장기와 생명현상에 대한 유전자들이 주로 들어 있고, 성염색체에는 "성"과 관련된 유전자들이 주로 들어 있습니다. Y 염색체가 있느냐, 없느냐의 여부에 따라 남성인지, 여성인지가 구별됩니다. 어떤 유전자가 어머니의 X 염색체에 들어 있다면, 그 유전자의 고장으로 인한 유전질환은 모계를 통해 전달됩니다. 혈우병(hemophilia)이 그 대표적인 예입니다.

❿ 남성은 고환에서 테스토스테론(testosterone)을 만들어내고, 여성은 난소에서 에스트로겐(estrogen)을 만들어냅니다. 고환 말고도 사람은 피부나 간에서도 테스토스테론을

일부 만들 수 있습니다. 그러나 돼지 등 가축은 고환에서만 테스토스테론을 만들기에 거세를 하면 완전히 암컷화가 됩니다. 수컷 돼지에서 나는 노린내를 "웅취(boar taint)" 또는 "성취(sex oder)"라고 하는데, 고기의 질을 떨어뜨리는 원인이 됩니다. 거세를 하면 이 냄새가 나지 않기 때문에 농가에서는 종돈을 제외한 새끼 돼지를 미리 거세시킴으로써 이 웅취를 없애 버립니다.

⑪ 인간게놈프로젝트(Human Genome Project)14가 완성되면서 사람의 유전자는 약 25,000개라는 것이 알려졌습니다. 이들 개개의 유전자가 고장나면 그 기능에 따라 해당 유전질환이 발생하게 됩니다. 어떤 유전병은 그나마 증상이 미약하지만, 대부분의 유전병은 심각한 결과를 초래하며 태어나기도 전에 사망하는 경우도 많이 있습니다. 지금까지 알려진 유전질환은 3,000여 종에 달합니다. 이 중 어떤 유전자가 고장이 났는지 그 원인을 아는 경우는 그저 30여 개에 불과하며, 그마저도 완치 가능한 유전병은 단 하나도 없습니다. 물론, 일찍 발견하면 어느 정도 증상을 완화시킬 수는 있지만 정상적인 치료가 가능한 경우는 전혀 없다는 겁니다. 여기서 치료란 단 한 번의 시술로 부작용 없이 완치되는 것을 의미합니다. 그 만큼 유전질환은 어렵고, 또 심각한 경우가 대부분입니다. 요즘 젊은이들이 결혼 전에 건강진단서를 교환하기도 하는데, 이는 대단히 합리적인 사고라고 말할 수 있습니다.

⑫ 결혼 연령이 자꾸 늦추어지는 것은 다운증후군 같은 염색체 이상을 초래하기 때문에 생물학적으로 바람직하지 않은 현상입니다. 다운증후군은 어머니의 나이가 35세를 넘어가면 확률이 가파르게 높아지기 때문입니다. 다운증후군은 1866년에 영국의 존 다운(John Down)이라는 의사가 처음 학계에 보고하면서 알려지게 되었습니다. 원인은 21번 염색체가 보통 사람보다 하나 더 많은 것입니다. 결과적으로, 보통 사람은 염색체가 46개이지만 다운증후군 환자는 47개의 염색체를 가지고 있습니다. 다운증후군의 증상은 얼굴 전체가 윤곽이 뚜렷하지 않고 둥글둥글한 것이 가장 큰 특징입니다. 진한 쌍커플이 있는 경우도 흔합니다. 혀가 통통하고 커서 늘 입을 벌리고 있으며, 입 바깥쪽으로 혀를 내밀고 있는 것도 특징 중 하나입니다. 다운증후군이 심각한 이유는 외형적 특징보다도 정신박약을 수반할 수 있기 때문입니다. 수명에도 물론 영향을 미칩니다. 요즘은 치료 방법이 진보되어서 다운증후군 환자도 환갑을 넘긴 예가 있긴 합니다. 그러나 아직까지도 정신적 장애와 면역성 약화 등에 대한 치료는 어려운 실정입니다. 재미있는 것은 다운증후군 환자들은 주어진 상황에 상당히 집착한다는 점

입니다. 한 가지 일을 지시하면 계속해서 그 일을 수행하려고 드는 경향이 짙습니다. 어느 한 장소에 서있기를 요구하면 몇 시간이 지나도 계속 그 곳에 서 있는 경우가 흔합니다. 그리고 다운증후군 환자들은 성격이 굉장히 낙천적이고 친화적입니다. 우리는 장애를 가지고 있거나 유전성 질환을 가지고 있으면 나와 다르다는 이유로 피하는 경우가 종종 있습니다만, 사실은 그렇지 않습니다. 우리와 똑같은 이웃이기 때문입니다. 장애인에 대한 여러 가지 배려와 나눔의 생활이 형성되도록 노력하는 것도 우리들의 책임입니다.

⑬ 정자는 정소(testes)에서 만들어집니다. 정소는 고환이라고도 합니다. 정소는 정자가 만들어지는 곳이란 뜻입니다. 정소에서 만들어진 정자는 부고환에 저장되어 있다가 여성 생식기로 사정되어 들어가게 됩니다. 부고환에 저장된 정자는 아직 어리기 때문에 꼬리 운동을 할 수 없습니다. 정자는 사정되면서 전립선이 만들어내는 영양물질(액체)과 섞이게 되는데, 이때 비로소 운동 능력이 갖추어집니다. 전립선은 정액의 대부분을 만드는 중요한 기관입니다.

⑭ 난자 속으로 최종 들어가는 정자는 한 마리입니다. 그러나 정자 한 마리가 홀로 여성 생식기에 들어간다면 임신은 불가능합니다. 정자 한 마리와 난자 한 개가 합쳐지는 것이 수정이고, 그렇게 되면 아기가 태어나는 것은 맞습니다. 그러나 정자가 한 마리만 여성 생식기에 들어간다는 것은 의미가 다릅니다. 여성 생식기의 환경은 정자가 살아남기에 대단히 좋지가 않습니다. 우선 강한 산성입니다. 때문에 대부분의 정자는 여성 생식기에 들어가자마자 즉사하게 됩니다. 또 여성 생식기에 들어간다 하더라도 난자까지 찾아가는 길이 엄청나게 험난하기만 합니다. 때문에 정자 한 마리만 여성 생식기에 들어가도 임신이 된다는 것은 전혀 맞지 않습니다. 남성이 한 번 사정할 때 최소 2억~3억 마리의 정자를 배출하는 이유가 바로 이것입니다. 바깥쪽의 정자는 여성 생식기 내에서 안쪽의 정자를 보호하는 역할을 합니다. 자기를 희생해서 안쪽의 우수한 정자가 난자까지 무사히 가도록 도와주는 것이지요. 남자가 사정하는 정자 수가 2,000만 마리 이하일 때 불임율이 높아지는 이유가 여기에 있습니다.

⑮ 신생아는 아무리 격렬하게 울어도 어른처럼 눈물을 흘릴 수 없습니다. 아직 눈물샘이 완성되지 않았기 때문입니다. 아기 엄마들이 대화를 나누는 것을 보면 굉장한 허풍쟁이라는 것을 알 수 있습니다. 우리 아기가 얼마나 울음소리가 우렁차고 장군감인지

울 때마다 닭똥 같은 눈물을 뚝뚝 흘린다는 거지요. 만약 갓 태어난 아이가 그렇게 눈물을 흘리며 운다면, 이 아이는 장군감이 아니라 선천성 기형입니다. 오히려 인큐베이터에서 며칠간 더 보호를 받아야 하는 케이스입니다. 신생아가 제대로 눈물을 흘리려면 적어도 몇 주간 이상의 시간이 필요합니다. 우리가 신생아에 대해 착각하는 것이 또 있습니다. 신생아는 목을 제대로 가눌 수가 없습니다. 아직 근육과 뼈대가 채 완전하지 못하기 때문이지요. 갓 태어난 아기가 목을 빳빳이 가누고 있다면 그것 역시 장군감이 아니라 선천성 기형입니다.

⑯ 여성의 생식주기는 사춘기에 시작합니다. 그리고 생식주기의 첫 번째 신호는 뇌하수체에서 분비되는 FSH16와 LH17 호르몬입니다. 이 두 호르몬에 의해 평생 여성의 난포 성장과 배란이 주기적으로 조절됩니다. 뇌의 뇌하수체에서 나오는 호르몬들인 만큼 스트레스에 민감한 것이 당연할 것입니다.

⑰ 전체적인 임신 기간은 한 달을 30일로 계산할 때 약 9개월입니다. 270일 정도이지요. 우리가 보통 임신 10개월이라 말하는 이유는 임신된 달부터 그냥 한 달로 계산하기 때문입니다. 12월에 태어난 아이를 다음해 1월 1일에 두 살이라 이야기하는 것과 마찬가지입니다. 산부인과적으로는 한 달을 4주로 계산합니다. 그래서 10개월을 계산하면 꼭 40주, 즉 280일입니다. 이것은 마지막 월경 시작일을 기준으로 한 것입니다. 배란은 월경 2주 후에 있기 때문에 실제 임신 기간은 38주(266일)입니다. 그러나 출산 예정일은 아기만 알지 아무도 정확히 알 수 없습니다. 따라서 266일 전후 일주일로 보통 계산합니다.

⑱ 과학적 상식이 부족했던 시대에는 처녀막 파열 여부를 기준으로 여성이 처녀인지 아닌지를 가름하고는 했습니다. 그러나 우리는 지금 성 관계가 아니더라도 운동 등 물리적 충격에 의해 처녀막이 쉽게 파열될 수 있다는 것을 잘 알고 있습니다. 처녀막은 질 입구 하단부를 부분적으로 막고 있는 피부막으로서 왜 존재해야 하는지 의학적으로 증명된 바는 없습니다. 또 사람마다 그 형태도 다양합니다. 일반적으로, 처녀막 가운데에는 볼펜 한 자루가 통과할 수 있을 정도의 구멍이 있기 때문에 성경험이 없는 사람도 이를 통해 월경혈이 빠져 나오거나 생리대를 삽입해 넣을 수 있습니다. 때로는 처녀막이 완전히 막힌 경우도 있는데, 이럴 때는 병원에서 간단히 절개해 주면 치료할 수 있습니다.

⑲ 자위행위는 건강한 남녀가 사춘기에 이르면 자연스럽게 배우는 행위입니다. 특히, 남성에게 더 흔한 행위입니다. 물론 지나치면 정서상 해로울 수 있습니다만, 그 자체로 인해 남자나 여자 모두 임신이 불가능해지지는 않습니다. 다만 과격한 자위행위로 인해 조직이 파열될 경우 출혈과 2차적인 감염이 올 수 있습니다. 예전에는 자위행위 자체를 부정한 행위로 간주하였지만, 지금은 죄의식을 불어넣기 보다는 행위로 인해 발생되는 부작용을 가르치는 데에 더 치중하고 있습니다.

⑳ 사회가 변하면서 동성애의 문제도 불거지고 있고, 서구 사회에서는 남성이 남성을 성폭력하는 행위가 심심치 않게 벌어지고 있기 때문입니다. 우리도 곧 이런 문제에서 자유로울 수 없을 거라는 것은 누구나 인식하고 있는 상황입니다. 이와 병행해서 트랜스젠더에 대한 성폭력 문제도 함께 살펴볼 필요가 있겠습니다.

할머니가 어머니?

아이를 낳지 못하는 딸을 위해서 엄마가 난자를 제공했고, 이 난자에 딸의 남편의 정자를 인공 수정시켜서, 딸의 자궁을 빌려 아기를 낳았다면 어떤 문제가 있을까요? 가장 큰 문제는 이 아기가 정말 딸의 자녀인가 아니면 딸의 "씨"만 다른 동생인가 라는 것입니다.

실제로 이런 일이 캐나다에서 곧 벌어질 것 같습니다. 딸이 터너증후군 환자라서 성인이 되어도 난자를 제대로 배란하지 못하고 폐경도 빨리 온다는 사실을 안 한 어머니가 자기 난자를 미리 냉동 보관하였고, 만약에 정자 기증자가 나타나면 수정하여 아기를 낳을 생각이라고 공언하였습니다.

이렇게 되면 가족 관계에 있어서 정말 복잡한 일이 벌어질 수밖에 없습니다. 할머니가 아기의 생물학적 어머니이기 때문입니다. 그리고 딸은 사회적 어머니이지만 실은 자신이 출산한 아기와 이종형제에 해당하는 것입니다.

난자와 정자를 얼리는 기술은 불임부부들에게 기적 같은 치료 방법을 제공하고 있지만, 이처럼 미처 생각지 못한 문제들이 또한 많이 있습니다. 문제는 이런 일들이 실제로 벌어지고 있음에도 불구하고, 이에 대한 사회적 장치나 법적 해석이 명확치 않다는 데 있습니다. 생식의학은 사회적 규제나 법적 장치보다도 앞서 발전해 나가고 있습니다. 또한, 이러한 문제는 다분히 복합적인 측면을 포함하고 있습니다. 어떠한 전공을 공부하는 학생이든지 간에 이러한 문제에 관심을 가져야 합니다. 그래서 미래 사회에는 모두가 함께 조화를 이루며, 올바른 방향을 추구해야 할 사안들입니다.

1. 복제양 돌리와 같은 생명복제가 미래사회의 자손 문제와 어떤 연관이 있는지 말하시오.

2. 줄기세포란 무엇인지 나무와 비교하여 설명하시오.

3. 여성의 배란주기를 아는 대로 설명하고, 이 중 임신 가능한 기간을 구체적으로 말하시오.

4. 남성의 성염색체는 무엇인가요?

5. 결혼 연령이 자꾸 늦어지는 것이 요즘의 사회적 추세입니다. 늦은 출산이 의학적으로는 어떤 문제를 야기할 수 있는지 말하시오.

CHAPTER 03

MARRIAGE, SEX & INHERITANCE

남성 바르게 이해하기

학|습|목|표

남성 생식기의 목적은 정자를 만들어 자신의 유전자를 난자까지 정확하고 안전하게 전달하는 것입니다. 이를 위해서 남성 생식기는 고도로 분화되어 있습니다. 우리는 이 장에서 남성 생식기의 기본 구조와 정자가 만들어지는 과정, 정자의 모습, 불임, 정관수술, 냉동정자 등 관련된 내용들을 순서에 따라 살펴보도록 합니다.

남성의 생물학적 목적

이제 남성 생식기의 모습을 살펴보고, 정자도 관찰하겠습니다. 남성의 생물학적 목적은 아주 간단합니다. 자신의 유전자를 여성의 난자로 옮겨주기 위한 것입니다. 운반! 그것을 위해 정자는 특수한 구조를 하고 있습니다. 우선 꼬리 운동을 할 수 있어야 난자 쪽으로 헤엄쳐 나아갈 수 있습니다. 정자도 초기에는 다른 세포들처럼 동그란 모습을 하고 있습니다. 그러던 것이 약 2개월에 걸쳐 서서히 형태 변화를 일으켜서 꼬리를 만들고 운동 능력도 얻게 됩니다. 동시에 감수분열을 통해 염색체의 숫자를 절반으로 줄여야 합니다. 염색체의 수를 줄인다는 것은 아주 중요한 의미를 가집니다. 그래야 난자와 정자가 합쳐서 다시 염색체 수를 정상으로 회복할 수 있기 때문입니다.

남성 생식기의 위치

남성 생식기는 여성과 달리 몸 바깥쪽에 위치하고 있습니다. 정자는 우리 몸의 체온이 37℃라고 할 때, 그보다 0.5~1℃ 정도 낮은 36℃ 정도에서 가장 활발하게 운동을 하기 때문입니다. 정자는 온도가 조금만 올라가서 37.5℃나 38℃만 되도 쉽게 죽어버립니다. 일본에서 보고된 적이 있지만, 꽉 끼는 청바지나 쫄바지를 입으므로써 생식기가 몸에 밀착하였고, 결국 고환 온도가 올라가서 불임이 되었다는 이야기가 있습니다. 사람은 정온동물[1]이기 때문에 신체의 어느 부분이나 온도가 다 비슷합니다. 사실 남성 생식기라고 해서 몇 도씩이나 현저하게 체온이 떨어지는 일은 없습니다. 다만 생식기가 체외에 있고, 헐렁한 옷을 입으면 비교적 시원한 환경을 유지할 수 있기 때문에 정자가 살아가기가 상대적으로 좋다는 것을 강조해 주는 극단적인 사례입니다.

남성 생식기의 구조

생식기의 구조는 영어와 한글 명칭 모두를 알아두는 게 좋겠습니다. 혹시나 비뇨생식기 쪽에 문제가 있어 병원을 가면 의사선생님들이 사용하는 용어는 대부분 다 영어이기 때문입니다.

바깥으로 돌출되어 보이는 부분이 외부생식기인 음경(penis)입니다. 음경은 여성 생식기로 정자를 운반하는 수송 통로입니다. 음경의 끝부분을 귀두(glans penis)라고 하는데, 남성의 표피가 귀두까지 덮여져 있으면 포경 상태입니다. 포경은 수술을 통해 표피를 제거해 줄 필요가 있습니다. 그렇지 않으면 여기에 각종 박테리아나 병원균이 서식하여 불결할 수 있기 때문입니다. 남성 생식기 중 가장 중요한 부분은 고환(testes)입니다. 고환은 정소라고도 합니다. 고환의 크기와 모습은 마치 호두알 같은데 좌우 하나씩 한 쌍이 있습니다. 고환은 정자가 만들어지는 곳입니다. 그만큼 중요하기에 음낭(scrotum)이라 불리는 주머니 속에 잘 보호되어 들어 있습니다. 고환에서 정자가 만들어지기까지는 약 2개월이 소요됩니다. 이렇게 만들어진 정자는 고환과 연결된 부고환으로 옮겨져 저장되게 됩니다. 보통 정자는 부고환에서 약 한 달간 머무른 다음 사정이 됩니다. 따라서 정자 한 마리가 만들어지고 배출되는 데까지는

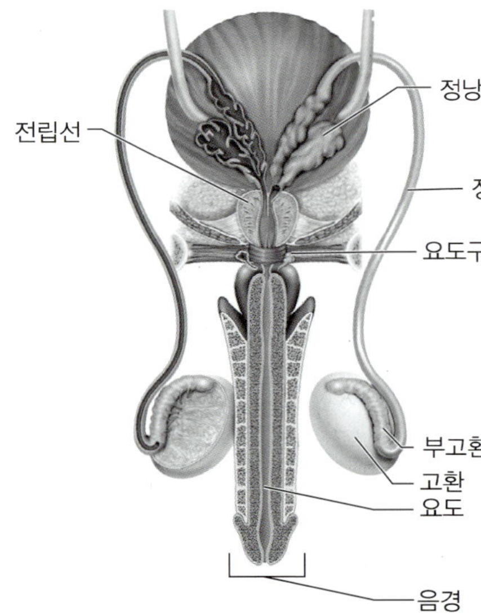

남성의 생식기 구조

1) 체온이 항상 일정하게 유지되는 동물. 개구리 같은 변온동물과 대조되는 용어이다.

거의 3개월이 걸리는 셈입니다(정확하게는 84일입니다). 부고환은 계속해서 정관(vas deferens)으로 이어집니다. 정관은 정자를 음경까지 수송하는 관입니다. 정관은 계속해서 요도로 이어지고 음경 끝에서 몸 밖으로 열리게 됩니다.

고환의 구조

고환은 속을 들여다보면, 약 250개의 방으로 구획이 나뉘어져 있습니다. 그리고 각 방에는 꼬불꼬불한 관들이 가득 들어차 있습니다. 이 미세한 관들의 안쪽에서 정자가 만들어지기에 우리는 이 관을 정세관(seminiferous tubule)이라고 부릅니다. 그리고 정세관 안에서 정자(sperm)들이 만들어집니다. 정세관의 가장 바깥쪽에는 원시적인 정조세포(spermatogonia)가 배열되어 있습니다. 정조세포는 장차 정자로 발달될 원시세포입니다. 정조세포는 끊임없이 분열하여 자기 숫자를 늘리면서 또 한편으로는 정세관의 안쪽으로 이동하면서 꼬리도 만들고 염색체 수도 절반으로 줄입니다. 이렇게 해서 완성된 정자는 한 꺼풀 벗겨지듯이 부고환으로 이동되어 가고, 그러면 바로 바깥쪽에서 발달 중인 세포들이 다시 그 자리를 채우게 되는 순환 주기가 되풀이됩니다. 이렇게 정세관의 가장 바깥쪽에 있던 정조세포가 점차 안으로 이동해 정자가 될 때까지 약 2달이 걸리는 것입니다.

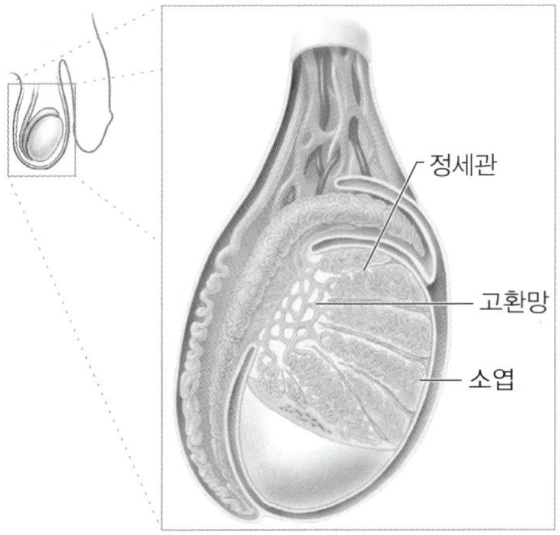

고환

레이디히 세포

고환에는 남성 호르몬인 테스토스테론을 만들어내는 중요한 세포가 존재하고 있습니다. 레이디히 세포(Leydig cell)라고 하는데, 이 세포가 바로 남성 호르몬인 테스토스테론(testosterone)을 만드는 세포입니다. 레이디히 세포는 정세관 사이사이에 위치하고 있습니다. 이론적으로는 고환을 잘라버리면 남성 호르몬이 만들어지지 않을 것입니다. 그러면 남성다움이 사라지고 소위 옛날 사극에서 볼 수 있는 내시를 연상하게 되겠지요. 그러나 사람은 조금 다릅니다. 다른 동물들은 고환만 자르면 남성 호르몬이 없어지지만, 사람은 간이나 피부에서도 남성 호르몬을 만들기 때문에 남성으로서의 기본 생리 현상이 변하지는 않습니다. 다만 고환이 남성 호르몬을 만드는 주기관이기에 이를 사춘기에 제거하면 현저하게 영향을 받게 됩니다. 유럽에서 한때 유행했던 카운터 테너를 위한 수술이나 우리나라의 내시 수술은 어떤 점에서 그 맥락을 같이 합니다.

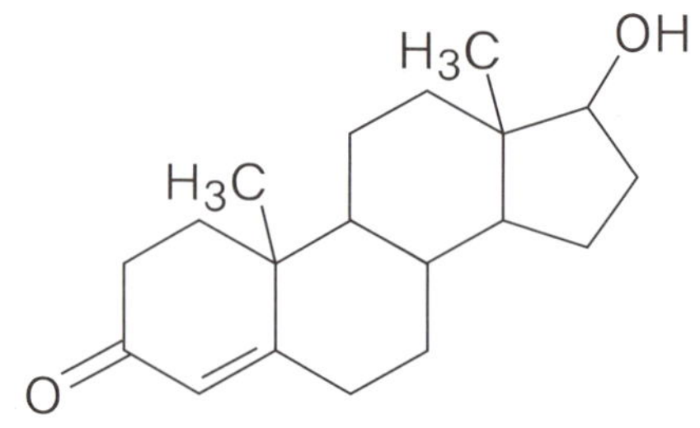

테스토스테론

웅취

여기서 돼지의 경우를 살펴보겠습니다. 돼지는 사람과 달라 남성 호르몬을 전적으로 고환에서 만들어냅니다. 따라서 고환만 자르면 수컷으로서의 특징을 모두 잃어버리게 됩니다. 돼지가 수컷으로서의 특징을 잃는다는 것은 더욱 부드러운 고기를 많이 생산해낸다는 것을 지칭하는 것입니다. 더욱이 남성 호르몬은 고기에 노린내(boar taint)만을 더해 주기 때문에 농가에서는 이를 없애기 위해서 갓 태어난 모든 수컷에게 거세 수술을 시술하는 것이 보편적입니다.

정자 운동을 위한 에너지

정자는 정관을 통해 외부로 배출되면서 운동력(mobility)과 수정력(capacitation)을 함께 얻어야만 합니다. 운동력은 꼬리 운동을 말하는 것이고, 수정력은 난자를 찾아 들어가는 능력을 말합니다. 그리고 이 두 가지는 모두 에너지를 필요로 합니다. 정자에게 에너지를 제공하기 위해 정관에는 3종류의 분비선이 연결되어 있습니다. 전립선(prostate)과 정낭(seminal vesicle), 그리고 요도구선(bulbourethral gland)입니다. 이 중에 제일 큰 것이 바로 전립선입니다. 전립선은 남성 정액의 90% 이상을 만들어내기에 대단히 중요한 기관입니다. 그리고 전립선액의 주성분은 포도당(glucose)입니다. 정낭 역시 에너지원이 들어있는 액체를 분비해 주고요. 요도구선은 성관계시 윤활작용을 하는 액체를 소량으로 분비해 줍니다.

정액과 소변

정관이 요도로 이어지는 곳에 방광(urinary bladder)도 연결되어 있습니다. 소변을 저장하는 곳이지요. 따라서 남성은 소변도 요도를 통해 배출하고 정액도 요도로 사정합니다. 비뇨기과에서 생식 기능과 소변 기능을 함께 취급하는 이유가 바로 이것입니다. 그렇다면 "남성은 소변과 정액을 동시에 배출하거나 마음대로 선택해 배출할 수 있는가?" 라는 의문이 당연히 들게 됩니다. 그렇지는 않습니다. 방광에서 요도로 통하는 부위에 판막(valve)이 있어 조절해 주기 때문입니다. 판막은 마치 얇은 떨림판처럼 생긴 것인데, 평소에는 열려 있어 소변이 지나가게 되어 있습니다. 그러나 성적으로 흥분 상태가 되어서 정액이 배출되게 되면 이 판막이 닫히게 됩니다. 따라서 소변은 나오지 않고 정액만 통과할 수 있도록 구분되는 것입니다.

정관수술

정관수술(vasectomy)은 피임을 위한 수술입니다. 정관을 자르고, 양쪽을 레이저로 지지거나 수술용 실로 묶어주어 정자가 통과할 수 없게 만드는 수술입니다. 이론상으로도 완벽한 피임이고, 효과도 상당히 높으면서 시술이 간단해 지금도 애용되는 수술입니다. 다만 정관의 입장에서 보면 잘린 부분이 일종의 상처이므로 회복 능력을 발휘해 저절로 다시 연결되는 경우가 있습니다. 그래서 부부간에 엄청난 오해를 일으키는 경우도 종종 있습니다.

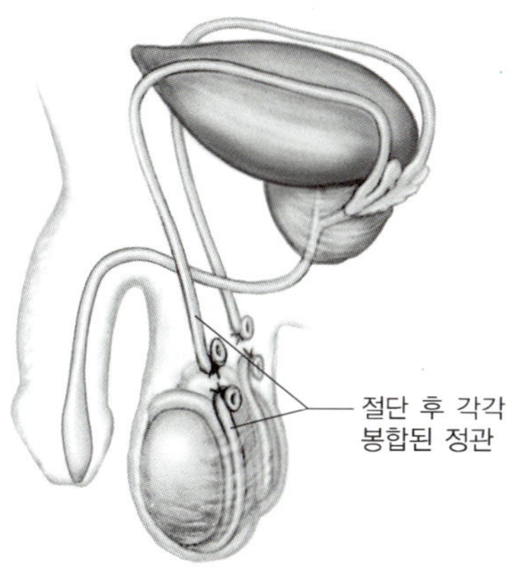

정관수술

정자

정자의 미세 구조는 그림과 같습니다. 머리가 동그랗고, 꼬리가 머리에 비해 상당히 깁니다. 따라서 꼬리 운동을 잘 할 수 있고 난자를 제대로 찾아 갈 수 있습니다. 전체적으로 정자는 머리(head)와 꼬리(tail)의 두 부분으로 나뉩니다. 머리와 꼬리 사이에는 사람처럼 목(neck)이 있습니다. 유전물질인 DNA는 머리에 들어 있는데, 23개 염색체에 감겨 있습니다. 그래야만 난자로부터 나머지 23개를 받아들여 다시 정상적인 형태, 즉 46개로 돌아 올 수 있습니다. 이 머리는 거의 절반쯤 "두모"라는 모자로 덮여 있습니다. 평소에는 두모가 정자의 머리를 보호하고 있지만, 사실 이 모자 속에는 난자의 벽을 뚫기 위한 효소 성분이 들어 있습니다.

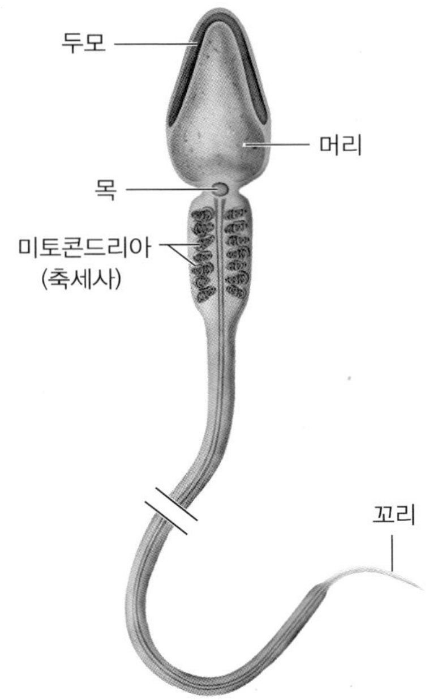

정자의 구조

꼬리에는 축세사(axoneme)라 불리는 구조가 있습니다. 축세사는 꼬리를 한 겹 두르듯이 하고 있는데, 이 안에 미토콘드리아가 가득 들어가 있습니다. 미토콘드리아는 세포내 에너지 생산기관입니다. 마치 발전소처럼 세포가 필요로 하는 에너지를 만들어내는 기관입니다. 이 미토콘드리아가 축세사에 모여 있고, 각각의 미토콘드리아가 열심히 일을 해서 에너지를 만들어내기 때문에 정자가 꼬리 운동을 해서 이동할 수 있는 것입니다. 미토콘드리아가 만들어내는 에너지의 이름이 바로 "ATP"입니다. ATP는 생체 에너지입니다.

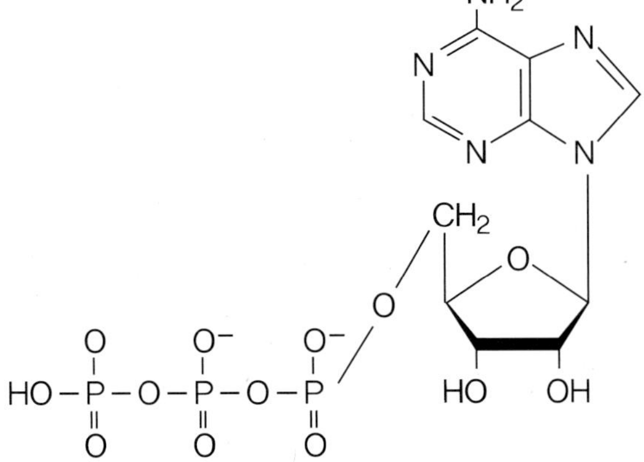

ATP

카타게너 증후군

간혹 정자의 수는 정상이지만, 생체 에너지인 ATP를 제대로 만들지 못하는 사람이 있습니다. 대표적인 예가 카타게너 증후군(Kartagener syndrome)입니다. 이런 환자들의 정자를 현미경으로 들여다보면 정자가 보이긴 하지만, 에너지가 없어서 전혀 꼬리 운동을 하지 못하는 걸 관찰하게 됩니다. 재미있는 것은 이 질병에 걸린 사람의 절반 가량에서 – 아직 이유는 모릅니다만 – 심장이 오른쪽에 있다는 사실입니다.

옛날 위인전을 읽다보면, 주인공과 영웅은 잘 죽지를 않습니다. 심지어는 총이나 활을 맞아도 죽지 않습니다. 심장이 관통되었는 데도 살 수 있는 이유가 무엇일까요? 영웅이기 때문에 심장이 오른쪽에 있다는 거지요. 그러나 심장이 오른쪽에 있는 이 영웅은 정자가 운동성이 없는 불임 환자일 가능성이 높습니다. 옛말에 영웅은 호색이지만 자녀가 부실하다는 말이 바로 이 질환을 지칭하는 게 아닌가 싶습니다.

정자의 머리와 빈딘

정자는 동물마다 그 형태가 조금씩 다릅니다. 사람의 정자는 머리가 원형입니다만, 성게나 불가사리의 경우는 별이나 갈고리 모양을 하고 있습니다. 사람은 체내 수정을 하기에 원하는 배우자끼리만 교배를 하지만, 바다 생물들의 경우는 체외 수정을 하기에 자기의 정자와 난자가 서로 인식할 수 있는 장치가 필요합니다. 정자의 머리 모습이 종(species)마다 다른 이유도 이 때문입니다. 게다가 정자마다 머리에 빈딘(bindin)이라는 특수 단백질이 있는데, 이 빈딘이 종마다 모양이 달라서 서로를 구별하는 장치로 사용됩니다.

비정상적인 정자

사람의 경우, 만들어진 정자의 10% 이상이 불량품입니다. 환경호르몬, 방사선, 알레르기 등은 비정상적인 정자 생성의 원인이 될 수 있습니다. 비정상적인 정자는 운동력과 수정력이 떨어지게 됩니다. 꼬리가 2개 있거나 아예 머리가 없는 것들이 만들어지는 것입니다. 이렇게 불량이 많은 이유는 한 번에 수 억 마리를 사정해야 하기에 워낙 빨리 만들다 보니 많은 불량품이 생산되었다는 의견과, 불량품이 많다 보니 정자를 더 많이 만들어서 이를 보상하려 한다는 두 가지 이론이 함께 존재합니다.

때로는 정액 속에서 백혈구가 함께 관찰되기도 합니다. 이런 경우는 남자가 아마도 염증이 있거나 감기 같은 질환에 걸려 있을 가능성이 높습니다. 왜냐하면, 백혈구는 우리 몸속에 병균이 들어왔을 때 대항해서 싸우는 면역세포이기 때문입니다. 백혈구가 있다는 이야기는 몸속에 병균이 침입해서 건강하지 못한 상태라는 것을 간접적으로 이야기 해주는 자료입니다. 의사선생님들은 바로 이런 것들을 현미경으로 보고서 이 사람의 비뇨기과적 소견을 이야기할 수가 있는 겁니다.

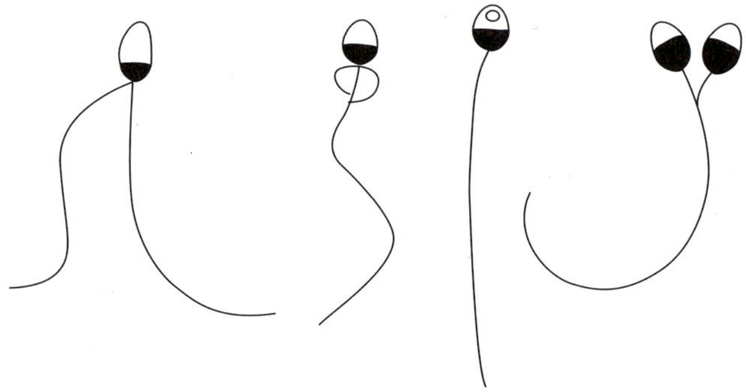

비정상적인 정자들

불임

남성이 한 번 사정할 때 정액의 양은 약 3.5ml 정도입니다. 3.5ml은 작은 차 스푼으로 하나 정도에 해당합니다. 그리고 그 3.5ml에 들어있는 정자는 약 6억 마리 정도 됩니다. 2,000만 마리/ml 이하면 보통 불임이 됩니다.

현대적 관점에서 불임의 또 다른 요인을 말하라면, 청바지와 환경호르몬을 들 수 있습니다. 청바지는 남성 생식기를 몸에 밀착시키기 때문에 정자의 활동을 제한합니다. 이 이론이 어느 정도까지 옳은지는 확인하기 어렵지만, 앞서 말한대로 일본에서는 신혼부부가 3년 이상 불임이라면 청바지 대신 치마를 입으라고 권고할 정도입니다.

환경호르몬 중 제일 문제가 되는 것은 플라스틱 병과 용기에서 검출되는 비스페놀 A(bisphenol A)입니다. 특히, 비스페놀 A는 우유병이나 요구르트병, 사이다병 등에서 검출되는데, 아주 미량으로 조금씩 흘러나와 간과 생식기관을 해치기 때문에 무서운 물질입니다. 비스페놀 A로 인해 생식기능이 떨어지거나 자손이 기형으로 태어난 사례와, 심할 경우 암에 걸린 경우들이 벌써 여럿 보고되어 있습니다. 쓰레기를 소각할 때 나오는 다이옥신(dioxin) 역시 무서운 환경호르몬 중 하나입니다. 그 효과가 몇 대를 거쳐 갈 지 아직 검증조차 되어 있지 않기 때문입니다. 다이옥신 역시 생식기 이상과 암을 유발합니다.

정자 생산의 조절

여성에서는 생리주기가 뚜렷하고, 스트레스를 받으면 주기가 변할 수 있기에 뇌가 직접 생식 기능을 통제한다는 것이 잘 알려져 있습니다. 남성의 경우에는 이 관계가 아직 분명하지 않습니다. 그럼에도 불구하고, 남성도 어느 정도는 뇌가 생식 기능을 통제할 것으로 추정이 됩니다. 실제로 정자 생산을 억제하는 인히빈(inhibin)이라는 호르몬이 뇌에서 분비된다고 보고되어 있습니다. 지나친 스트레스 역시 남성에게 정자 수 감소나 비정상적인 정자의 양산을 불러 일으키기 쉽습니다.

한 가지 다행스러운 것은 각종 약물과 감기로부터 정자가 철저하게 보호된다는 사실입니다. 정세관에는 혈-고환 장벽(blood-testes barrier)이라는 구조가 있어서 발달 중인 정자를 바깥 혈액으로부터 철저하게 분리시켜 주기 때문입니다. 이 보호 장치 덕분에 정자는 약물로부터 안전할 수 있는 것입니다. 만약 정자가 약물과 감기로부터 보호받지 못한다면 그 결과는 참담할 것입니다. 한 번만 감기에 걸려도 다음 세대까지 그 영향을 받을 테니까요. 그렇다면 살아가면서 감기 한 번 앓지 않는 사람은 없을 정도이니까, 이 세상에 정상적인 아기를 낳을 수 있는 남자가 거의 사라지는 셈입니다.

냉동정자

21세기 생식의학이 자랑하는 최고의 기술은 정자와 난자를 손상시키지 않고 온전히 얼리는 기술입니다. 심지어 지금은 수정란도 몇 년씩 얼려서 보존할 수 있습니다. 물론 이런 기술은 불임치료에 획기적인 복음을 전하기도 했지만, 생명 창조의 순서를 인위적으로 바꿀 수 있다는 점에서 윤리적 논란을 끊임없이 불러일으키고 있습니다.

정자를 급속 냉동하는 기술은 우량종의 가축을 개발하고자 오래전부터 사용한 기술입니다. 물론 처음에는 쉽지 않은 일이었지만, 꾸준한 노력으로 지금은 사람의 정자까지 얼릴 수 있는 수준에 도달한 것입니다. 냉동 정자는 인공수정을 위해 작은 튜브에 넣어서 어디든지 쉽게 운반할 수 있기에 매력적입니다. 우리나라도 국가 연구소에서 우량종 소의 정자를 냉동 보관하고 있습니다. 이렇게 얼린 상태에서는 수년 내지 수십 년까지도 보관이 가능하다고 알려져 있습니다.

공상과학 영화를 보면 사람을 통째로 냉동하는 장면이 나오고는 합니다. 예를 들어, 지금은 난치병인 암 환자를 냉동 보관했다가 언젠가 치료법이 개발되면, 그때 다시 녹여서 살려내고 암을 치료한다는 이야기입니다. 그러나 사람을 냉동할 수 있는 수준까지는 기술력이 아직 미치지 못하였습니다. 그럼에도 불구하고, 정자와 난자, 심지어 수정란을 얼릴 수 있다는 것은 상당한 수준에 도달했음을 말해주고 있습니다. 수정란은 정자와 난자가 이미 결합된 상태기 때문에 실제로 생명체와 다름없다는 점에서 더욱 그렇습니다.

앞서 말한 대로, 자유자재로 정자를 냉동할 수 있기에 새로운 우량종을 개발하는 일이 그만큼 쉬워졌습니다. 다만 한우의 정자를 미국으로 가져가 인공 수정시켜 태어난 송아지를 다시 수입했다면, 이것이 과연 한우인지 수입소인지의 논란은 계속되고 있습니다.

동일한 기술이 사람의 정자에도 적용될 수 있습니다. 예를 들어, 어떤 사람이 결혼 몇 개월 만에 전립선암에 걸렸다고 생각해 봅시다. 당장에 수술을 해야 하는데, 아직 이 가정에 아기가 없습니다. 그럴 경우에 어떻게 해야 되겠습니까? 수술 후 방사선 치료를 하면 완치는 되겠지만, 전립선을 제거하면 이 사람은 더 이상 아기를 낳을 수 없게 되겠지요. 그러나 희망이 있습니다. 예전 같으면 불가능했던 일이지만 이제는 수술 전에 정자를 미리 받아 냉동 보관할 수 있기 때문입니다. 그리고 필요할 때 냉동 정자 튜브를 하나 녹여서 따로 채취한 난자에 수정을 시켜 시험관 아기를 가질 수가 있습니다. 2~3년 터울로 두 번째 튜브를 녹이면 역시 둘째 아기도 그렇게 얻을 수가 있습니다. 물론 생명을 우리가 마음대로 조작하고 시술하는 데에는 윤리적 문제와 법적인 책임도 많이 따릅니다. 그러나 일단 과학적인 차원에서 이러한 기술이 발달되어 있고, 이미 시험관 아기들이 태어나고 있다는 걸 우리는 잘 압니다. 문제는 올바른 가치관과 책임의식을 가지고 과학 기술을 이용하는 것이 중요하다 하겠습니다.

시험관 아기

사진에서 보는 것이 바로 불임시술에 사용되는 기구입니다. 시험관 아기를 시술할 때 사용하는 장비인데, 이름은 마이크로매니퓰레이터(micromanipulator)입니다.

언뜻 보면 평범한 현미경 같지만, 좌우 양쪽에 로봇 팔이 붙어 있는 게 다릅니다. 오른쪽의 로봇 팔은 빨대입니다. 그리고 왼쪽 팔은 주사기입니다. 빨대는 계속해서 공기를 빨아들이기 때문에 여기에 동그란 난자가 착 달라붙어 구르지 않게 됩니다. 만약에 빨대가 없다면 난자가 떼구르르 굴러다니기 때문에 도저히 찌를 수가 없을 겁니다. 주사기로는 정자를 한 마리 빨아들입니다. 그런 다음 현미경으로 들여다보면서 정자를 난자에 조심스럽게 찔러 넣습니다. 여기에 사용되는 주사기는 일반 주사기가 아니고 유리 대롱입니다. 정자 한 마리만 채취하기 위해서는 가느다란 주사 바늘이 필요하기 때문에 유리를 사용합니다. 유리 대롱 가운데를 뜨겁게 달군 뒤 양쪽으로 쭉 잡아당겨 아주 가느다란 유리 주사 바늘을 만든 것입니다. 이 기술은 마이크로인젝션(microinjection)이라 불리는 것으로 정자가 운동력이 없거나 정자수가 적어 자연적으로는 임신이 어려운 경우 주로 사용됩니다. 때로는 난자의 벽이 너무 두꺼워 정자가 뚫지 못할 경우에도 이 방법을 사용할 수 있습니다.

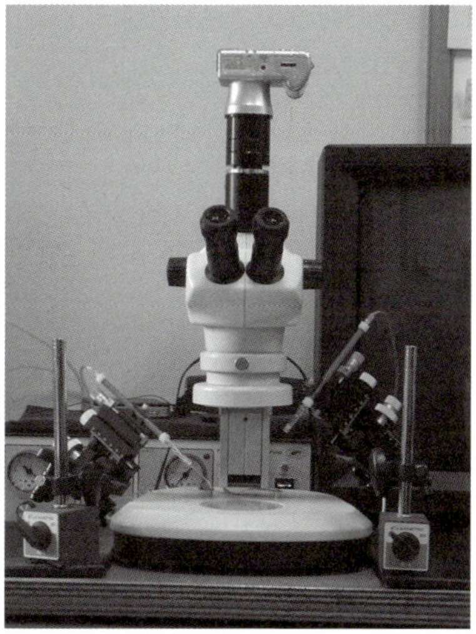

마이크로매니퓰레이터

이렇게 인공적으로 수정을 시킨 후에는 부화기에서 2~3일 정도 배양하면서 이 수정란이 정상적으로 자라고 있는지 확인한 다음, 가장 건강해 보일 때 어머니 자궁에 착상[2]을 시킵니다.

불임치료용 생쥐

냉동정자와 마이크로인젝션은 상당히 오래된 불임치료 시술입니다. 이외에도 불임치료용으로 사용될 수퍼 생쥐를 개발하는 작업이 한창 진행 중에 있습니다. 불임치료용 생쥐는 최근에 유전공학 기술로 조작되어 만들어진 것입니다. 정소의 구조를 다시 한 번 상기해봅시다. 정소에는 꼬불꼬불한 정세관이 가득 들어있고, 이 안에서 정자가 만들어집니다.

2) 자궁내막에 수정란이 부착된 상태. 대개 배란 2주 후에 착상이 완료된다.

정세관에는 여러 단계의 정자가 발생하고 있는데, 가장 바깥쪽에 있는 것이 정자를 만드는 줄기세포(정조세포)입니다. 그리고 정세관의 안쪽으로 갈수록 점차 이 세포가 분화하여 꼬리가 만들어지면서 정자로 발생되게 됩니다. 정조세포는 끊임없이 세포분열을 해서 남성이 평생 동안 필요로 하는 수의 정자가 충분히 보급될 수 있게 해줍니다. 즉, 줄기세포가 원자재 공급창고라면, 정세관은 공급된 원자재를 가지고 정자를 만드는 공장 시설에 해당합니다. 그렇다면 이론상 어느 동물의 정세관이나 똑같은 시설 장비를 가지고 있을 것이라는 결론에 도달합니다. 다시 말해, 사람의 정세관에서 정조세포를 긁어내어 생쥐의 정세관에 옮겨주면, 이제 생쥐는 사람의 정자를 만들어낼 수 있다는 말입니다. 심지어 코끼리, 닭, 개 등 여러 동물의 정조세포를 한꺼번에 생쥐의 정세관에 옮겨 주면, 쥐는 이들 정자가 혼합된 정액을 만들 수 있게 됩니다.

만약 어떤 사람이 사고나 질병으로 아기를 갖지 못하게 되었을 때, 정조세포를 생쥐에 옮겨주고 그 정액을 받아 난자 위에 부어 수정시키면 충분히 아기를 가질 수 있겠지요. 물론 쥐의 정액으로 사람의 난자를 수정시킨다는 발상은 기분상으로 유쾌하지 못하지만 서도요. 다만 이 실험은 또 다른 문제점을 분명 일으킬 수 있습니다. 예를 들어, 쥐에만 기생하던 미확인 바이러스가 이런 시술을 통해 사람에게 옮겨 올 수도 있으니까요. 그리고 이런 시술이야말로 종(species)의 범주를 뛰어넘는 생명 조작이기에 더욱 주의가 요구됩니다.

그럼에도 불구하고, 한 가지 다행스러운 점은 여러 정자들이 섞여 있을 지라도 사람의 난자는 사람의 정자만을 구별해 받아들인다는 점입니다. 바로 빈딘 단백질 덕분입니다. 혼합 정액에는 사람의 정자와 함께 쥐의 정자도 섞여 있을 터이지만, 쥐의 정자는 사람의 난자를 인식할 수 없습니다. 처음에 모든 생물이 지구 상에 창조될 때 각각의 종은 자기 종끼리만 인식하여 교배가 가능하도록 창조되었기 때문입니다. 따라서 사람과 생쥐의 정자가 함께 섞여 있을지라도 아무런 문제가 되지 않습니다. 그럼에도 불구하고, 이 기술이 실용 단계까지 가려면 더욱 충분한 검토와 임상 실험들이 뒤따라야 할 것입니다.

과학기술은 지금도 꾸준히 개발되고 있고 또 진화하고 있습니다. 어떤 기술들은 당장 사용 가능하기도 하지만, 어떤 기술은 목적이 선할지라도 잘못 이용될 소지를 가지고 있기도 합니다. 불임과 임신, 건강한 자녀의 문제는 누구나 추구하는 소망이기 때문에 더욱 절실하다 하겠습니다. 그러나 그럴수록 현재 가능한 기술들에 대해 충분한 기본 상식을 갖추어야 하겠습니다. 어쩌면 쥐와 사람의 영역이 무너져 내리면서 앞으로는 쥐가 만들어내는 체액들을 다양하게 이용해야 할 시대가 올지도 모릅니다. 쥐 전용 병원 내지는 쥐 소변검사 전문 병원이 생긴다면 지나친 상상일까요

여자는 자웅동체?

여자도 과연 정자를 만들 수 있을까요? 이런 일이 현실에서 곧 일어날 것 같습니다. 독일에서 보고된 바에 의하면, 여성의 골수와 피부세포에서 채취한 줄기세포에 적당한 영양분과 화학물질을 섞어 배양한 결과에서 정자의 원시 형태인 정원세포로 분화하였다고 합니다. 줄기세포는 대부분 운명이 어느 정도 결정된 상태이지만, 때로는 환경 조건에 따라 전혀 다른 조직으로 분화할 수 있습니다. 만약 이 정원세포를 계속 키워서 온전한 정자로까지 발달시킬 수만 있다면, 앞으로 남성의 생물학적 역할은 설 자리가 없어지게 되는 셈입니다. 즉, 여성이 혼자서도 아기를 낳아 키울 수 있게 되며, 자기가 만든 정자로 자신의 난자를 수정시킬 수 있습니다. 여성 동성애 커플이 아기를 갖는 것도 가능해지고요. 남편이 무정자증이라도 정자를 모르는 사람에게서 기증받기보다 여성의 정자로 아기를 가지면 됩니다.

생명복제와 줄기세포에 대한 연구는 항상 윤리적 결함이 뒤따랐습니다. 기술이 제도보다 앞서 있기에 미처 예상하지 못한 일들이 벌어졌을 때 비판이 무성했기 때문입니다. 대개는 비판을 할 때면 이미 실험이 저질러졌거나 완성된 뒤입니다. 이럴수록 과학자의 올바른 가치관과 양심이 필요합니다. 곧이어 남자가 배란하는 인공난자도 소식이 들릴지도 모르기 때문입니다.

생각해봅시다

1. 남성생식기의 구조를 한글과 영문 명칭을 사용하여 설명하시오.

2. Leydig cell(레이디히 세포)의 기능과 중요성을 설명하시오.

3. 정자의 미세구조를 설명하시오.

4. 불임이란 어떤 상태인지 설명하시오.

5. 시험관아기에 대하여 설명하시오.

CHAPTER 04

여성 바르게 이해하기

학|습|목|표

여성은 아기를 임신하고 보호하여 탄생시키는 역할 외에도 태어난 후까지 보살펴 주어야 합니다. 여성 생식기는 이 목적을 위해 잘 발달되어 있습니다. 여성 생식기의 기본 구조와, 난자, 배란주기, 월경주기, 경구피임약과 사후피임약, 자궁외 임신 등 필수적으로 알아야 할 내용들을 단계별로 살펴보도록 합니다.

여성의 생물학적 목적

여성의 생물학적 목적은 정자를 받아들여서 안전하게 난자와 수정시키고, 수정란(fertilized egg)[1]을 자궁으로 이동시켜 임신기간 중 필요한 보호와 영양을 공급하는 것입니다. 뿐만 아니라 여성은 출산 후에도 아기에게 수유를 통해 젖을 공급할 수 있어야 합니다. 기능이 많은 만큼 전체적으로 남성에 비해 모든 구조가 복잡할 수밖에 없습니다.

여성 생식기의 구조

여성 생식기는 크게 4개 부분으로 나눠집니다. 성세포인 난자(ovum)를 만드는 난소(ovary)와, 난자를 운반하고 정자와 만날 수 있도록(수정할 수 있도록) 장소를 제공하는 난관(oviduct)[2], 수정란이 정착하여 자랄 수 있도록 환경을 제공하는 자궁(uterus), 그리고 정자를 받아들이고 또 출산을 위한 질(vagina) 및 수유기관인 유방(mammary gland)이 이 4가지에 해당합니다.

1) 저자에 따라 수정란 대신 접합자(zygote)라는 용어를 사용하기도 함.

2) 저자에 따라 난관 대신 자궁관(uterine tube)이라는 용어를 사용하기도 함.

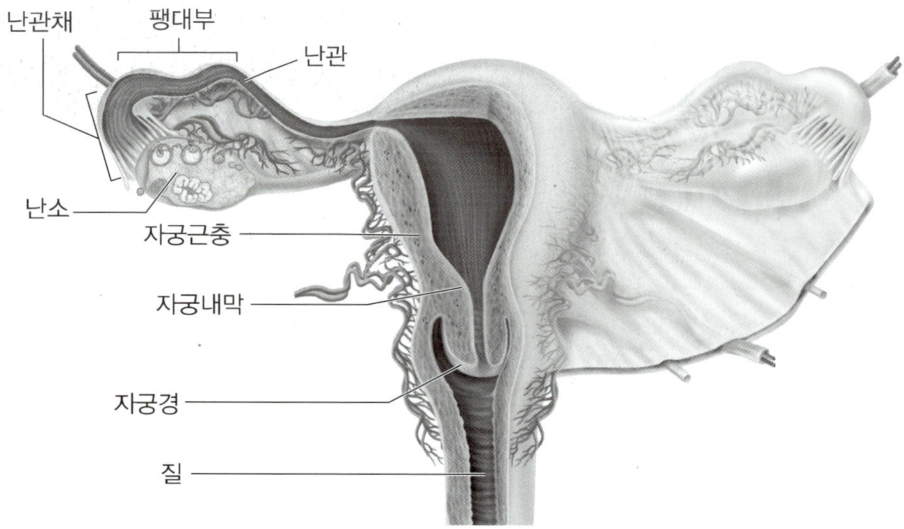

여성의 생식기 구조

여성 생식기에서 가장 중요한 부분은 난소와 자궁입니다. 난소에서는 생식세포인 난자를 만들고 배란하며, 자궁은 수정란을 받아들여 영양분을 공급해 주어 임신기간 내내 유지와 보호 작용을 합니다. 난소는 복강 뒤쪽에 좌, 우 한 쌍이 위치해 있고, 자궁은 주먹만한 크기로서 배꼽 근처에 위치해 있습니다. 이 두 기관을 연결하는 기다란 관을 난관 또는 자궁관이라 합니다. 사람에서는 자궁관이라는 용어를 선호하는 편입니다. 자궁은 질을 통해 바깥쪽으로 열려 있습니다. 질은 정자를 받아들이거나 아기가 출산하는 통로입니다. 여성은 출산 후에도 아기의 발육을 책임져야 합니다. 이를 위한 특수기관인 유방이 있어서 수유가 가능합니다.

난소

난소는 배꼽을 중심으로 좌, 우 하나씩 한 쌍이 있습니다. 크기는 호두알 정도이고 모양은 매끄러운 타원형을 하고 있습니다.

난소의 바깥쪽인 피질(cortex)에는 난포(follicle)라고 하는 작은 주머니가 가득 들어 있습니다. 어떤 사람들은 난포 대신 여포라는 용어를 사용하기도 합니다. 가임기에 있는 여성 기준으로 볼 때 한쪽 난소에 약 2만여 개의 난포가 들어 있습니다. 그리고 각각의 난

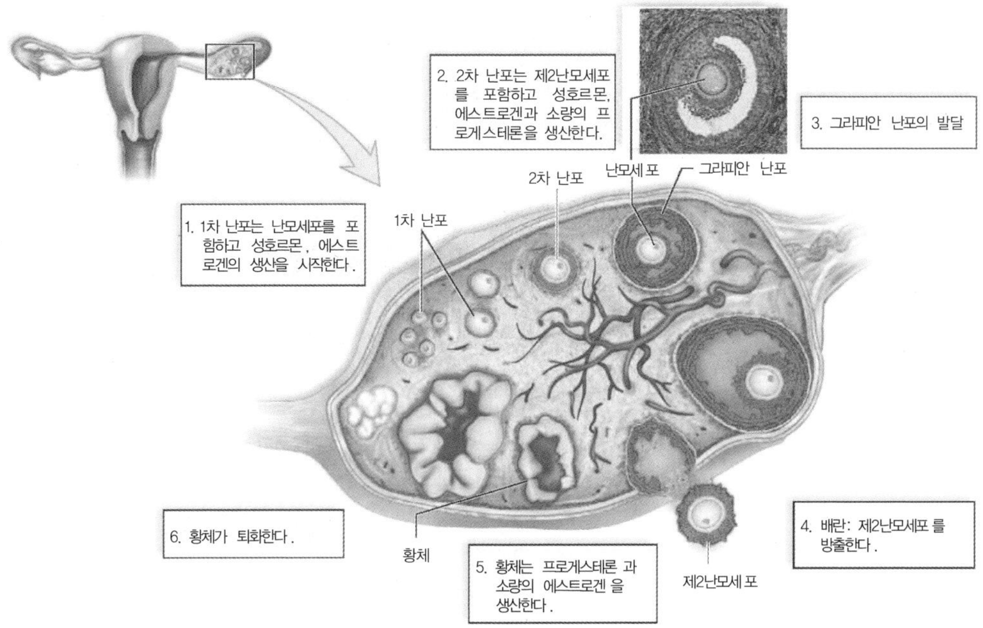

난소

포에는 난자가 하나씩 들어 있습니다. 이를 다음과 같이 생각하면 쉽게 이해될 것입니다. 20,000개의 사탕이 들어 있는 큰 봉지가 있는데, 각각의 사탕들은 다시 비닐 종이로 포장되어 있습니다. 큰 봉지가 난소라면 개개의 사탕을 포장한 비닐봉지가 바로 난포에 해당합니다.

여성과 남성의 역할이 서로 다르듯이, 정자와 난자가 만들어지는 과정도 조금 다릅니다. 남성은 사춘기 때부터 정자를 만들기 시작해 일생 동안 계속 만들어 나가지만, 여성은 자기가 평생 배란할 난자를 아예 가지고 태어납니다. 태어날 당시에는 한쪽 난소에 약 100만 개 정도를 가지고 태어나지만, 이 숫자가 점차 줄어들어 사춘기에 도달하면 20,000개 정도로 줄어듭니다. 좋은 것만 선택해 남기는 일종의 선별 작업을 거치는 것입니다. 난소가 2개이므로, 사춘기에 도달한 여성은 약 4만 개의 난자를 가지고 있게 됩니다.

난소의 안쪽은 수질(medulla)이라고 부릅니다. 수질에는 혈관이 많이 분포되어 있어서 난자가 필요로 하는 영양분을 공급하고 있습니다. 난소에서는 주기적으로 배란이 일어납니다. 배란은 한 달에 난자를 하나씩 배출하여 임신을 시도하는 과정입니다. 난자가 배란되려면 난포에 액체가 그득하게 들어차면서 부풀어 오르다가 터져야 합니다. 하나의 난포가 배란을 하려면 최소 50개의 난포들이 서로 치열한 경쟁을 벌여야 합니다. 제일 크고 먼저 성숙한 난포에서 배란이 일어나면, 나머지는 모두 퇴화되어 난소에 쌓이게 됩니다. 여성의 난소를 복강경[3]으로 들여다 보면 생물학적 나이[4]를 추정할 수 있는 이유가 바로 이것입니다.

결국 여성은 한 달에 50개씩, 일년에 약 600개의 난자가 필요합니다. 그리고 13세에 사춘기를 시작해 53세에 폐경에 다다른다고 가정하면 약 24,000개의 난자가 필요합니다. 따라서 난소 2개에 들어있는 40,000여 개의 난자는 여성이 평생 필요로 하는 난자를 충분히 제공할 수 있습니다.

자궁

자궁은 자신의 주먹만한 크기로 배꼽 근처에 위치해 있습니다. 얼핏 보면 표주박 모양을 하고 있는데, 그 벽이 상당히 두껍고 3개 층으로 되어 있습니다. 가장 바깥쪽은 자궁외막(perimetrium)입니다. 자궁외막은 비교적 얇은 층으로 자궁 전체를 덮고 있습니다. 일종의 표피로서 외부의 충격이나 상처로부터 자궁을 보호해 줍니다. 그 바로 안쪽이 자궁근층(myometrium)입니다. 상당히 두꺼운 근육층으로서 아기의 출산을 돕기 위해 강한 수축 운동을 합니다. 자궁근층이 있기에 전체적으로 조화 있는 수축 운동이 가능합니다. 가장 안쪽은 자궁내막(endometrium)입니다. 자궁내막은 주기적으로 그 두께가 변화합니다. 평균 매 28일 주기로 떨어져 나가는 부분이 바로 자궁내막입니다. 이것을 우리는 월경(menstruation)이라고 합니다. 월경 직후에는 자궁내막이 거의 사라지다시피 할 정도로 얇아졌다가(약 0.5mm) 천천히 증식하여 3주쯤 지나면 다시 최고로 두꺼워집니다. 이때의 두께는 약 2.5~5mm 정도에까지 달합니다.

이렇게 자궁내막이 주기적으로 두꺼워졌다가 다시 떨어져 나가는 월경주기는 난소에서 일어나는 배란과 관계가 있습니다. 자궁내막이 두꺼워지면 그 안에 있는 혈관들도 증식을 하고, 그 결과 자궁내막 전체에 영양분이 가득 들어차게 됩니다. 이렇게 영양 상태가 최고일 때 수정란이 착상되어야 합니다. 거꾸로 계산을 해보면, 난소에서 배란된 난자

3) 복강과 복강 안의 장기를 검사하기 위한 내시경. 복벽에 작은 구멍을 뚫고 삽입하여 내부를 들여다보면서 작은 수술이나 검체 채취를 하기도 함.

4) 난소에 쌓인 퇴화된 난포의 수를 보고 여성의 나이를 역추적한 것. 초경이 시작된 때를 알면 계산이 가능함.

가 정자와 수정되고 자궁까지 오는 데 약 일주일이 소요됩니다. 자궁은 이때까지 난자를 기다리고 있다가 만약 수정란이 오면 착상시키고 임신기간 내내 자궁내막을 유지합니다. 그러나 수정이 일어나지 않았다면, 굳이 자궁내막이 유지될 이유가 없고 자궁내막이 떨어져 나갑니다. 이것이 바로 월경주기입니다.

자궁내막의 구조

자궁내막은 자궁 안쪽의 텅 빈 공간을 마주하고 있습니다. 내막도 상피세포층(epithelium)으로 덮여 있는데, 군데군데 톱니바퀴처럼 움푹 들어간 곳이 자궁내막의 분비선(uterine gland)입니다. 이 분비선에서 나오는 액체를 자궁유상액(uterine milk)이라 합니다. 자궁유상액의 주성분은 글리코겐(glycogen)입니다. 글리코겐은 포도당(glucose)이 길게 연결된 형태로서 대단히 효율적인 에너지원입니다.

자궁내막에는 동맥(artery)과 정맥(vein)이 풍부하게 들어차 있습니다. 동맥은 특별히 나선 구조로 되어 있고 그래서 이름도 나선동맥(spiral artery)입니다. 나선 구조를 취하고 있

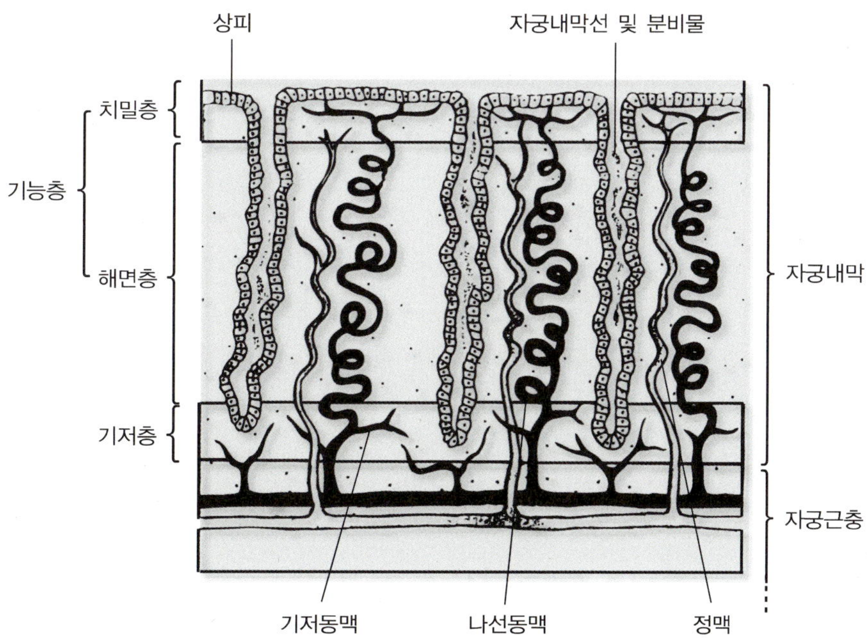

자궁내막의 구조

는 이유는 좁은 공간 내에 가능한 더 길게 위치하려는 목적 때문입니다. 그럴수록 더 많은 영양분을 공급할 수 있으니까요.

정맥은 단순히 노폐물을 운반하는 것이니까 굳이 나선일 필요는 없습니다. 자궁내막이 자궁근층과 맞닿는 부분을 기저층(basal layer)이라고 하는데, 월경 때에는 이 기저층만 남기고 모두 떨어져 나가게 됩니다. 이때 동맥과 정맥도 함께 떨어져 나가기 때문에 월경에는 혈액이 동반되는 것입니다. 새로운 월경주기 때는 이 기저층에 남아 있던 세포가 분열하고 또 기저층에 들어 있는 동맥과 정맥의 뿌리가 증식하여 자궁내막을 복원하는 것입니다.

자궁의 반대쪽 입구는 자궁경부(cervix)입니다. 여성 생식기 중 가장 취약한 부분으로 자궁경부암(cervical cancer)에 걸리기 쉽기에 늘 청결과 주의가 필요한 부위입니다.

난관

난소와 자궁을 연결하는 기다란 관이 난관입니다. 사람에 따라 간혹 자궁관이라고도 부릅니다. 난관은 난소에서 배란된 난자를 잡아 들여 정자와 수정시키고 수정란을 자궁까지 이동시켜주는 역할을 합니다. 수정란은 스스로 운동할 수 없기 때문에 난관의 근육운동에 의해 서서히 자궁으로 이동합니다. 난소에서 자궁까지 걸리는 시간은 대략 일주일 정도입니다. 그리고 자궁내막의 상피에 도달한 수정란이 내막 안으로 완전히 기어 들어가 착상하는데 또다시 일주일이 소요됩니다. 그러니까 배란에서 착상까지 2주일이 소요되는 셈입니다.

배란이 될 때는 난포가 터지면서 난자가 복강으로 터져 나옵니다. 이렇게 터져 나오면 난관이 재빠르게 이를 잡아 끌어들여야 합니다. 그러기 위해 난관의 끝은 넓은 나팔처럼 벌어져 있습니다. 이 모습이 마치 먼지를 터는 총채와 비슷하다고 해서 이 부분을 난관채(fimbria)라고 부릅니다. 난관채는 계속해서 난소를 훑고 있다가 배란되면 즉시 난자를 잡아채어 들입니다. 난관채가 계속 움직일 수 있는 힘은 여성 호르몬인 에스트로겐에서 나옵니다. 만약 여성이 스트레스를 심하게 받아 에스트로겐 양이 떨어지면, 난관채의 움직임이 미약해지고 배란된 난자를 그냥 복강으로 흘려보내 버릴 수도 있습니다. 이렇게 되면 자궁외 임신이 되고 맙니다.

난관채의 조금 안쪽 부분을 팽대부(ampulla)라고 부릅니다. 팽대부는 정자와 난자가 만나서 수정되는 부위입니다.

질

여성의 가장 바깥쪽은 질(vagina)입니다. 정자를 받아들이고 또 아기가 태어날 때 산도로서의 역할을 담당합니다. 질에서도 약간의 주기가 관찰은 되지만, 그다지 현저하지 않습니다. 질의 내부는 산성을 유지해서 외부 병균의 침입을 막아 줍니다.

생식주기

생식주기(reproductive cycle)는 여성에서 매 28일 간격으로 관찰됩니다. 보통 난소에서 일어나는 배란주기(ovulation cycly)와 자궁에서 일어나는 월경주기(menstrual cycle), 그리고 질주기(vaginal cycle)로 나누어지는데, 눈으로 보기에는 월경주기가 가장 분명하게 관찰됩니다. 월경주기는 출혈을 동반하기 때문입니다. 질주기는 정확한 배란일을 측정하기 위해 일부러 질 도말 검사를 하기 전에는 그다지 분명하지 않습니다. 물론 28일이라는 주기도 여성의 건강 상태나 환경에 따라 조금씩 개인별 차이가 있을 수 있습니다.

여성의 생식주기는 늘 정상적으로 일어나는 것이 아닙니다. 난소에서 성숙한 난포가 만들어지지 않아 배란이 일어나지 않을 수도 있기 때문입니다. 이런 경우를 무배란주기(anovulatory cycle)라 하며, 호르몬의 영향이 적기 때문에 자궁내막에서의 변화도 최소입니다. 피임약을 복용하면 억제 효과 때문에 배란이 되지 않게 되어 인위적인 무배란주기 상태가 되게 됩니다. 피임약의 복용을 멈추고 다시 임신이 가능할 때까지는 1년 정도가 소요됩니다.

무배란으로 인해 임신이 안 되는 여성의 경우, 클로미펜 시트레이트(clomiphene citrate)라는 약을 처방합니다. 그러나 이 경우 다배란(multiple ovulation)이 일어나서 복수임신(multiple pregnancy)이 될 가능성이 높습니다.

1) 배란주기

생식주기의 영어 표현은 "reproductive cycle"입니다. "reproduction"은 "재창조"를 의미하니까 계속해서 되풀이되는 주기를 말하지요. 생식주기를 통해 여성은 배란을 하고 임신을 준비하는 과정을 평생 되풀이합니다. 생식주기는 뇌와 난소, 그리고 자궁이 협력하여 만들어내는 사이클입니다. 이 관계가 아래 그림에 잘 표시되어 있습니다.

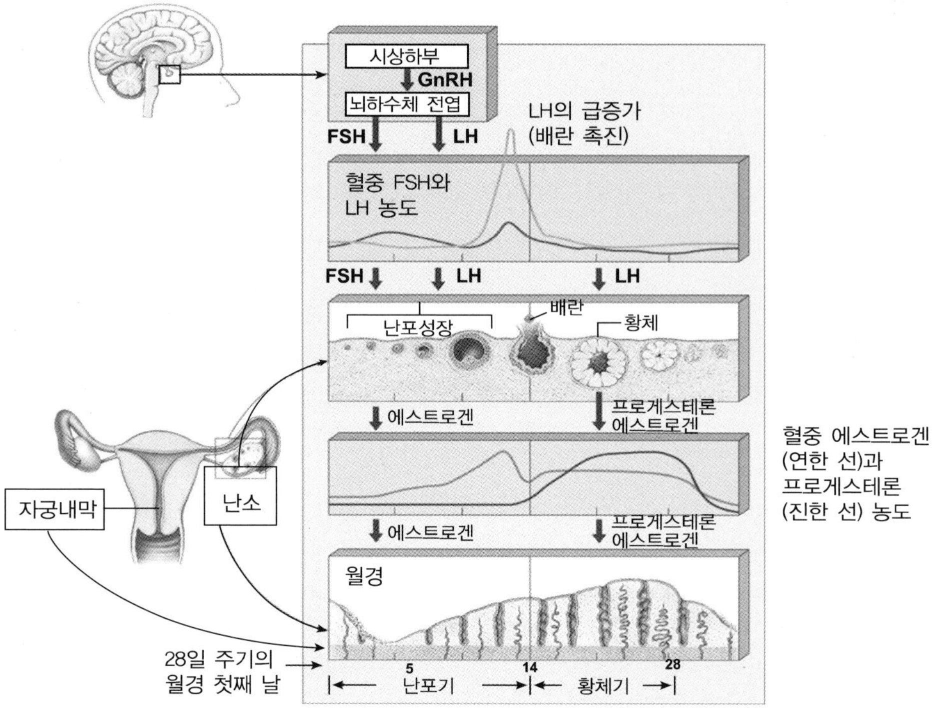

생식주기

뇌에는 시상하부(hypothalamus)라는 부위와 뇌하수체(pituitary gland)라는 2개 부위가 있습니다. 사춘기가 되면 시상하부에서 뇌하수체로 신호를 보내게 되고, 이 신호에 따라 뇌하수체에서는 FSH(follicular stimulating hormone)라는 호르몬을 분비합니다. 아직 어떻게 해서 여성이 사춘기에 다다랐음을 뇌가 감지하고서 신호를 보내기 시작하는지 그 과정은 분명하지 않습니다. FSH는 난포자극호르몬으로서 혈액을 타고 난소로 이동하여 난소 피질에 위치한 난포들을 자극해 줍니다. 이 자극에 의해 매달 50개 정도의 난포가 자라나기 시작하고, 그중 가장 크고 성숙한 성숙난포[5]가 터져 난자를 배란하는 것입니다. 이렇게 난포가 성장하는 데 걸리는 시간은 약 14일입니다. 이때가 되면 난포는 충분히 커져서 터질 준비를 마칩니다. 그러나 터지기 위해서는 어떤 자극이 필요합니다. 마치 풍선이 크게 부풀어 올랐어도 바늘로 찔러야 터지듯, LH라고 하는 호르몬이 난포를 터트려 주는 겁니다. 그래서 LH(leuteinizing hormone)를 배란촉진호르몬 또는 황체형성호르몬이

5) 난소에서 난포를 처음 관찰한 Graff의 업적을 기리기 위해 그라프씨(Graffian follicle) 난포라고도 함.

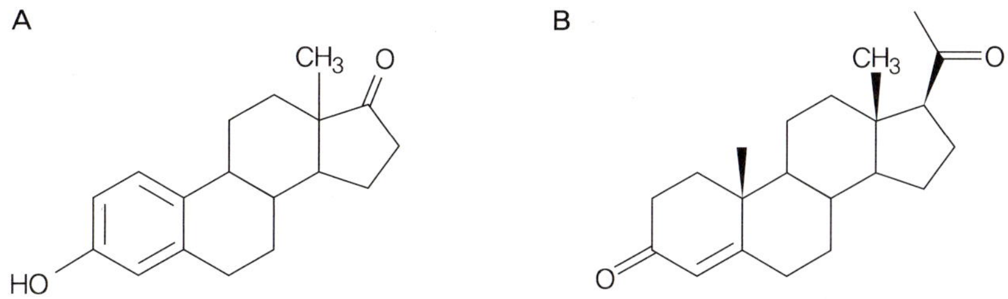

에스트로겐　　　　프로게스테론

에스트로겐(A)과 프로게스테론(B)

라고 부릅니다.

난포는 단순히 배란을 위해 커지기만 하는 것이 아니고, 여성 호르몬인 에스트로겐을 만들어내기 시작합니다. 여성의 이차성징(유방의 발달, 피부에 지방 축적, 생리 시작 등)은 사춘기에 시작되는데, 난포가 이 호르몬을 이때부터 만들기 시작하기 때문입니다. 그리고 배란이 끝난 난포는 형체가 쭈그러지면서 에스트로겐과 함께 프로게스테론(progesterone)이라는 호르몬을 동시에 만들기 시작합니다. 프로게스테론은 임신호르몬이라고도 하는데, 색깔이 노르스름합니다. 그래서 LH를 황체형성호르몬이라고도 부르는 것입니다. 에스트로겐이 세포분열을 촉진해 난포를 성장시키고 주변 조직의 수축 운동을 촉진시키는 반면, 프로게스테론은 혹시나 배란된 난자가 자궁에 와서 착상을 하려면 안정된 환경이 필요하기에 수축 운동을 억제하는 작용을 합니다. 그래서 프로게스테론을 임신호르몬이라고도 합니다.

2) 월경주기

난소에서 배란주기가 진행되는 도중 자궁 역시 배란된 난자를 받아들일 준비를 시작합니다. 자궁은 자체 호르몬이 없기 때문에 난소가 만들어낸 에스트로겐과 프로게스테론의 영향을 받습니다. 이들 호르몬은 난소에서 만들어져 혈액을 타고 자궁으로 이동해 자궁내막에 영향을 미칩니다. 결국, 뇌가 만들어낸 호르몬(FSH와 LH)에 의해 난소가 영향을 받고, 난소가 만들어낸 호르몬(에스트로겐과 프로게스테론)에 의해서 자궁이 순차적으로 영향을 받는 것입니다. 앞서 말씀드린 대로, 에스트로겐의 역할 중 하나는 세포분열을 촉진하는 것입니다. 따라서 에스트로겐은 자궁내막의 세포분열을 촉진시키고 증식시켜 줍니다. 우리는 앞서 자궁내막의 구조를 살펴보았기에, 제일 얇을 때는 0.5mm 정도까지 떨어져 나갔다가 점차 두꺼워지면서 약 2.5~5mm까지 다시 두꺼워지는 것을 알고 있습니다. 이것이 바로 에스트로겐의 영향입니다. 뇌와 난소, 그리고 자궁은 전체가 하나의 연결고리로 되어 있고, 이 때문에 여성이 스트레스를 심하게 받거나 건강을 해치면 생식주기가 당연히 변할 수밖에 없는 것입니다.

난관에서 수정된 수정란은 자궁으로 이동을 하는데, 그 시간이 약 일주일 정도 걸립니다. 이때 자궁내막은 에스트로겐에 의해서 계속 두꺼워지고 있습니다. 배란 후 일주일이 자궁내막에 도달하는 시점이니까 바로 그때가 최고로 두꺼워지는 때입니다. 정리하자면, 배란 후 일주일, 또는 지난번 월경 후 약 3주 후가 자궁내막이 다시 제일 두껍게 되는 시점입니다. 임신이 되면 자궁내막은 두꺼워진 상태로 임신기간 내내 유지가 됩니다. 그러면서 점차 태반의 일부로 바뀌게 됩니다. 임신되지 않으면 자궁내막이 더 이상 두꺼운 채로 유지될 이유가 없습니다. 그렇기에 떨어져 나가 얇아지게 되고, 이것이 바로 새로운 월경의 시작입니다.

월경에서 배란까지 14일, 배란에서 다음 월경까지가 또 14일입니다. 앞의 14일은 난소에서 난포가 성장하는 시기와 맞물려 있고, 뒤의 14일은 수정란이 자궁에 착상되는 시기와 맞물려 있습니다. 굳이 말하자면, 뒤의 시기가 상대적으로 훨씬 중요합니다. 난포는 다소 천천히 자라도 상관이 없지만 수정란은 반드시 정해진 시간내 자궁에 착상되어야 살 수 있기 때문입니다. 여성의 생식주기가 28일을 벗어나 길어지는 현상은 바로 앞부분의 덜 중요한 14일이 늘어나기 때문입니다. 뒤의 부분은 일단 배란되면 정확하게 14일이 지켜지게 됩니다.

월경주기는 크게 4부분으로 나눕니다. 처음 1일부터 5일까지를 월경기(menstrual phase)라고 합니다. 전체 월경주기의 첫 단계로서 자궁내막이 떨어져 이후 4~5일에 걸쳐서 월경 형태로 배출되는 기간입니다. 이때 난소에서는 난포의 성장이 시작되면서 에스트로겐의 분비가 조금씩 시작됩니다.

증식기(proliferative phase)는 6일부터 14일에 해당하는 기간으로 약 9일간 계속됩니다. 이 기간은 난소에서 난포가 성장하는 것과 일치되는 시기입니다. 이 시기는 난포에서 분비되는 에스트로겐의 영향을 심하게 받기 때문에 세포분열이 왕성해지고 그 결과 자궁내막의 두께가 거의 2~3배까지 증가합니다. 자궁내막의 상피세포들은 재형성되어 내막의 표면을 덮게 되고, 분비선과 나선동맥도 길이와 수도 증가합니다.

황체기(luteal phase)는 15일에서 27일까지 약 13일간에 해당합니다. 난소에서는 황체가 형성되고, 프로게스테론의 영향을 심하게 받는 시기입니다. 프로게스테론은 글리코겐이 풍부한 물질을 분비선에서 분비하도록 자극합니다. 황체에서는 약간의 에스트로겐도 함께 분비되므로 자궁내막은 계속해서 두꺼워지고, 나선동맥 역시 더욱 자라며 꼬이게 됩니다. 자궁내막이 최대로 두꺼워지면 약 2.5~5mm까지 자라게 됩니다. 만일 배란된 난자가 수정되면, 수정란은 황체기의 약 6일째에 자궁내막에 착상을 합니다.

허혈기(ischemic phase)는 27~28일에 해당하는 월경주기의 마지막 1~2일입니다. 임신이 일어나지 않으면, 자궁내막은 이때부터 퇴화되기 시작합니다. 허혈기는 황체기의 마지막 부분으로 생각할 수도 있는데, "허혈"이라는 말은 "부분적인 혈액감소"를 의미합니다. 자궁내막은 이 기간 중에 혈액 고갈로 말미암아 창백해지며 간간이 나선동맥의 위축이 일어납니다. 나선동맥의 위축은 차례로 자궁내막을 퇴화시킵니다. 허혈기의 마지막에는 나선동맥의 수축이 심해지면서 혈액이 파열된 내막을 통해 전체적으로 퍼지게 되고, 이쪽 저쪽에 고이면서 내막의 벽을 부수어 혈액 누출과 함께 새로운 월경주기가 시작됩니다. 월경 기간 중 여성이 잃게 되는 혈액은 약 35ml 정도입니다.

3) 질주기

사람은 발정기가 없어서 질의 변화가 그다지 크지 않습니다. 그러나 배란 시 상피세포층에 글리코겐이 많이 포함되어 있어 받아들여진 정자에 영양을 공급하며, 세균에 의해 글리코겐이 발효되어 유산을 형성함으로써 질 내 환경을 세균으로부터 적당히 보호해 줍니다. 질 도말 검사를 해보면 배란 날짜를 정확히 알 수가 있습니다. 질 주기는 에스트로겐의 영향을 많이 받습니다.

난자

배란된 난자의 수명은 꼭 하루입니다. 즉, 난자는 24시간 밖에 살 수 없습니다. 그리고 그 하루 동안에 정자를 만나야 임신이 가능한 겁니다. 그러면 사실 임신이라는 것은 전체 28일 주기 중 딱 하루에 불과한 셈입니다. 그럼에도 불구하고, 우리는 임신 가능한 기간을 배란 전 후 약 일주일로 계산합니다. 그 이유는 여성의 생식주기가 불규칙할 가능성과 함께 예외적으로 정자가 여성의 몸속에서 일주일 이상 살아 남는 케이스가 보고된 적이 있기 때문입니다. 많은 사람들이 월경 일주일 전후가 임신 가능성이 제일 높다고 착각하고 있지만, 사실 월경은 배란으로부터 2주일 이상 멀기 때문에 임신 확률이 제일 낮거나 아예 제로인 시기입니다.

임신이 되지 않은 경우, 미수정란은 착상되지 않고 그냥 밖으로 배출되어 버립니다. 때로는 월경 혈액 속에 섞여서 배출되는 경우도 있지만 혈액 때문에 눈으로 확인하기는 거의 불가능합니다. 그럼에도 불구하고, 사람의 난자는 눈으로 볼 수 있을 정도로 큽니다. 직경이 약 0.5mm 정도로 모래알만한 크기입니다. 아주 작다는 표현으로 우리는 모래알만하다고 하지만 모래알도 육안으로 볼 수는 있습니다. 다른 포유동물에 비하면, 사람의 난자는 아주 작은 편이 아닙니다. 참고로 정자는 몇 십 배 확대해야 관찰할 수 있습니다.

경구피임약과 사후피임약

경구피임약은 에스트로겐과 프로게스테론을 혼합한 것입니다. 이 두 가지 모두 난소의 난포에서 만들어지는 호르몬들입니다. 에스트로겐은 세포분열을 촉진해 난소에서 난포를 성장시키고 동시에 자궁에서는 자궁내막을 증식시켜 주는 호르몬입니다. 반면, 프로게스테론은 두꺼워진 자궁내막을 유지시켜 주고 수축 운동을 막아주어 원활한 임신을 유도하는 호르몬입니다. 이 호르몬들은 난소에서 만들어져 자궁으로 가기도 하지만 혈액을 타고 뇌를 포함한 온 몸을 돌아다닐 수 있습니다. 에스트로겐에 의한 이차성징 발현도 이 때문에 가능한 것이지요.

피임약의 원리를 이해하려면, 음성적억제현상(negative feedback)을 먼저 이해해야 합니다. 매주기 50여 개의 난포가 점차 커지면서 분비되는 에스트로겐의 양이 늘어가면 에스트로겐은 이 신호를 뇌에 전달합니다. 즉, 너무 많은 난포의 성장을 막고 배란을 준비하고자 음성적 신호를 보내는 것입니다. 그러면 뇌는 난포자극호르몬인 FSH의 분비를 줄이면서 배란촉진호르몬인 LH를 분비하기 시작합니다. FSH가 줄어드니까 더 이상의 난포 성장은 억제되고, 대신 LH에 의해 배란이 유도되게 됩니다. 실제로 혈액내 호르몬 양을 측정해보면 배란 직전에 LH가 엄청나게 증가하는 것을 볼 수 있습니다. 이런 현상을 우리는 LH 파동(LH surge)이라 부릅니다. 때로 집안의 전기가 불안정하여 한꺼번에 많이 흐를 때 우리는 “surge”라는 말을 사용합니다. 이처럼 “surge”는 호르몬의 갑작스런 증가를 의미합니다.

프로게스테론도 마찬가지입니다. 자궁내막이 충분히 두꺼워졌다고 생각하면 이제 이 이상 두꺼워 질 필요는 없다는 신호를 뇌에 보냅니다. 배란도 이미 하나 되었기 때문에 더 이상 배란하면 안 되겠다는 신호를 보냅니다. 그러면 뇌는 LH의 분비를 억제하고 다시 FSH를 분비하여 새로운 생식주기를 준비합니다.

경구피임약은 이런 원리에 입각해서 에스트로겐과 프로게스테론을 혼합한 것입니다. 피임약을 섭취하면 에스트로겐과 프로게스테론의 양이 증가하기 때문에 뇌는 "이 호르몬들이 이미 충분하구나" 라고 생각하게 되고 더 이상 FSH와 LH를 분비하지 않게 됩니다. 따라서 더 이상의 난포 성장도 없고 배란도 없게 되는 것이지요. 경구피임약은 매일 섭취해 주어야 늘 호르몬을 높은 상태로 유지해 피임 효과를 볼 수 있습니다. 경구피임약을 처음 섭취할 때 갑자기 호르몬의 균형이 깨지기 때문에 마치 입덧이나 감기 비슷한 고통을 호소할 수도 있습니다만 차차 적응이 되면 증상이 사라집니다.

사후피임약은 성관계가 있은 후 먹는 피임약이기에 "모닝 필(morning pill)"이라고도 부릅니다. 약물의 화학명은 Ru486입니다. 몇몇 나라에서는 처방 없이 구할 수도 있지만, 우리나라는 반드시 의사의 처방이 있어야 구입할 수 있습니다. Ru486은 그 구조가 프로게스테론과 유사합니다. 프로게스테론은 자궁내막에 달라붙어서 수축을 막아 임신이 가능하도록 도와주는 호르몬입니다. 수축운동이 일어나면 수정란이 자궁내막에 제대로 착상할 수 없으니까요. 이것은 마치 아폴로 우주선이 달 표면에 착륙하려고 하는데, 달이 움직이면 안 되는 것과 같은 원리입니다. Ru486은 구조가 프로게스테론하고 유사하기에 자궁내막에 달라붙을 수 있습니다. 그러나 프로게스테론처럼 수축을 막아주는 기능은 없습니다. Ru486을 과량 섭취하면 Ru486이 자궁내막을 전체적으로 뒤덮어 버리고 프로게스테론의 접근을 막아 버립니다. 그럼으로써 수정란의 착상을 막아 피임 효과를 나타내게 됩니다. 이 경우는 배란을 막는 사전 효과보다 성관계 후의 피임을 목표로 하기에 일종의 사후낙태약이라 할 수 있습니다.

따라서 문란한 성 풍속을 조장할 수 있다는 사회적 문제와 함께 윤리적 문제를 야기할 수 있습니다. 그럼에도 불구하고, 원하지 않는 임신 가능성을 배제하기 위해 꼭 필요하다는 찬성론 또한 만만치 않습니다.

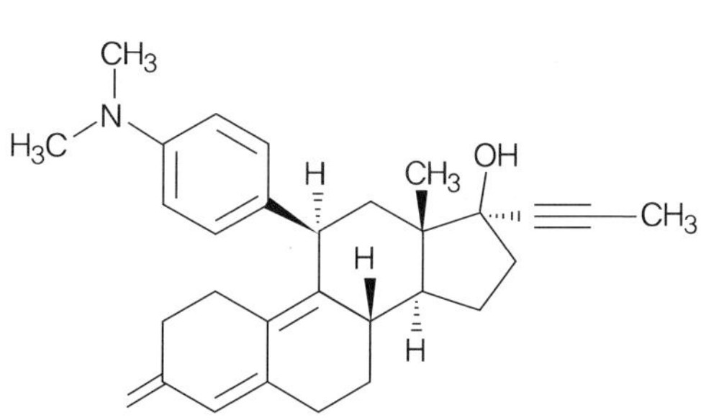

Ru486

자궁외임신

한마디로 말해 자궁외임신은 수정란이 자궁 이외의 장소에 착상되는 현상입니다. 여성 생식기는 우리가 잘 알다시피 난소, 난관, 자궁, 질 등이 그 주요 부위들입니다. 정상적인 경우라면 난관에서 수정이 일어나고, 수정란은 자궁으로 이동해 착상한 다음 그곳에서 안전하게 10개월을 보내게 되어 있습니다. 그러나 사람의 몸은 기계가 아니기 때문에 때로 예상하지 못한 형태의 임신도 가능합니다.

난자는 배란되자마자 난관채에 이끌리어 난관 안으로 들어와야 합니다. 그리고 이 과정은 에스트로겐의 영향을 받습니다. 만약 난관채가 배란된 난자를 잡아끌지 못한다면 난자는 그냥 복강 안에 둥둥 떠 있게 됩니다. 이때 반대편에서 질과 자궁, 그리고 난관을 거쳐 복강까지 빠져나온 정자가 그 자리에서 수정을 시킨다면, 이 수정란은 급한대로 자궁 바깥벽에 착상을 할 수밖에 없습니다. 이것이 대표적인 자궁외임신입니다. 자궁외임신은 자궁 안에서 일어나지 않는 모든 임신을 통칭하는 것인데, 자궁 밖에서 임신이 일어나면 그만큼 위험할 수밖에 없습니다. 물론 아기도 위험하지만 어머니도 위험합니다. 따라서 보통은 일찌감치 수술을 통해서 제거해 주는 것이 관례입니다. 그럼에도 불구하고, 자궁외임신된 수정란이 이론상 생명을 유지하는 것이 아주 불가능한 것은 아닙니다. 어디에든지 수정란이 착상을 하면 주변의 혈관이 그곳으로 모이게 되고, 완전하지는 않더라도 영양공급을 시작하기 때문입니다. 실험적으로 소의 항문에 착상시킨 수정란이 수주 동안 살아남았다는 연구 보고도 있었습니다.

자궁외임신은 수정란의 착상 위치에 따라 다양하게 나누어집니다. 위의 예처럼, 자궁 위쪽에 임신이 되면 어머니의 복강 공간이 허용하는 한 아기가 일정 시점까지 자랄 수도 있습니다. 그러나 점차 커가는 아기에 의해 어머니의 위와 간, 폐가 눌리게 되고, 그 결과 숨을 쉴 수 없고 소화도 시킬 수 없는 지경에 이르기 때문에 결국 수술적 제거가 필요하게 됩니다. 또 난포에서 채 빠져나오지 못한 난자를 정자가 미리 기다리고 있다가 그대로 수정시키는 경우도 있습니다. 이런 경우 수정란이 난소에 착상하여 몇 주간 자라게 되는데, 결국 난소 파열로 이어지는 위험한 상황을 초래합니다. 자궁에 착상이 되기는 하였지만 잘못된 위치에 착상되는 경우도 종종 있습니다. 정상적인 임신은 자궁의 정중앙 후벽에 착상되는 것인데, 수정란의 이동이 너무 빠르면 거의 자궁 입구 쪽으로 처져서 착상될 경우도 있습니다. 이런 경우를 전치태반이라 부르는데 가장 위험한 임신 중 하나입니다. 아기가 커감에 따라서 어머니의 자궁과 골반이 억지로 열

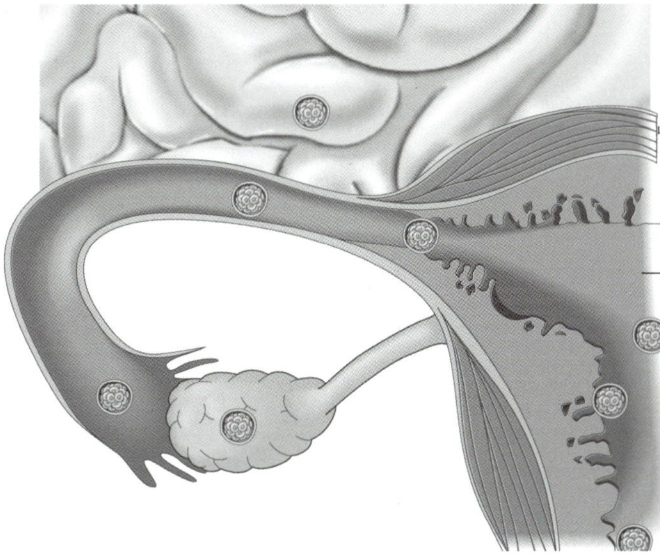

다양한 자궁외임신의 종류

려 버릴 수 있기 때문입니다.

때로 쌍생아(쌍둥이)가 임신되었을 경우 한 아기는 정상적으로 착상이 되더라도 다른 아기가 엉뚱한 곳에 착상될 수도 있습니다. 자궁외임신은 아기와 어머니 모두에게 위험을 초래하기 때문에 반드시 임신 초기에 의사 선생님과 상담하여야 합니다.

이란성 쌍생아

이란성 쌍생아는 난자가 동시에 2개가 배란되고, 각각이 정자에 의해 수정된 경우입니다. 이란성 쌍생아 자체가 건강 상 문제되는 것은 전혀 없습니다. 다만 이란성 쌍생아가 어떻게 만들어지는지 이론만 살펴보기로 합니다.

앞에서 이야기한 것처럼, 난포는 난자라는 사탕을 둘러싸고 있는 비닐포장과 같습니다. 요즘은 사

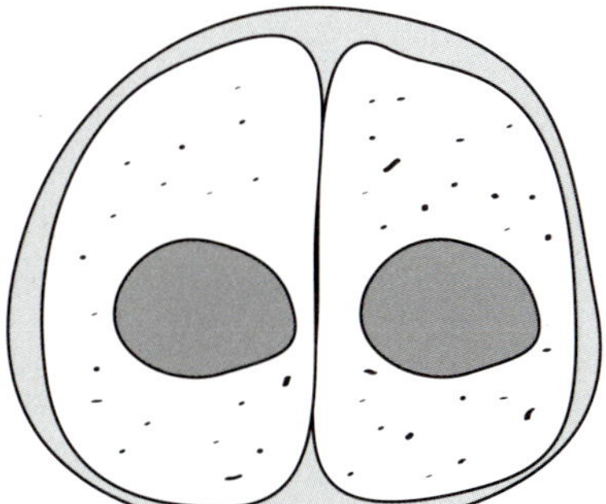

이란성쌍둥이의 난자

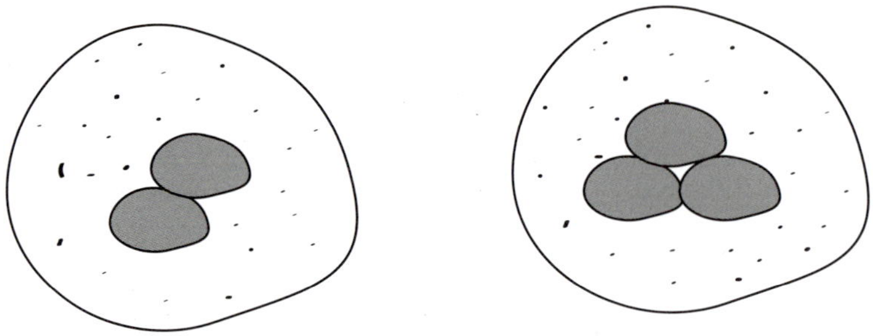

비정상적인 난자들

탕 포장도 자동화되어서 기계가 모두 공정을 처리합니다. 보통은 비닐포장 하나에 사탕알 하나가 포장되도록 기계를 세팅해 놓습니다.

왼쪽 기계가 사탕알을 하나씩 굴려 보내면 오른쪽 기계가 비닐종이를 한 장씩 밀어내는 방식입니다. 그런데 간혹 사탕알 2개가 서로 붙어서 동시에 굴러 내려오는 일이 발생합니다. 기계 잘못도 아니고, 그냥 우연히 생기는 일입니다. 이렇게 되면 한 포장지 안에 2개의 사탕 알이 들어가게 되겠지요. 이를 다시 난포와 비교한다면 하나의 난포 안에 두 개의 난자가 들어가 있는 셈입니다. 이 난포가 자라서 배란이 된다면, 당연히 2개의 난자가 동시에 배란되어 이란성 쌍생아가 태어날 것입니다.

비슷해 보이지,만 난포 안에 난자는 하나인데 핵이 2개나 3개인 경우도 관찰됩니다. 이것은 이란성 쌍생아의 경우와 완전히 다릅니다. 난자의 핵이 2개란 이야기는 염색체가 23×2=46개란 말이고, 여기에 정자가 수정되면 69개의 염색체가 되게 됩니다. 이럴 경우 잘못된 수정란이니까 당연히 자연유산의 원인이 되겠지요. 이란성 쌍생아의 경우는 난자 2개가 동시에 배란될 뿐, 각각의 염색체는 23개이기에 전혀 문제가 없습니다.

이란성 쌍둥이는 생김새가 비슷하기는 하지만 아주 똑같지는 않습니다. 사용된 난자가 서로 틀리기 때문입니다. 이란성 쌍생아가 유전성인지 아닌지에 대해서는 아직 논란이 있지만, 그다지 유전성을 나타내지는 않습니다.

일란성 쌍생아

일란성 쌍생아는 난자 하나에서 두 사람이 태어나는 것입니다. 그 원리는 세포분열에 있습니다. 수정란이 세포분열하면 딸세포가 2개 생기고, 이 둘은 내용적으로 완전히 똑같습니다. 보통 수정란은 8개 세포로 나누어질 때까지는 모두가 똑같다가 그 이상으로 나누어지면 각각 운명이 정해지고 달라져서 신체 각 부위로 분화해 나간다고 알려져 있습니다. 수정란이 2개 세포로 분열하였을 때 자궁내에서 저절로 나뉘어져 버리는 것이 일란성 쌍생아의 원리입니다. 나뉘어진 2개의 세포가 자궁 양쪽에 각각 착상하여 수정란처럼 새로 분열을 시작하는 것입니다. 일란성 쌍생아는 같은 수정란에서 갈라져 나왔기 때문에 유전자가 완전히 일치할 수밖에 없고, 생김새와 성격까지도 꼭 닮게 되는 것입니다. 현상만 놓고 본다면, 자연적으로 발생한 복제인간이라 이야기할 수 있습니다. 일란성 쌍생아는 반드시 그렇지는 않음에도 불구하고 유전적 소인이 다소 높은 것으로 알려져 있습니다. 재미있는 사실은 일란성 쌍생아의 경우에도 지문만은 서로 다를 수 있다는 점입니다.

폐경기 후에 낳은 아기

63세의 여성이 나이를 속이고서 인공수정된 난자를 착상 받아 아기를 낳은 사건이 벌어졌습니다. 이 여성은 세간의 이목을 집중시킬 욕심으로 나이를 속였던 것입니다. 어쨌든 간에 이 여성은 금세기 최고령 출산자로서 기네스북에 올랐고, 아이를 대신 키워 줄 연하의 남자를 인터넷으로 공고까지 하였습니다.

생식의학의 발달로 이제는 나이가 무색해질 정도입니다. 폐경기에 다다른 여성들도 적절하게 호르몬 치료를 받으면 갱년기 증상이 완화될 수 있으며, 심지어는 자궁도 건강하게 유지함으로서 늦은 임신도 가능해졌습니다. 자기 자궁을 적출해 내고서 젊은 여성의 자궁을 이식받아 아기를 낳은 후에 그 자궁을 되돌려주는 엽기적인 방법도 실험 중에 있다고 합니다. 이런 것들은 모두 생식의학과 바이오테크놀러지가 이루어낸 뛰어난 기술적 성과라 할 수 있습니다.

물론 기술 발전 뒤에는 사회적, 윤리적 차원에서 여러 가지 문제가 그대로 남아 있게 됩니다. 이렇게 태어난 아기의 육아문제, 냉동 수정란을 이용해서 낳은 아기의 친자 확인 문제, 여성을 아기 낳는 도구로 전락시키지 않도록 제도를 마련해야 하는 사회적 인식 등이 빠른 시일 내에 해결되어야 할 것입니다.

생각해봅시다

1. 여성생식기의 구조를 한글과 영문 명칭을 사용하여 설명하시오.

2. 자궁내막의 구조를 그림을 그려 설명하시오.

3. 자궁과 난소를 기능적 차원에서 연결시키는 호르몬들을 말하시오.

4. 에스트로겐과 프로게스테론의 구조상 공통점과 차이점을 비교하시오.

5. 일란성 쌍생아와 이란성 쌍생아의 탄생 원리를 설명하시오.

CHAPTER 05

MARRIAGE, SEX & INHERITANCE

임신, 성 결정과 발생

학|습|목|표

이번 장에서는 수정을 거쳐 임신되는 과정과 아기의 월별 발생 과정을 살펴보기로 합니다. 아울러 냉동 수정란, 임신 테스트, 아기의 성 결정, 배란일 측정 등에 대해 정리합니다. 그럼으로써 임신 전반에 대해 이해를 도모하고 여성의 역할을 보다 근본적으로 이해하기 위한 기초적 과학 지식을 제공합니다.

정자와 난자의 이동

정자는 여성의 질을 통해 들어와 자궁을 가로질러서 난관으로 이동합니다. 그러나 정자가 꼬리 운동만으로 그렇게 먼 거리를 움직일 수 있을까 생각해 보면 조금은 의심스럽습니다. 왜냐하면, 작은 정자가 그 먼 길을 헤엄쳐서 난자까지 여행하는 과정은 그야말로 산 넘고 물을 건너듯 대단히 험난한 여정이기 때문입니다. 또 재미있는 것은 여성은 이런 정자의 여행을 돕기도 하고 방해도 한다는 점입니다. 수정을 원활히 해야 할 터인데 오히려 방해를 하다니 이해가 잘 되지 않겠지만, 정자 자체가 여성 입장에서는 외부 침입자라는 것을 생각하면 이해할 수 있을 겁니다. 따라서 어떤 형태로든지 여성은 정자에 대해 일단 거부 반응을 보이게 마련입니다.

여성 생식기는 외부 침입자인 세균들을 죽이기 위해 강한 산성을 띠고 있는데, 정자도 이 때문에 들어가자마자 대부분 곧 죽어버리고 맙니다. 물론 정자 한 마리만 난자를 수정시키면 임신이 되지만 그러기 위해서는 수억 마리가 함께 사정되어야 하는 이유가 바로 이것입니다. 정자는 다발을 이루어서 여성 생식기에 들어가고, 바깥쪽 정자들이 희생되면서 상대적으로 안쪽에 있는 정자들이 보호를 받아 난자까지 이동할 수 있는 것입니다.

정자는 정액(semen)의 형태로 여성 생식기에 들어가는데, 이 정액에는 프로스타글란딘(prostaglandin)이라는 호르몬이 들어 있습니다. 프로스타글란딘은 근육의 수축 운동을 촉진시키는 호르몬입니다. 참치나 고등어 같은 등푸른 생선이 프로스타글란딘을 많이 함유하고 있기 때문에 남자들에게 좋은 식품이라고 알려져 있기도 합니다. 프로스타글란딘은 자궁의 근육운동을 촉진시켜 정자가 이동하는 것을 도와줍니다. 즉, 정자의 꼬리 운동과 자궁의 수축 운동이 힘을 합쳐서 정자와 난자를 만나게 도와주는 것입니다.

반면, 난자는 꼬리가 없기 때문에 자기 스스로는 전혀 운동을 할 수 없습니다. 그러기 때문에 순전히 난관의 근육 운동에 힘입어 자궁 쪽으로 조금씩 밀려 내려옵니다. 난관은 굉장히 두껍고 근육질이 강한데, 실제 그 내부 통로는 수정란 하나가 간신히 통과할 정도입니다. 그리고 난자의 이동 속도는 정자에 비하면 엄청나게 느립니다. 난관의 근육 운동도 따지고 보면 여성 호르몬인 에스트로겐이 있어서 가능한 것입니다. 난자가 천천히 움직이는 동안 정자는 난관의 팽대부까지 헤엄쳐갈 수 있고, 그곳에서 둘이 만나면 수정이 일어납니다. 그리고 이렇게 만들어진 수정란은 이제 자궁을 향해 다시 내려오게 됩니다.

수정

정자와 난자가 만나는 바로 그 순간까지 정자는 열심히 헤엄쳐 난자를 향해 돌진합니다. 문제는 난관을 통과하면서부터 시작됩니다. 난관은 지금 난자를 자궁 쪽으로 보내려고 정자의 운동 방향과는 정반대로 근육 운동을 하고 있기 때문입니다. 때문에 정자는 난관의 운동을 헤치고 머리를 이쪽저쪽 부딪치면서 힘겹게 움직여 나가야 합니다. 그런데 이런 어려움이 수정에는 오히려 큰 도움이 됩니다. 정자의 머리에는 난자 벽을 뚫고 들어가기 위한 효소인 히알루로니다아제(hyaluronidase)가 들어있는데, 머리가 점차 벗겨지면서 구멍이 생겨나 난자에 도달할 즈음에 효소를 방출하게 되기 때문입니다. 여기서도 생명의 신비가 느껴집니다. 정자의 머리가 벗겨지는 그 순간과 난자의 벽을 만나는 그 순간이 정확히 일치하기 때문입니다. 눈도 없는 정자가 어떻게 난자를 찾아가고, 또한 타이밍을 정확히 맞추어 효소를 방출하는지는 아직 풀어야 할 과제로 남아 있습니다.

정자와 난자의 크기는 1,000배 이상 차이가 납니다. 난자가 훨씬 큰 것이 보통입니다. 보통 난자 하나에 수백 마리의 정자가 달라붙을 수 있습니다. 그렇게 달라붙은 정자 중 단 한 마리만 성공적으로 난자 속으로 들어가는 거지요.

수정된 정자는 난자 속으로 꼬리까지 다 들어가게 되고, 이 꼬리는 나중에 서서히 분해되어 버립니다. 꼬리까지 정말 들어가는지 궁금해 하는 경우가 많은데, 그것은 바깥쪽에 꼬리의 껍질이 붙어서 남기 때문에 오해를 부르는 것입니다. 현미경으로 보면 당연히 꼬리가 밖에 남는 것처럼 보일 수밖에요. 그러나 껍질은 남고 내용물은 들어가는 것이 맞습니다. 수정되면 곧 바로 정자의 핵과 난자의 핵이 합쳐지면서 수정란이 탄생하고, 이 하나의 수정란이 약 40번을 세포분열하면서 100조 개, 즉 2^{40}개의 세포로 된 우리 몸을 만들어내게 됩니다.

미토콘드리아

정자가 난자 속으로 들어갈 때는 머리, 꼬리, 그리고 꼬리 축세사에 붙어 있는 미토콘드리아까지 한꺼번에 다 들어갑니다. 미토콘드리아(mitochondria)는 에너지를 공급하는 세포소기관으로 정자의 머리 뒤쪽에 다발로 위치하면서 꼬리 운동을 위한 에너지를 만들어 줍니다. 여기서 만드는 에너지는 ATP라고 하는 생체 에너지입니다.

정자와 난자는 각기 고유의 미토콘드리아를 가지고 있습니다만, 정자의 미토콘드리아는 난자 속으로 들어가자마자 곧 분해되어 버립니다. 결국 수정란에 남는 미토콘드리아는 모두 여성에게서 유래된 것입니다. 따라서 우리 몸의 미토콘드리아는 모두 어머니로부터 온 것입니다.

이론상 어느 집안의 가계도를 모계 쪽으로 역추적하면 최초의 여성, 즉 인류의 조상인 이브까지 추정해 나갈 수 있습니다. 몇몇 유전학자들이 이를 직접 실험하였고, 그 결과 "이브"가 살았던 에덴동산은 아프리카에 위치해 있었다고 추론해 냈습니다. 이 실험에 의하면, 인류의 조상은 아프리카 흑인이라는 사실입니다.

성의 결정

남녀의 생물학적 성은 전적으로 유전자에 의해서만 결정되며, 외부 환경적 요인에 의해 전혀 영향을 받지 않습니다. 여성은 성염색체가 XX이고, 남성은 XY입니다. Y 염색체가 성을 정하는 결정적인 유전 요소입니다. 클라인펠터 증후군(Klinefelter syndrome) 환자처럼 X 염색체가 한 개 이상 더 많은 경우도 발견되지만, 아무리 많은 X 염색체를 가졌더라도 Y 염색체가 하나 존재하기만 하면 무조건 이 사람은 남성입니다. 반면, 터너증후군의 경우는 X 염색체가 한 개만 있으므로 여성이지만 불완전해 월경이나 배란이 없습니다.

그럼에도 불구하고, 외형은 바뀔 수 있습니다. 내부 생식기, 즉 고환이나 난소를 결정하는 것은 염색체일지라도 외형적 모습은 호르몬의 영향을 많이 받기 때문입니다. 따라서 염색체적으로 남성일지라도 외형은 여성인 가성반음양증(pseudohermaphrodite)[1]이 나타날 수도 있습니다.

1) 염색체에 의한 성 결정

수정 후 약 3주가 지나면 생식기가 만들어지기 시작합니다. 원래 사람의 디폴트 프로그램(default program)은 여성으로 발달하는 것입니다. 즉, 난소가 만들어지는 것입니다. 디폴트 프로그램이란 컴퓨터를 켜면 항상 윈도우 로고가 자동으로 뜨는 것처럼, 아무런 외부 신호 없을 때의 진행 방향을 말합니다. Y 염색체는 이때 디폴트 프로그램을 다른 방향으로 선회시켜서 남성으로 발생하도록 스위치를 바꾸어 주는 역할을 합니다. 결론적으로, 생물학적 성은 수정되는 순간에의 Y 염색체 유무에 의해 결정됩니다. 유전적으로 결정된 성을 "1차적 성"이라 말합니다.

2) 호르몬에 의한 성결정

생물학적 성이 어느 한쪽으로 결정되었더라도 외관상 모습은 전혀 다를 수 있습니다. 비록 Y 염색체가 남·여를 구별지었더라도 성호르몬의 영향이 또한 중요하기 때문입니다. 이것이 2차적 성 결정입니다. Y 염색체가 없으면 난소가 만들어지고, 여기에서 소량의 에스트로겐이 나오면서 질과 자궁, 난관 등을 발달시켜 줍니다.

Y 염색체에는 정소결정유전자(testes determining gene)가 있습니다. 이 유전자가 바로 난소 대신 정소가 만들어지도록 바꾸어 주는 스위치 역할을 하는 것입니다. 일단 정소가 만들어지면, 여기에서 남성 호르몬인 테스토스테론이 만들어지면서 고환 등 남성의 주요 생식구조들이 발달됩니다. 남성에게서는 테스토스테론 말고도 항뮐러관인자[2]라는 호르몬이 나오는데, 이는 디폴트 프로그램에 의해 자동으로 발달하는 자궁과 질 등의 여성생식기 구조들을 억제해줍니다.

1) 거짓암수한몸이라고도 함

2) AMH, antimullerian duct hormone으로 여성생식기의 전구체인 뮐러관을 퇴화시키는 호르몬.

바소체

Y 염색체는 X 염색체에 비해 훨씬 작습니다. 따라서 유전자 용량으로 봤을 때, XY인 남자는 XX인 여자보다 유전자 용량(gene dosage)이 적어야 합니다. 유전자 용량이란 세포 안에 들어있는 유전자의 전체 양을 말합니다. 염색체 하나만 더 많아도 다운증후군처럼 심각한 유전병에 걸릴 수 있는데, 그러면 여성은 모두 유전적 문제점을 안고 있다는 말인가요? 물론 그럴 수는 없겠지요. 여성이 2개의 X 염색체를 가지고 있음에도 불구하고 남성과 유전자 용량이 같을 수 있는 이유는 X 염색체 하나가 통상적으로 비활성화되어 있기 때문입니다. 이렇게 비활성화되어 있는 X 염색체를 바소체(Barr body)라고 하는데, 이는 발견한 사람의 이름에서 유래하였습니다. 바소체의 유무는 한동안 올림픽에서 남녀를 구별하는 기준으로 사용되어 왔습니다. 즉, 여자는 바소체가 있지만 남자는 없습니다. 그러나 클라인펠터 증후군 환자가 선수로 참가한다면 문제가 다릅니다. 이 환자는 남자이면서도 X 염색체가 하나 더 있어서 바소체를 갖고 있기 때문이지요. 이런 문제 때문에 1988년 서울 올림픽 때부터는 바소체를 검사하는 대신 유전자증폭장치[3] 같은 더욱 발달한 첨단 장비들을 이용해서 남녀를 구별하고 있습니다.

결과적으로, 남성이 Y 염색체를 하나 더 가지고 있는 셈이 되지만 Y 염색체 안에는 성을 결정하는 몇 개 유전자 외에는 다른 유전자가 거의 들어있지 않아서 남·여의 전체적인 유전자 용량에는 차이가 없습니다.

배란일의 측정

정확한 배란일을 확인하는 것은 임신을 조절하기 위해 대단히 중요합니다. 제일 좋은 방법은 복강경을 이용해 배란된 난자를 직접 관찰하거나 난소에서 황체를 관찰하는 것이지만 여러 가지 불편함 때문에 간접적인 방법들을 주로 사용합니다. 개인이 스스로 진단할 수 있는 방법 중 가장 편한 것은 기초체온(basal body temperature)을 확인하는 것입니다. 기초체온 측정이란 체온을 매일 확인해서 그래프를 그리는 것인데, 배란일에는 프로게스테론의 대사 효과로 인해 약 0.05℃ 상승합니다. 배란 직후에 급작스럽게 증가하는 혈중 프로게스테론의 양을 측정하는 것도 한 가지 방법입니다.

3) DNA 연쇄중합반응(polymerase chain reaction) 기계라고도 함. 바소체를 검사하는 대신 Y 염색체 상에 있는 남성 특이적 유전자를 직접 검출하는 기계.

남 · 여 구별해 낳기

성은 정자가 X 염색체를 부여하느냐 Y 염색체를 부여하느냐에 따라 결정되기 때문에, 그리고 X 정자와 Y 정자는 이론상 같은 양으로 만들어지기 때문에, 수정 순간의 남·여 비율(일차 성비)은 1:1입니다. 그러나 실제로는 모든 나라에서 남자가 조금 더 많이 태어나는데, 이는 신생아의 적응력과 환경적 요인 때문이 아닌가 싶습니다.

X 정자와 Y 정자를 분리하기 위해서 이들의 운동 능력 차이, 전기장을 거슬러 이동하는 능력, 현미경적인 구조의 차이를 이용하고자 하는 시도가 오래전부터 있어 왔습니다. 만일 이것이 100% 성공한다면 인공수정으로 원하는 성의 아기를 얻을 수 있기 때문입니다. 가축에서는 원심분리를 이용하여 2종류의 정자를 분리한 선택적 인공수정[4]이 실제로 상용화되어 있습니다. 심지어 어떤 사람은 남녀의 성교 시간 등이 아기의 성을 구별지을 수 있다고 주장하지만, 아직 상기한 어떤 방법도 사람의 성을 일관성 있게 조절하지 못하고 있습니다.

처녀생식

정자가 난자 안으로 들어가는 것 자체가 난자에게 큰 자극을 주는 것이 분명합니다. 정확하지는 않지만, 정자가 들어가면서 난자 안팎에 전기적 변화를 일으킨다고 생각됩니다. 어떠한 경로를 통해서든지 수정이 되면 수정란에 자극을 주어 난할(cleavage)이 시작됩니다. 하등동물에서는 때로 처녀생식(parthenogenesis)이라고 불리는 현상이 관찰되기도 합니다. 처녀생식은 수정되지 않은 난자가 스스로 분열해 개체로 발달하는 것입니다. 처녀생식은 자연스럽게 일어날 수도 있고 인위적으로 유도될 수도 있습니다. 예를 들면, 여왕벌의 알은 수정되지 않고도 발생하며, 토끼의 난자도 자극을 주면 처녀생식을 할 수 있다는 보고가 있습니다. 그러나 사람에게서는 이러한 처녀생식이 인증된 바 없습니다.

시험관 수정과 시험관 아기

난자와 정자를 시험관에서 인공 수정시키고 분열하는 수정란을 얻어서 현미경으로 확

4) 원심력 때문에 무거울수록 먼저 가라앉는 성질과 X 염색체가 Y 염색체보다 더 큰 성질을 이용해 2종류의 정자를 구분하려는 시도.

인한 후 난관이 막혀 불임이 된 여성의 자궁으로 이식시켜 임신 기회를 제공하는 최초의 시험관 시술이 성공한 것은 1973년의 일입니다. 이렇게 탄생한 아기를 시험관아기(test tube baby)라 부르는데, 지금은 전 세계적으로 일반화된 불임시술입니다. 그럼에도 불구하고, 아직도 시험관 수정[5]의 확률을 높이기 위해 해결해야 할 문제가 많이 있습니다. 시험관 수정의 주요 과정은 다음과 같습니다. 먼저 여성에게 배란촉진호르몬을 투여하여 난소의 난포들이 성장·성숙하도록 하고, 배란 직전에 이렇게 성숙된 난포들로부터 난자를 여러 개 채취합니다. 채취는 복강경을 통해 난소를 직접 관찰하면서 흡입기(aspirator)로 빨아들입니다. 채취한 난자를 배양접시(petri dish)에 위치시키고, 남성에게서 채취한 신선한 정자를 즉시 그 위해 더해 줍니다. 이후 수정이 되었는지 또 난할이 시작되었는지를 현미경으로 관찰하면서 8~16세포기의 배아가 될 때까지 기다렸다가 준비된 배아를 자궁에 넣어 착상시킵니다. 시험관아기를 시술할 때에는 다중임신(multiple pregnancy)으로 쌍둥이가 태어날 확률이 높은데, 그 원인은 임신 확률을 높이기 위해서 2~4개의 배아를 동시에 착상시키기 때문입니다. 다중임신의 걱정에도 불구하고, 여러 개의 배아를 착상시키는 이유는 자연 유산될 확률이 정상 임신의 경우보다 높기 때문입니다. 불임부부의 경우에는 아기를 원하기 때문에 다중임신은 오히려 축복으로 받아들여지는 것이 보통입니다.

지금은 기술이 발달하여 수정란을 액체질소(liquid nitrogen)에 냉동보관(cryo preservation)하였다가 차후에 이를 녹여서 자궁에 착상시킬 수도 있습니다. 그러나 이러한 냉동보관 시술은 윤리적, 법적으로 문제를 일으킬 수 있기에 주의가 필요합니다. 왜냐하면, 같은 시기에 수정된 수정란을 우리가 인위적으로 2년의 터울을 두고서 형과 동생, 또는 누나와 동생을 만들어내면 생명 탄생의 순서를 바꾸게 되기 때문입니다. 물론, 근본적인 문제는 인간의 생명을 시험관 속에서 다룬다는 것에 있습니다. 종교계에서 시험관, 아기를 완강하게 반대했던 이유도 바로 여기에 있습니다. 그럼에도 불구하고, 시험관아기 시술은 이제 불임부부들을 치료하는 데 널리 사용되고 있습니다.

1976년 시도된 최초의 시험관 아기인 조이 브라운씨는 이제 성인이 되었습니다. 얼마 전 TV 프로그램에 출연해 인터뷰를 하였는데, 아직도 시험관아기로 태어났다는 사실이 부담스럽다고 고백하였습니다. 혹시나 새로운 질병에 걸리지 않을까 은근히 기대하는 파파라치들이 주위를 맴돌고 있기 때문이랍니다. 과학은 이처럼 불임부부에게 복음을 전해

5) IVF, in vitro fertilization.

줄 수 있지만, 또 한편으로는 한사람의 인생을 힘들게 만들기도 합니다. 그런 양면성을 적절하게 조절해 주기 위해서는 과학, 종교, 철학, 윤리, 법 등 다양한 분야의 전문가들이 늘 토의하고 함께 노력하는 자세가 필요하겠습니다.

냉동 수정란

냉동 수정란은 정자와 난자가 만난 상태에서 수정란을 그대로 얼리는 것입니다. 냉동된 수정란은 2~3년 뒤에 다시 녹여서 자궁에 착상시킬 수 있습니다. 이 때문에 인간의 생명을 자유자재로 조절할 권리를 누가 갖고 있느냐는 질문을 야기합니다. 당연히 법적, 사회적 문제거리가 될 수밖에 없습니다. 사실 이런 문제를 부추기는 데에는 젊은 부부의 이혼율 증가도 한 몫을 합니다.

어떤 부부가 있습니다. 결혼을 하고 시간이 흘러도 아이가 들어서지 않아 냉동 수정란 시술을 선택했습니다. 그래서 첫 번째 아기를 가졌고, 시술 과정에서 만들어졌지만 사용되지 않은 다른 수정란들은 나중에 둘째와 셋째를 가지기 위해 냉동 보관하기로 결정하였습니다. 그런데 이 부부가 이혼을 한 것입니다. 그러면 냉동수정란들은 누구의 것일까요? 아내의 것일까요? 남편의 것일까요? 아니면 병원이 마음대로 폐기 처분해도 되는 걸까요?

아내는 냉동 수정란을 전부 폐기하고 싶어 했습니다. 왜냐하면, 더 이상 자기가 그 남자의 아기를 가질 의미가 없다고 보았기 때문에 그렇습니다. 그런데 문제는 수정란의 폐기 처분이 곧 살인 행위로 간주된다는 점입니다. 냉동 수정란도 엄연히 생명체이기 때문입니다. 반면 남자는 곧 재혼을 하였고, 냉동 수정란을 새 아내의 자궁에 착상시키겠다고 강력히 요구했습니다.

과연 누구의 편을 들어야 할까요? 새 아내의 자궁은 누구를 위한 것일까요? 여성으로서의 기본적 권리는 어떻게 되고, 재혼의 이유는 단지 자궁이 필요해서란 말인가요? 병원의 입장도 고려하지 않을 수 없습니다. 병원에서는 아무리 기다려도 이혼한 부부가 다시 나타나지 않기에 냉동 수정란을 폐기 처분하려 하지만 살인 혐의로 고소를 당할 위기에 처합니다. 그러나 이혼한 부부가 한 둘이 아니고, 그러다보니 냉동 수정란은 늘어만 가고 이를 위해 병원은 냉동고를 계속해서 사들여야 합니다. 건물도 새로 지어야 됩니다. 환자를 위해서가 아니라 냉동 수정란 보관을 위해서 말입니다. 정말 문제가 있지요? 이 때문에 각 나라들은 냉동 수정란 보관 시기에 대하여 법으로 결정하고 있습니다.

미국의 법정은 결국 부인의 손을 들어 주었습니다. 즉, 더 이상 아기를 갖고 싶지 않은 부인의 의견을 존중해서 폐기 처분하는 것을 허락한 것입니다. 그러나 여전히 문제는 남아 있습니다. 폐기 처분 자체가 살인 행위이기 때문에 그렇습니다.

우리나라는 냉동 수정란의 법적 보관 시효가 5년입니다. 이 기간이 지나도록 부모가 권리 주장을 하지 않으면 병원에서 임의로 폐기할 수 있습니다.

미세주사법

시험관아기와 비슷하지만, 또 다른 불임치료 방법이 미세주사법(microinjection)입니다. 미세주사법은 앞에서 설명한 마이크로매니퓰레이터 현미경으로 들여다보면서 난자에 정자를 직접 찔러 넣어 주는 방법입니다. 좌, 우에 로봇 팔이 하나씩 붙어 있는데, 오른쪽 팔에는 가느다란 빨대가 연결되어 있어 계속 공기를 빨아들입니다. 이 로봇팔의 역할은 난자를 찌를 때 이리저리 움직이지 않도록 흡착시켜 고정시키는 것입니다. 왼쪽 로봇팔에는 주사바늘이 달려 있습니다. 주사기로 정자를 한 마리 채취해 난자 안으로 직접 주입하는 것이지요. 미세주사법의 장점은 직접 보면서 시술하기에 정확하다는 것입니다. 심지어는 정자가 운동력이 없거나 정자의 수가 적은 경우에도 시술이 가능합니다.

다정 현상과 자연유산

흔히 착각하는 것 중 하나가 난자 하나에 정자 두 마리가 수정되면 쌍생아(쌍둥이)가 만들어진다는 것입니다. 이것은 완전히 잘못된 생각입니다. 잘 아시다시피 사람의 염색체는 46개입니다. 정자와 난자가 각각 23개의 염색체를 가지고 있기에 서로 합쳐 46개를 복원하고 세포분열을 통해 신체 각 부분을 만들어가는 것입니다.

난자 1개와 정자 2개가 합쳐진다면 수학적으로도 23×3=69이기에 46개를 훨씬 초과해 버립니다. 염색체 하나만 많아도 다운증후군 같은 질환에 걸리기 되는데, 염색체가 69개나 된다면 생존 자체가 불가능합니다. 그럼에도 불구하고, 자연상태에서 종종 이런 다정 현상(polyspermy)이 일어나고 있습니다. 다정 현상이란 정자 여러 마리가 동시에 난자로 들어가는 현상입니다.

원래 난자는 정자 한 마리가 수정되자마자 그 자리에 수정막(fertilization envelope)이라는 두꺼운 층을 형성해서 두 번째 정자가 들어올 수 없게 방어를 합니다. 이 반응은 수초 분의 일 정도로 아주 빠르게 일어나지만, 때로는 완벽하게 동시 진입하는 정자들도 있을 수 있습니다. 다정 현상이 일어나면 사람의 수정란은 세포분열을 어느 정도 진행하다가 염색체 수가 맞지 않다는 것을 스스로 알아차리고 퇴화되어 버립니다. 이것이 자연유산의 가장 큰 원인입니다. 대부분의 경우 착상조차 되지 못하고 퇴화되어 버리기 때문에 여성 스스로도 임신 사실을 인지하지 못 할 때가 많습니다.

난할

수정란이 여러 개의 세포로 분열해 나가는 과정을 흔히 세포분열(cell division)이라 말하지만 엄밀하게는 세포분열이 아니고 난할(cleavage)입니다. 그리고 분열된 세포도 수정란이 나누어졌다는 뜻에서 할구(blastomere)라 부르는 것이 더 적절합니다. 굳이 차이를 이야기하자면, 세포분열의 결과 생기는 딸세포는 모세포가 크기와 성질이 동일하지만, 난할의 결과로 생기는 할구는 크기가 다르다는 것입니다. 즉, 난할 때는 수정란이 핵만 분열할 뿐 세포질을 복구하지 않기 때문에 할구의 크기는 점점 작아지게 됩니다. 사람의 난자는 지름이 약 0.5mm로 모래알 정도 크기인데, 이는 상당히 큰 편입니다. 심지어 육안 관찰도 가능할 정도입니다. 수정란이 40번 정도 분열하여 약 100조 개의 세포가 되고, 그 세포들이 각 조직으로 분화된 상태가 우리 몸인데, 만약 각각의 세포가 수정란의 크기를 유지한다면 우리는 키가 200미터도 넘는 엄청난 거인이 되고 말 것입니다. 때문에 난할 초기에는 계속해서 할구가 작아지기만 하다가 어느 정도 정상적인 세포 크기로 작아지게 되면 그때부터 진정한 의미의 세포분열을 시작하게 됩니다.

일란성 쌍둥이

난할 초기, 즉 세포 또는 할구가 아직 8개 이하일 때는 수정란의 성질을 그대로 유지하고 있습니다. 수정란의 성질이란 어떤 조직이나 기관으로 분화해 나갈지 그 운명이 아직 결정되지 않았다는 뜻입니다. 우리 말로는 다능성이라 표현하는데, 영어로는 "pluripotent" 상태[6]입니다. 다능성 세포를 하나 떼어내 여성 자궁에 착상시키면 마치 자기가 수정란인 것처럼 처음부터 다시 발생을 시작할 수 있습니다.

6) 세포가 어떤 조직이나 기관으로도 분화할 수 있는 능력을 가지고 있는 상태.

수정란이 난할되어 2세포로 나뉘었을 때, 어떤 이유로 인해 자연스럽게 갈라져서 자궁의 양쪽 벽에 착상되면 일란성 쌍둥이가 탄생합니다. 이론상 8명의 일란성 쌍둥이까지 가능한 셈입니다. 그리고 그 각각이 다시 8개 이하로 분열했을 때 또 다시 갈라진다면 또 다른 8명의 일란성 쌍둥이가 태어나고요. 이론상 무한정의 일란성 쌍둥이가 태어날 수 있습니다.

Jerry Hall 박사의 실험

실제로 1991년에 조지 워싱턴(George Washington) 대학교의 제리 홀(Jerry Hall) 박사 연구팀이 이 실험을 인위적으로 감행하여 성공하였습니다. 당시 제리 홀 박사가 사용한 수정란은 정상적인 것이 아닌 2개의 정자로 다정 수정된 것이었습니다.

그러니까 염색체의 수가 맞지 않아서 어차피 자연스럽게 죽어버릴 그런 수정란으로

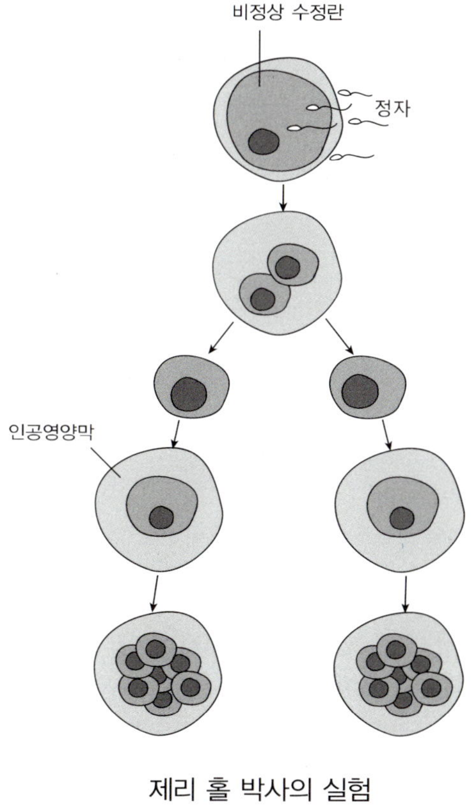

제리 홀 박사의 실험

실험하였습니다. 제리 홀 박사는 조심스럽게 8개의 세포를 따로 따로 떼어 내었고, 이들 세포를 배양접시에서 2주간 키우는 데까지 성공하였습니다. 실험을 2주로 제한한 것은 국제 규약에 의해 사람의 배아는 2주까지만 실험실 조작이 가능하기 때문입니다. 어차피 퇴화될 수정란이었고 또 2주 만에 끝낸 연구였지만, 제리 홀 박사에 대한 사회적 비판은 엄청났습니다. 왜냐하면, 이론으로만 가능했던 복제 기술을 실험으로 증명해 보였기 때문이지요. 만약 정상적인 수정란에 이 기술을 응용하고 또 대리모 자궁에 착상시킨다면, 무제한적으로 일란성 쌍둥이를 만들어낼 수 있다는 것을 증명한 셈이니까요.

종교계에서는 즉각 이 기술을 "신에 도전하는 사악한 조작"이라고 규명하였습니다. 제리 홀 박사는 대학교에서 해고를 당했다가 최근에 다시 복권되기는 하였지만, 그동안 상당히 어렵게 지냈다는 후문이 들리고 있습니다.

앞서 말한 대로, 일란성 쌍둥이는 자연 상태에서도 탄생합니다. 수정란이 어머니의 자궁에서 2개로 난할하다가 서로 붙어 있지 못하고 툭 떨어지면 자궁의 양쪽에 따로 자리 잡아 각각의 쌍둥이로 태어나는 것이지요. 제리 홀 박사의 기술은 단지 이런 자연 현상을 일부러 유도해 실험실에서 조작했다는 것이 차이점입니다. 자연적으로도 자궁만 견디어 준다면 여덟 쌍둥이가 가능하고, 실제로 이에 대한 기록도 있습니다.

그러면 제리 홀 박사가 이렇게 일란성 쌍둥이를 무한정 만드는 기술을 개발한 목적은 무엇일까요? 무한정으로 추종자를 만들어 세계 정복을 꿈꾼 걸까요? 그렇지 않습니다. 제리 홀 박사는 의사로서 불임시술의 성공 확률을 높이고자 이런 실험을 감행했던 것입니다. 즉, 똑같은 배아를 여러 개 얻을 수 있다면 착상시킬 수 있는 배아의 숫자가 늘어나고, 따라서 임신 확률이 높아지기 때문입니다. 당시 종교계의 거센 비난에도 불구하고, 의학계에서는 이 기술을 "불임부부를 위한 획기적 복음"이라고 규정지었습니다.

줄기세포

난할이 거듭되어 세포가 8개를 넘게 되면 각 세포의 운명이 결정됩니다. 우리는 이 시기를 줄기세포(stem cell)라고 부릅니다. 이는 각각의 세포가 신체 어떤 장기로 발달될지 결정되었고, 우리가 그 세포를 떼어내 적절한 조건에서 배양한다면 원하는 장기를 만들 수 있다는 의미입니다. 마치 나무의 줄기가 가지를 치고 그 가지에서 꽃과 잎이 나오지만 결국 가지와 꽃과 잎은 줄기의 변형일 뿐이듯, 하나의 줄기세포가 변형되어(분열과 분화를 거듭하여) 간이나 심장 등 우리 몸의 장기가 되는 것입니다. 생물학적으로는 수정란이

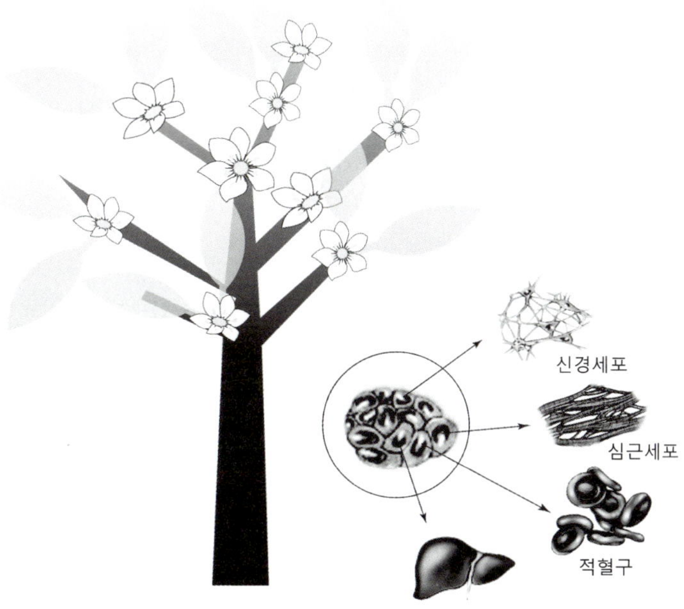

나무와 줄기세포 비교

30~100개 정도의 세포로 분열한 상태가 줄기세포에 해당합니다. 줄기세포를 특정한 틀에 넣어 배양함으로써 장기를 만들어 내는 기술을 조직공학(tissue engineering)이라고 합니다. 이 분야는 국제적으로 경쟁이 치열하여 21세기 BT 산업의 핵심이라고 할 수 있습니다. 최근에 피부조직을 재생시키는 고무적인 소식이 전해지기는 했지만 일반화되려면 아직도 훨씬 많은 연구가 필요한 분야입니다.

줄기세포 이용의 문제점

수정란이 8개 이하로 분열했을 때에는 그중 하나를 떼어내도 나머지 7개가 다시 없어진 하나를 채워주지만, 일단 8개를 넘어서 운명이 결정된 줄기세포를 하나 빼내게 되면 남은 배아 전체가 희생될 수밖에 없습니다. 결국 장기이식을 위해 한 생명이 희생되고 마는 것입니다. 심지어는 장기 이식용으로 아이를 임신하고서 몇 주 만에 일부러 낙태하거나, 시험관아기를 만들었다가 필요한 줄기세포만 떼어내고 나머지는 폐기처분하는 일도 생길 수 있습니다. 극단적으로는 배아가 암시장에서 매매될 수도 있습니다. 이처럼 배아를 얻기 위해서는 결국 한 생명을 희생시켜야 하기 때문에 사회적, 윤리적 문제가 대두되는 것입니다. 물론 배아에서 줄기세포를 얻는 대신 성체의 줄기세포를 이용하려는 연구도 있기는 하지만, 배아 줄기세포만큼 만족스럽지 못하기 때문에 줄기세포를 얻기 위한 새로운 방법을 개발해야 할 것입니다.

또 하나 문제가 되는 것은 연구용 배아를 만들기 위해 필요한 난자의 수급입니다. 난자는 가임기 여성이 평균 28일 주기로 하나를 배란할 수 있는데, 연구용으로 필요한 난자의 수는 수천 개 이상이기 때문입니다. 그만큼 실험에 참여하는 여성이 많거나 아니면 한 여성에게 배란촉진호르몬을 투여해서 강제적으로 많은 배란을 유도해야 하는 어려움이 있습니다. 난자를 강제적으로 배란시키고 채취할 때마다, 여성은 건강상 거의 출산에 버금가는 손실을 입게 됩니다. 그러므로, 우리나라에서는 법적으로 난자의 채취를 일정 회수까지만 허용하고 있고, 연구용 난자의 경우에는 더욱 제한을 두고 있습니다.

임신 테스트

임신 여부는 어렵지 않게 테스트할 수 있습니다. 요즘은 테스트기를 약국에서도 판매하기에 자가 검사가 가능합니다. 사용 방법도 간단해서 소변을 한 방울 떨어뜨리면, 결과가 금방 (+)나 (-), 또는 한 줄이나 두 줄 형태로 나타나 확인됩니다.

테스트의 원리는 이렇습니다. 태아가 착상되면 원시태반인 영양막이라는 것이 만들어지는데, 이 영양막에서 HCG[7]라는 호르몬을 분비합니다. HCG는 임신이 원활히 유지될 수 있도록 하기 위해 태아가 만들어내는 호르몬입니다. 이것이 태반을 통해 분비되면서 모체의 소변에 섞여 나오기 때문에 HCG가 있는지 없는지를 검사하면 임신 여부를 확인할 수 있는 겁니다.

임신진단키트

7) human chorionic gonadotrophin. 사람 융모막성 성선자극호르몬.

임신 초기의 면역

수정란은 난자와 정자와 합쳐진 것이므로, 그 유래의 절반은 어머니이고 절반은 아버지입니다. 이 때문에 모체는 수정란을 자신의 것이 아니라고 생각하며, 착상을 자꾸 방해하려 합니다. 일종의 면역작용인 셈이지요. 이 면역작용이 너무 강한 여성은 반복해서 자연 유산할 가능성이 높습니다. 임신 아주 초기에는 착상을 돕기 위해서 모체의 면역성을 떨어뜨리는 호르몬이 분비됩니다. 이 호르몬의 이름은 EPF[8]입니다. 이 호르몬의 도움으로 착상 효율이 높아지는 것은 좋지만, 면역성 저하로 쉽게 감기 등에 걸릴 수 있습니다. 이런 이유로 인해서, 이 시기에 임신 사실을 못하고서 약물을 남용할 가능성이 아주 높습니다. 그러므로 가임기간에 있는 여성은 항상 의사와의 상담을 거쳐 처방받는 습관이 필요합니다.

아기의 발생

아기 발생의 단계는 크게 셋으로 나누어집니다. 배란 후 2주까지를 아직 착상(implantation)이 이루어지지 않았기에 착상전 단계(pre-implantation stage)라 하고, 제3주부터 8주까지를 배아기(embryonic stage)라 합니다. 배아기는 아기가 사람의 형태를 갖추어 가면서 대부분의 원시기관들이 만들어지는 시기입니다. 따라서 해로운 약물에 노출되면 선천성기형이 유발될 가능성이 가장 높은 시기입니다. 배란부터 8주까지를 통틀어 흔히 배아기라 하기도 합니다. 제9주부터 출생까지는 태아기(fetal stage)입니다.

태아기는 미리 만들어진 원시기관들이 성장하는 시기입니다. 이때는 대부분의 원시기관들이 이미 형성되었고, 다만 아기의 체중과 신장이 늘어나면서 태어날 준비를 하는 시기이기에 선천성기형의 위험성은 상대적으로 낮습니다. 이때에 문제가 생기면 그저 각 기관이나 조직에서 성장하는 속도가 문제되는 정도입니다. 다음은 한 달을 28일 기준하여 아기의 발생을 정리한 것입니다.

❶ 발생 1~2주 : 수정란은 약 2주 후 자궁내막에 도달하고 서서히 착상이 일어납니다. 일단 착상이 되면 원시태반인 영양막이 만들어지고, 모체로부터 영양분을 풍부하게 공급받으면서 빠르게 자라납니다.

8) early pregnant factor. 임신초기인자

❷ 발생 2개월 : 8주 말이 되면, 배아의 키는 3cm까지 자라게 됩니다. 몸무게도 5g 정도가 됩니다. 크기로 보면 어른 손가락 하나 만큼 밖에 안되고, 또 아직 기능이 미비한 상태이지만 사람으로서 갖추어야 할 필수 장기들을 모두 갖추게 됩니다. 사실 임신 2개월까지가 위험에 노출될 확률이 제일 높은 기간입니다. 각종 장기가 만들어질 때 어머니가 지나치게 흡연을 한다든지, 술을 많이 마신다든지, 약물에 노출된다면 선천성기형이 될 확률이 아주 높기 때문입니다. 오히려 임신 8주를 벗어나면, 이미 만들어진 장기가 그냥 성장만 하면 되기 때문에 상대적으로 기형 유발의 확률은 적습니다.

❸ 발생 3개월 : 발생 3개월 때는 원시적인 눈과 귀의 외형이 만들어지기에 훨씬 사람처럼 보입니다. 그러나 아직 제 위치를 잡지 못하고서 조금 위쪽에 있기 때문에 여전히 외계인처럼 보일 수 있습니다. 시간이 갈수록 이들은 점차 아래로 내려가 자기 자리에 위치를 잡게 됩니다. 3개월 말이면 남녀의 생식기가 뚜렷이 구별될 수 있습니다. 초음파 검사로 남녀를 구분할 수 있는 시기가 바로 발생 3개월 말경입니다. 태아가 자극에 반응하기 시작하므로 3개월을 "활동 시작기"라 부르지만, 너무도 미미한 반응이기 때문에 산모가 아직 태동을 느낄 수는 없습니다. 이 시기에 자연유산된 태아를 건드리면 빨기도 하고 눈도 반응을 합니다. 어른은 골수에서 혈액을 만들지만, 태아는 아직 간에서 조혈작용을 담당합니다.

❹ 4개월 : 키가 부쩍 크기 시작합니다. 2개월째 3cm 밖에 안 되던 배아의 키가 이때 15cm까지 자라게 됩니다. 여자 아기의 경우 난소가 분화되고, 그 안에 난자가 들어차기 시작합니다. 뼈도 골화되어 단단해지기 시작합니다.

❺ 5개월 : 태아가 근육 운동을 시작합니다. 따라서 어머니가 태동을 느끼게 되는 시기도 바로 이때입니다. 평균적으로는 출산일은 태동을 처음 느낀 때부터 147일 전후 2주 정도됩니다. 이때부터 태아의 심박동 소리도 임산부의 복부를 통해 들을 수 있습니다. 머리카락(태모)도 자라나고, 몸에는 지방분(태지)을 축적하기 시작합니다.

지방분을 축적한다는 것은 중요한 생리적 현상 중 하나입니다. 아기가 여름에 태어나더라도 바깥 날씨는 평균 33~34℃ 정도될 것입니다. 가을이나 겨울이면 그보다 훨씬 온도가 낮겠지요. 어른들에게는 신선한 날씨일지라도 어머니 자궁내 37℃에서 10개월을 지낸 아기에게는 거의 얼어 죽을 수 있는 추위입니다. 때문에 태어나자마자 스스로 열을 내서 체온을 유지하기 위한 장치가 바로 지방을 축적하는 것입니다. 실제로 아기가 태어나고서 처음 몇 시간 동안은 체온이 뚝 떨어집니다. 그랬다가 지방을 대사시키면서 체온이 서서히 회복됩니다. 여자 아기는 18주에 자궁이 완성됩니다. 그러나 남자아기는 아직 고환이 제위치를 잡지 못하고 있습니다.

⑥ 6개월 : 체중이 현저하게 증가합니다. 그리고 눈썹도 나타납니다. 피부는 아직까지 조금 반투명한 상태입니다. 피부가 반투명하다는 이야기는 내장기관이 들여다보인다는 뜻입니다. 혈관 때문에 전체적으로 피부가 발그스름하게 보이는 정도입니다. 전체적으로 성숙하였지만, 아직은 호흡기계가 완성되지 못해 22~25주 사이에 태어난 태아는 수일 내에 사망하고 맙니다.

⑦ 7개월 : 태아가 드디어 눈을 뜹니다. 이 시기에 키는 약 37cm 정도까지 자랍니다. 조혈작용도 골수에서 드디어 시작됩니다. 태아의 눈에는 아직 태지가 덮여 있지만, 손가락과 손톱까지 완벽하게 완성됩니다. 7개월은 굉장히 중요한 시기입니다. 흔히 말하는 조산(premature birth)이란 이 시기에 태어나는 것을 말합니다. 7개월째에 기능을 시작하는 기관이 바로 폐입니다. 폐는 다른 기관과 달리 누구도 대신해 줄 수 없는 호흡을 담당하는 기관입니다. 따라서 7개월을 못 채운 태아들은 스스로 호흡할 수 없어 생존 확률이 거의 제로입니다. 그러나 7개월을 채웠다면 다른 미숙한 부분은 인큐베이터에 들어가서 완성하면 되기에 태아가 살아갈 수 있습니다.

⑧ 8개월 : 남자 아기의 고환이 제자리를 잡습니다. 빛에 의한 동공반사도 나타내고 피부가 부드러우면서도 분홍색을 띠게 됩니다.

⑨ 9개월 : 키가 약 47cm까지 자랍니다. 이제 곧 태어날 준비를 하게 됩니다. 투명하던 피부도 불투명해지고 몸에는 지방분을 더 축적하여 오동통해집니다. 물체를 꽉 움켜쥘 수 있으며, 태모는 거의 사라진 상태입니다.

⑩ 만삭 : 태아는 자궁 내에서 빙그르 돌아 머리를 아래쪽으로 하고 거꾸로 자리를 잡습니다. 그리고 이런 상태로 머리부터 부드럽게 산도를 통과합니다. 아기가 태어날 때 몸무게는 대략 2.7~3.6kg 사이입니다. 키는 50cm 정도입니다. 평균적으로 남자 아기가 조금 더 무겁습니다.

다음 표는 태아의 발달 순서를 수정되는 시점으로부터 계산하여 요약한 것입니다.

태령(주)	무게(g)	주 요 특 징
9	8	눈이 닫혀 있고, 아직 성의 구별이 어렵다.
10	14	손톱이 발달하기 시작한다.
12	45	태아의 성 구별이 가능하다.
14	110	하지의 발달이 뚜렷해진다.
16	200	귀가 돌출된다.
18	320	태지가 나타나고, 발톱이 발달한다.
20	460	태모가 관찰된다.
22	630	피부는 주름 잡혀 있고, 붉은색을 띤다.
24	820	손톱이 나타난다.
26	1,000	눈이 부분적으로 뜨이기 시작한다.
28	1,300	눈이 뜨이고, 피부는 약간 주름잡혀 있다.
30	1,700	발톱이 나타나고, 신체가 통통해진다.
32	2,100	피부는 진분홍색이며 매끈해진다.
36	2,900	태모가 사라지고, 사지는 다소 굴곡되어 있다.
38	3,400	유방이 돌출되고, 남자 아기는 고환이 음낭 내에 제대로 위치한다.

불임

1) 남성 불임

남성 불임은 정자가 난자를 수정시키는 능력이 감소된 것입니다. 남성에게 불임이 일어나는 가장 큰 원인은 정자의 수가 너무 적은 것입니다. 불임이 기준은 명확하지 않은데 보통 정액 1cc당 정자 2,000만 마리 이하일 때 불임이라고 합니다. 흔히들 정자 한 마리만 여성 생식기에 들어가도 임신될 수 있다고 생각하지만, 그 한 마리가 실제로 난자를 만나려면 수천만 마리의 정자가 일종의 보호벽을 쌓듯이 엄호하며 함께 이동해야 합니다. 그래야만 산성 환경의 여성 생식기를 무사히 통과해 자궁을 거쳐 난자에까지 도달할 수 있는 것입니다.

정자의 수가 이렇게 적은 이유는 선천적기형(잠복고환), 사고에 의한 외상, 방사선 노출(의료적 치료에 의한 경우 포함), 미생물 감염에 의해 부고환이나 정관이 막히는 경우, 뇌하수체 전엽에 생긴 암, 갑상선호르몬의 저하, 정관수술 후 자가면역에 의한 항체 형성 등 매우 다양합니다. FSH와 LH 호르몬이 감소해도 정자 발생 과정이 함께 저하됩니다.

테스토스테론의 감소 역시 정자 수에 영향을 줍니다. 때로는 정자 수가 정상이더라도 정자의 구조가 비정상적이면 역시 불임이 초래됩니다. 정자가 꼬리 운동을 하려면 에너지인 ATP가 필요한데, 이를 생산하는 다이닌(dynein) 효소가 결핍된다면 당연히 불임이 됩니다. 이처럼 남성의 불임은 매우 다양한 요인에 의해서 일어나는데, 원인과 상관없이 그 결과는 난자와 정자의 만남이 억제된다는 것입니다. 따라서 상당한 기간 동안 불임일 경우 원인을 먼저 정확하게 파악하고, 그에 따라 치료에 접근해야 합니다.

정자 수가 지나치게 적을 경우에는 수차례의 사정을 통해 정액을 모으고, 정자를 농축한 다음 인공적으로 여성 생식기에 주입하는 인공수정(artificial insemination)을 시도하기도 합니다.

2) 여성 불임

여성의 불임을 초래하는 원인으로는 사고나 염증으로 인한 난관의 기능 상실, 뇌하수체에서의 호르몬 분비 이상, 난소에서의 호르몬 분비 이상 등이 대표적입니다. 원인과 상관없이 결과적으로는 배란이나 착상이 어려워져서 불임이 됩니다. 자궁에 종양이 생겨도 호르몬의 불균형이 생겨날 수 있으며, 이 경우 진행 중인 착상이 중단되기도 합니다, 난소에서 황체가 일찍 퇴화해 버리면 프로게스테론의 분비가 감소하여 월경주기가 새로 시작되며, 이로 인해 자궁내막과 함께 태아가 떨어져 나와 유산되기도 합니다.

피임

임신의 인위적인 조절 또는 피임(contraception)은 정자와 난자의 정상적인 만남(수정)을 막는 것입니다. 크게는 수정란이 형성되는 것을 방해하거나, 형성된 수정란이 자궁내막에 착상되는 것을 억제하는 두 가지 방법이 있습니다. 만약 수정과 착상이 상당히 진행된 상태에서 아기가 더 이상 자라는 것을 정지시킨다면, 이는 피임을 넘어 임신중절(인공유산, abortion)에 해당합니다. 안전한 피임을 위해 그동안 많은 연구가 진행되었고, 상대적으로 효과적인 방법들이 많이 개발되어 있습니다. 앞서 소개했던 경구피임약도 이 중 하나로서 호르몬 원리에 기초한 피임법 중 하나입니다. 피임 방법들은 정해진 지침에 따라 사용하면 매우 효과적이지만, 몇 가지 부작용 또한 보고된 바 있습니다. 따라서 여러가지 방법 중 본인에게 가장 적합한 것을 찾는 것이 중요합니다.

1) 금욕적 피임

부부간에 성관계를 아예 멈추거나 배란일을 정확하게 예측하여 그 기간 중 관계를 자제하는 방법입니다. 이런 금욕적 피임이 온전하게 성공한다면 원하지 않는 임신을 예방하는 데 100% 효과를 볼 수 있지만, 실제로는 어려운 피임 방법입니다. 이와 비슷한 방식은 사정 직전 여성의 질로부터 음경을 제거하는 것입니다. 이 또한 인내와 의지가 필요하기 때문에 신뢰하기 어려우며, 간혹 사정 전 분비물에 정자가 새어 나오기도 합니다. 출산 후에 모유 수유를 하면 월경이 늦게 재개될 수도 있는데, 그렇다고 해서 지나치게 이에 의존하여 출산 후 6개월 이상 금욕적 피임을 시도하는 것은 바람직하지 않습니다.

2) 정자의 차단

남성용 콘돔을 사용하여 정자가 난자에 접근하는 것을 차단하는 방법입니다. 과거에는 동물의 피부나 점막을 활용해서 만들었지만, 지금은 라텍스나 고무처럼 부드러운 재질의 재료를 사용해 만듭니다. 콘돔을 사용하는 방식은 발기한 음경 위에 씌우는 것입니다. 사정이 일어나면, 정액이 콘돔 끝 부분에 모이기 때문에 여성의 질속으로는 방출되지 않는 방식입니다. 콘돔은 캡(cap) 부분이 있어서 이 부분의 공기를 제거한 다음 씌어야 터지거나 찢어지지 않습니다. 콘돔은 성병으로부터 보호도 해주기 때문에 피임도구로서 매우 적당합니다. 간혹 콘돔과 함께 정자를 죽이는 살정제를 사용하기도 하는데, 그럴 경우 피임 효과는 훨씬 높아집니다. 살정제는 일종의 크림 같은 제재입니다. 살정제 단독으로는 피임 효과가 80% 정도이지만, 콘돔이나 피임 도구들과 함께 사용될 때에는 95~99%의 효과를 나타냅니다.

여성용 콘돔도 비슷한 원리입니다. 흔히 질 콘돔이라고도 부르는데, 성관계 전 여성 질에 착용하는 방식의 콘돔입니다. 여성용 콘돔은 남성용 콘돔보다 효과가 조금 떨어지지만, 보통 살정제를 함께 사용하기 때문에 결과적으로 비슷한 피임 효과를 얻을 수 있습니다. 이외에도 질 스펀지, 질 좌약, 자궁경부 캡 등 여성용 피임 장치가 많이 개발되어 있습니다. 라텍스 재질로 된 자궁경부 캡은 자궁경부에 설치해서 질내로 방출된 정자가 자궁경관을 통과하지 못하도록 해줍니다.

3) 자궁내장치

자궁 안쪽에 설치하는 피임장치로, 자궁경부를 통해서 삽입합니다. 보통 IUD (Intrauterine Device)라고 약자로 표시합니다. 널리 사용되는 장치로는 파라가드(ParaGard)와 미레나(Mirena)의 두 종류가 있습니다. 파라가드는 한번 설치하면 10년 정도 유지되지만, 미레나는 수명이 5년 정도입니다. 수명에 상관없이 이 두 장치의 원리는 모두 자궁경부의 점액을 두껍게 해서 정자가 자궁 내로 들어가는 길을 막는 것입니다. 자궁내장치는 피임 효과가 매우 높아서 99% 이상으로 보고되어 있습니다.

4) 호르몬적 방법

대표적인 것은 합성 에스트로겐과 프로게스테론을 합친 경구피임약(oral contraceptive)입니다. 피임 효과가 매우 높아서 99% 이상으로 보고되어 있으며, 오랫동안 사용되어져 왔기에 부작용이 낮다는 것이 장점입니다. 피임 효과와 부작용만 놓고 본다면, 현재 알려진 방법 중 가장 효과적인 피임법이라고 할 수 있습니다. 경구피임약은 음성제어 피드백(negative feedback)을 통해 뇌하수체 전엽에서 방출되는 LH와 FSH의 양을 감소시키는 원리에서 비롯된 것입니다. 경구피임약은 날짜에 맞추어 매일 복용하게 되어 있는데, 생리주기가 28일인 여성이라면 30일이라는 복용 날짜를 맞추기 위해서 일부러 위약을 섞기도 합니다.

비슷한 원리를 이용한 피임 패치와 질피임고리도 있습니다. 모두 합성 에스트로겐과 프로게스테론을 함유한 장치로서, 사용이 간편하다는 장점 때문에 점차 사용 빈도가 늘고 있습니다. 피임 패치는 엉덩이나 복부쪽 피부에 부착하는 것으로 피임 효과가 99% 이상으로 대단히 높습니다. 질피임고리는 질내에 삽입하면 호르몬이 방출되는 방식입니다.

프로게스테론과 유사한 메드록시프로게스테론 아세테이드(medroxyprogesterone acetate)를 근육 주사하는 방법도 있습니다. 주입된 호르몬은 한 달 정도 체내에 머무르면서 피임 효과를 나타냅니다.

5) 사후피임약

대표적인 사후피임약은 RU486 또는 미페프리스톤이라 불리는 약물입니다. 이는 프로게스테론 수용체에 대신 달라 붙어서 프로게스테론의 안정화 작용을 차단시키는 원리에 근거한 약물입니다. 즉, 마치 월경이 시작된 것처럼 자궁 내막이 떨어져 나오게 함으로써, 착상 가능성을 낮춰주거나 아예 임신을 종료시키는 원리입니다. 성관계 후 3일 이내에 2번에 걸쳐 복용하도록 권장됩니다. 사후피임약은 국가에 따라서 의사의 처방전이 요구될 수도 있으며, 그 효과와 부작용에 대해서도 의견이 일치하지 않기 때문에 사용상 주의를 요구합니다.

6) 수술적 방법

남성에게서는 정관절제술이 대표적으로 시행됩니다. 영구불임 시술 방법으로서, 정액은 방출시키지만 그 안에 정자가 포함되지 않도록 제어하는 방식입니다. 시술이 간단해서 숙련된 의사의 경우 간단한 마취와 함께 한 시간도 채 걸리지 않는 시술입니다. 구체적으로는 양쪽 고환에서 유래된 정관을 절단하고 음낭 내에서 묶어주는 것입니다. 정액은 주로 전립선에서 만들어지기 때문에 정관절제술을 시행해도 사정되는 전체 정액의 양은 영향을 받지 않습니다. 물론 성과 관련된 감정이나 행위 역시 영향을 받지 않습니다. 고환에서 만들어진, 그러나 사정되지 못한 정자들은 부고환에서 재흡수됩니다.

여성에게서 시행되는 수술적 방법은 난관결찰입니다. 난관을 묶은 뒤에 자르거나 고정시켜 주는 방식입니다. 난관을 막아서 정자가 난자를 만나지 못하도록 경로 차단하는 것입니다. 시술은 복강경을 사용해 복부에 작은 구멍을 낸 다음 그 구멍을 통해 필요한 기구들을 삽입한 다음, 미세하게 수술하는 방식입니다.

배아 은행

2~8주의 배아를 미혼녀나 불임부부, 동성애자들에게 분양 판매하고 착상 시술하는 사설 배아은행이 탄생했습니다. 미국 텍사스 주에서 문을 열어 사회적 관심을 끌고 있는 이 회사의 이름은 "에이브러햄 생명센터"입니다.

문제는 정보의 상업화입니다. 이렇게 만들어진 배아를 사려는 사람은 난자와 정자를 제공한 사람의 이력도 제공받는데, 그 이력에는 범죄 사실과 학력, 외모, 현재의 건강 상태까지 모든 생물학적 정보가 포함됩니다. 이 회사는 또한 기증자들의 조건을 제한하고 있어 학력은 대졸 이상이어야 하고, 나이도 20대로 제한하며 박사 학위자를 선호하기에 새로운 우생학적 차별까지 불러 일으키고 있습니다. 심지어는 기증자들의 어린 시절 사진과 함께 현재 모습까지도 확인한 다음 분양을 받을 수 있게 만들었기에 사람의 생명을 상품화했다는 비난을 피해갈 수 없습니다.

이 회사는 기증받은 정자와 난자를 시험관에서 수정시켜 배아로 발생시킨 후에 판매하거나 불임부부를 위한 임신 시술을 해주고 있습니다. 준비된 배아는 여성 의뢰인에게 직접 착상할 수도 있고, 아니면 대리모에게 임신시킬 수도 있습니다. 배아의 가격은 약 250만 원 정도이고, 자궁에 착상까지 보장하는 경우에는 비용이 950만원을 호가합니다.

당연하게도, 발생생물학자들은 생명을 상품화시키는 잘못된 기술 남용 사례가 나타나기 시작했다고 우려를 표하고 있습니다. 그러나 앞으로는 이보다 더한 사례들이 얼마든지 나타날 수 있습니다. 사회적 제도와 윤리가 기술을 앞질러 갈 수 있도록 박차를 가해야 할 것입니다.

생각해봅시다

1. 여성생식기 내에서 정자와 난자가 서로 어떻게 만나는지 말하시오.

2. 여성과 남성을 구별짓는 유전자 차원에서의 원리를 설명하시오.

3. 배란일을 측정할 수 있는 다양한 방법들을 조사해보시오.

4. 아기의 발생과정을 월별로 상세하게 정리하시오.

5. 다양한 피임 방법들을 조사하여 설명하시오.

CHAPTER 06

MARRIAGE, SEX & INHERITANCE

아기에게 해로운 물질

학|습|목|표

이번 장에서는 수정을 거쳐 임신되는 과정과 아기의 월별 발생 과정을 살펴보기로 합니다. 아울러 냉동 수정란, 임신 테스트, 아기의 성 결정, 배란일 측정 등에 대해 정리합니다. 그럼으로써, 임신 전반에 대한 이해를 도모하고 여성의 역할을 보다 근본적으로 이해하기 위한 기초적 과학 지식을 제공합니다.

임신은 대단히 정교한 과정이라서 마치 오케스트라 연주와도 같습니다. 10개월이라는 전체 악보 중 어느 한 소절이라도 잘못되어서는 안 되기 때문입니다. 이렇게 긴 과정이기에 주의가 필요합니다. 아기가 건강하고 예쁜 모습으로 태어나려면 주변 환경이 건강해야 됩니다. 간단하게나마 아기에게 해로운 요인들을 몇 가지만 살펴보겠습니다.

1. 산모의 영양실조를 들 수 있습니다. 산모가 영양실조라니까 이해가 잘 안 될 수도 있습니다. 일반적으로 임신을 하면 많이 먹으니까요. 그러나 영양실조는 두 가지 원인에서 올 수 있습니다. 첫째는 입덧이 너무 심한 경우입니다. 이 경우에는 전혀 먹을 수가 없습니다. 어떤 사람은 거의 임신기간 내내 병원에서 링겔만 맞기도 합니다. 따라서 입덧이 길어지면 영양실조가 오고, 칼슘 등 뼈의 필수 영양소가 부족해질 수밖에 없습니다. 인위적인 영양실조도 문제입니다. 어머니가 일부러 다이어트를 하는 겁니다. 최근에 사회 문제화 되는 것이 바로 이것입니다. 여성들의 대외 활동이 늘어나면서 그만큼 신체 건강에 신경을 쓰게 되고 심지어는 임산부들도 몸매 유지를 위해 다이어트에 들어가는 것입니다. 엄마는 자율적으로 다이어트 프로그램에 들어가지만, 아기는 원하지 않는 다이어트를 할 수 밖에 없는 셈입니다. 그러다 보니 필요한 때에 공급되어야 할 단백질이 부족해 아기의 성장이 저해되는 불행한 결과가 올 수 있습니다.

2. 산모의 흡연도 문제입니다. 흡연은 니코틴에 의해서 혈관을 수축시킵니다. 혈관이 수

축되면, 혈액의 통로가 좁아지고 그 만큼 태반을 통해 전달되는 영양분이 부족해집니다. 어머니는 충분한 영양분을 섭취하고 있을지언정 태반의 혈관들이 좁아졌기 때문에 아기는 영양실조가 되는 겁니다.

❸ 각종 약물도 문제입니다. 대표적인 약물로는 알코올과 마약이 있습니다. 알코올은 한국적 정서로 보면 약물이 아닐 수도 있지만, 아기에게는 분명 엄청난 악영향을 미치는 요인입니다. 임산부가 상습적으로 술을 마시게 되면 아기는 선천성알코올증후군(fetal alcohol syndrome)에 걸리게 됩니다. 결과는 얼굴이 기형적으로 변하거나 정신박약 등 무시무시한 결과를 초래할 수 있습니다. 또 다른 약물은 마약입니다. 요즘 우리 사회에 마약이 만연되고 있습니다. 심지어는 주부들까지도 마약에 손을 대고 있다는 뉴스가 보도되고 있습니다. 마약은 중독성이 강하기에 더욱 심각합니다. 이렇게 중독성이 있는 약물들은 주로 자궁으로의 혈액 순환을 억제하여 태아가 제대로 성장할 수 없게 영양공급을 막습니다.

❹ 식습관도 중요합니다. 가능한 영양분이 골고루 들어있는 채식을 권합니다. 지나치게 육식 위주의 편식을 한다든지 하면 영양소가 편중될 수 있습니다. 음식물에 들어 있는 환경호르몬 역시 가능한 피해야 할 요소입니다.

❺ 아기가 자궁 내에서 움직이다가 탯줄이 목을 감는 수가 있습니다. 이것은 해로운 물질이라기보다 해로운 상황이 되겠지요. 그렇게 되면 아기가 숨을 쉴 수 없는데, 생각보다 발생 빈도가 높은 사고입니다. 어제까지만 하더라도 발차기를 하면서 아주 활발하던 아이가 갑자기 태동이 없다면 얼른 병원에 가야 합니다. 그래서 아기를 정상적인 위치로 되돌려야 합니다.

❻ 유전적 문제도 당연히 피할 수 없는 결과를 초래합니다. 양수천자라든가 유전 상담을 통해서 미리 대처를 할 수는 있습니다만, 완벽한 치료법이 아직 없기 때문에 늘 불안한 요인으로 작용합니다. 그럼에도 불구하고, 계속되는 연구의 결과에서 일부 질환은 거의 정상적인 생활이 가능할 정도로 치유할 수 있게 되었습니다.

❼ 산모가 당뇨병에 걸렸을 때도 문제입니다. 생각보다는 종종 있는 상황입니다. 소위 임신 당뇨이지요. 당뇨병은 혈당치가 높고, 심할 경우 소변으로 당분이 빠져 나가는 질병입니다. 우리가 음식을 먹으면 소화가 되어 당으로 변하게 됩니다. 그리고 그 당분

이 혈액을 타고 돌다가 간에 가서 전부 저장이 됩니다. 이렇게 간에서 당을 저장하므로 혈액 속에 남는 당분이 별로 없습니다. 그런데 당뇨병에 걸린 사람들은 이 당분이 간에 저장되지를 못하고서 혈액 속에 남게 됩니다. 당분 중에서도 특히 포도당이 문제입니다. 포도당은 자연스럽게 태반을 통해 아기에게 전달되어 강력한 에너지원으로 사용됩니다. 결국 아기는 포도당을 과다 섭취하여 비만해질 수밖에 없습니다. 제일 큰 문제는 지나치게 커져서 출산이 어렵다는 것입니다. 보통 신생아는 2.7~3.6kg이지만, 어머니가 당뇨인 경우 4.8kg까지도 자랄 수 있습니다. 이런 경우, 임신 중일지라도 적절한 운동으로 당을 조절할 필요가 있습니다.

⑧ 최기형물질이란 기형을 유발하는 물질들을 일컫는 용어입니다. 대표적으로 탈리도마이드(thalidomide)라는 약물이 있었습니다. 제2차 세계대전으로 남자들이 많이 전사하는 바람에 여성들이 산업 현장에서 일을 해야 했던 때를 예로 들겠습니다. 그 당시에는 베이비 붐이 일어나 여성들에게 임신 또한 장려되었습니다. 그러다 보니, 임신한 여성이 일을 하기 위해서는 입덧을 억제해야 하는데, 그때 "입덧 억제재"로서 사용된 약물이 바로 탈리도마이드입니다. 탈리드마이드는 입덧 억제에 특효였습니다. 그러나 몇 년 뒤 이상하게도 신생아의 선천성기형—특히 팔, 다리가 없거나 손가락이 문드러지는 현상이 두드러짐—이 증가하는 것을 지켜본 의사들이 조사한 결과, 원인이 탈리도마이드에 있다는 것을 알아내었습니다. 탈리도마이드는 곧 금지약물로 결정되었고, 지금은 더 이상 처방되지 않습니다. 다만, 최근에 이 약물이 치매에 효과를 보인다는 연구가 있어 일부 노인 환자에게 처방되기도 하지만, 입덧 억제재로는 더 이상 사용되지 않는 약물입니다.

⑨ 항암제도 아기에게 해로운 물질입니다. 암은 계속해서 자라나는 세포덩어리입니다. 그렇기 때문에 만약 어머니가 임신 중 암에 걸린 사실을 발견하였다면 어쩔 수 없이 항암제를 처방해야 합니다. 어머니의 암세포를 억제해야 하니까요. 그런데 태아 역시 활발하게 자라나는 세포입니다. 세포분열도 왕성하게 일어나고요. 따라서 항암제를 사용하면 아기도 그 만큼 성장이 억제될 수밖에 없습니다. 이럴 경우, 참 결정하기가 어려운 상황에 놓이게 됩니다. 그래서 항암제를 꼭 투여해야 할 경우 의사와 적절한 상의를 거쳐야만 할 것입니다.

⑩ 방사선도 마찬가지입니다. 보통 환경에서는 방사선에 그렇게 노출될 일이 많지 않습

니다만, 임신한 상태에서 예외적으로 비행기 여행을 많이 한다면 우주 방사선에 노출될 확률이 굉장히 높습니다. 그리고 우주 방사선 역시 태아에게 해롭기는 마찬가지입니다. 어떠한 형태의 방사선이든 간에 방사선은 세포분열이 왕성한 세포일수록 더 영향을 미칩니다. 따라서 임신 상태에서 방사선에 노출되는 것은 가능한 피해야 할 것입니다. 어머니의 직업이 방사선과 밀접한 경우도 있습니다. 예를 들어, 연구소나 실험실에 근무하면서 일의 특성상 늘 방사선을 접촉하고 만져야 되는 경우가 있습니다. 이런 경우라도 일단 임신 중에는 방사선을 접촉하지 않는 것이 중요합니다. 꼭 필요하다면, 반드시 임신 부위를 납으로 만든 띠 같은 차단막으로 보호해 주어야 합니다. 그리고 검사용 배지를 늘 착용하여 기준치를 초과하는 방사선에 노출되지 않도록 조심해야 되겠습니다.

⑪ 미생물 역시 조심해야 할 대상입니다. 특히 풍진, 수두 등의 병원균은 굉장히 위험합니다. 이런 병에 걸리게 되면 태어난 아기가 눈이나 오감 쪽에 신경 마비가 될 가능성이 높습니다. 성병 또한 조심해야 할 질병입니다. 매독균은 나선 형태를 하고 있는데, 운동성이 굉장히 강합니다. 그래서 자라나는 아기의 눈, 코, 입 등 각종 기관을 직접 파괴시킬 수 있습니다.

⑫ 어떤 사람들은 후천성면역결핍증(aquired immune deficiency syndrome), 즉 에이즈(AIDS)가 유전질환이라고 말합니다만, 에이즈는 절대로 유전병이 아닙니다. 유전질환이란 부모로부터 다음 세대로 전달되든가 전달되지 않더라도 암처럼 유전자의 변이 때문에 생기는 질병입니다. 에이즈는 전달되지도 않고 유전자를 변화시키지도 않습니다. 단순히 HIV 바이러스가 우리 몸에 침투해서 면역성을 떨어뜨리는 감염성 질병일 뿐입니다. HIV 바이러스는 백혈구에 감염되어 일정기간 잠복해 있다가 갑자기 터뜨리면서 나오게 됩니다. 백혈구는 면역세포이므로, 이들이 터져 버리면 후천성면역결핍이 되고 마는 것입니다. 에이즈가 유전이라고 착각하는 이유는 어머니의 혈액이 태반을 통해 아기에게 감염될 수 있다고 생각하기 때문입니다. 그러나 태반의 구조를 이해한다면, 전혀 그렇지 않다는 것을 알 수 있습니다. 어머니와 아기 사이에 영양분은 태반을 통해 교환되지만, 직접적인 혈액 접촉은 없기 때문입니다. 다만, 출산때 아기 피부에 상처라도 생기면, 이를 통해 감염될 가능성은 있습니다.

⑬ 안전하다고는 생각되지만, 아직 확실하게 판정되지 않아 주의를 요하는 것들도 있습

니다. 그중의 하나가 유전자변형식품입니다. 보통 GMO(genetically modified object)라고 불리는 식품들입니다. 최근에 유전공학 기술이 발달하면서 병충해에 강하거나 더 큰 과일들을 만드는 것이 가능해졌고, 맛이나 영양도 더 풍부하게 되었습니다. 특히, 인체에 좋은 약용 성분을 포함한 채소나 과일을 만들기 위한 노력들이 세계 각처에서 진행 중입니다. 유전자 변형의 목적은 항상 크고 강해서 더 많은 수확을 내거나 냉해와 서리에 더 강한 작물을 만들어내는 것이 목적입니다. 물론 우리 건강에 영향을 미치지만 않는다면, 어느 누구도 같은 값에 또는 더 싼값에 더 크고 맛있는 야채와 과일을 마다하지 않을 것입니다. 이렇듯 유전자변형은 미래 식품산업에 커다란 희망을 주는 새로운 기술입니다. 다만, 유전자는 몇 세대에 걸쳐 전해지기 때문에 혹시나 있을지도 모르는 부작용에 대한 신중한 검토한 필요한 수준입니다. 문제는 유전자변형식품의 안전성 검사가 완전히 이루어지기까지 우리가 기다릴 수 없다는 점입니다. 왜냐하면, 전 세계적으로 인류는 급증하는데, 식량은 상대적으로 부족해지기만 하기 때문입니다. 게다가 환경오염 때문에 안전한 유기농산물도 점점 줄어들고 있습니다. 이럴 때에 더 강하고 큰 개량 품종의 유전자 식품을 약간의 위험성이 있더라도 먹을 것인지, 아니면 그 위험성 때문에 언제까지나 피하기만 할 것인지 결정할 때가 되었다는 것입니다. 이런 문제들은 정부 차원에서 수입 여부를 결정해야 하기도 하지만, 개인적으로도 구매를 하느냐 마느냐 결정해야 할 문제입니다. 현실을 보면 이미 우리 식탁에는 일부 유전자 식품들이 오르고 있습니다. 그리고 아직은 우려는 되지만 보고된 직접적인 피해가 없습니다. 물론 태아에게 유전자변형식품이 부정적 영향을 끼친 사례도 아직은 없습니다. 단순히 먹느냐 마느냐를 결정하는 것보다도 보다 근본적인 차원에서 유전자변형식품의 안전문제를 과학적으로 접근할 필요가 있습니다.

⑭ 환경호르몬도 마찬가지입니다. 많은 양의 환경호르몬은 주로 팔과 다리에 기형을 일으킵니다. 사진은 발생 중인 병아리에 환경호르몬인 비스페놀 A를 처리한 결과를 보여주는 것입니다. 앞날개가 변형되고, 눈도 제대로 발달되지 못했습니다. 사진에는 없지만 다른 연구에 의하면 부리도 갈라져 버립니다. 이 실험은 간단하지만, 혹시나 임산부가 비슷한 상황에 노출되면 안 되겠다는 경고를 우리에게 주는 것입니다. 심지어는 이미 태어난 아기들과 성인도 환경호르몬에 노출되지 않게 주의를 요합니다.
물론 일상생활에서 이 실험처럼 많은 양의 환경호르몬을 섭취하거나 노출될 확률은

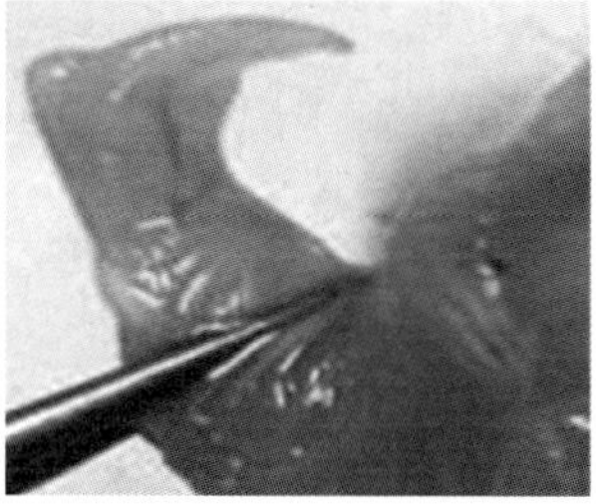

환경호르몬 피해(날개)

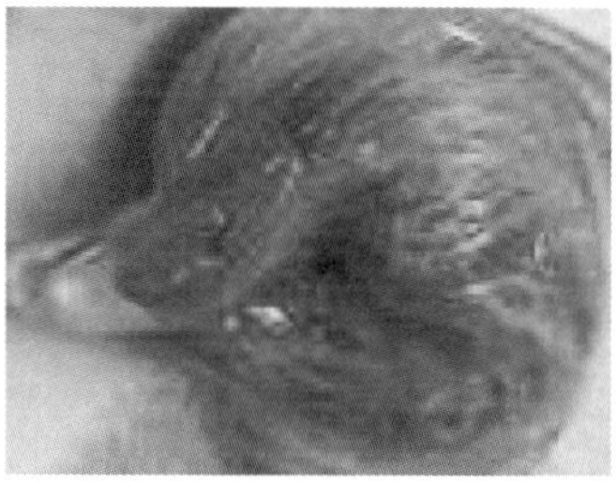

환경호르몬 피해(눈)

거의 없습니다만, 적은 양의 환경호르몬을 섭취했을 때에도 과연 안전한지는 논란의 대상입니다. 대표적인 것이 앞서 말한 플라스틱 용기를 통해 섭취되는 비스페놀 A와 쓰레기 소각장에서 유래되는 다이옥신인데, 어떤 사람의 경우는 평생 노출되어도 괜찮은 반면에 어떤 경우에는 즉각 암이나 생식 불능 등 심각한 영향을 받을 수 있습니다. 어떤 때에는 다음 세대에 가서야 비로서 심각성이 나타나는 경우도 있기 때문에 그 만큼 조심스럽고 민감한 사안입니다. 환경호르몬은 인류가 편의를 위해 개발한 각종 화합물 때문에 생겨난 물질입니다. 비교적 최근에 개발된 것들이다 보니, 아직 이에 대한 안전성 검사를 누구도 정확하게 해 낼 수가 없습니다. 몇 세대를 두고 검사해야 하기에 아직은 전체적으로 연구 기간이 너무 짧았습니다. 이럴수록 중요한 것은 개인의 철저한 위생 관념과 함께 기초 과학지식을 습득하는 일입니다.

자라나는 아기, 즉 태아는 활발히 세포분열을 하고 있기에 상기한 것 외에도 여러 해로운 물질들의 공격을 받기 쉽습니다. 물질대사 활동이 활발할수록 최기형물질의 공격대상이 되기 때문입니다. 그러나 해로운 물질들에 잠시 노출되었더라도 현대 의학과 과학은 또한 이에 대비하기 위한 여러 장치를 고안해 놓고 있습니다. 항상 전문가와 상담하는 자세가 필요합니다.

엄마의 건강은 아기를 위한 선물

임신 기간 중에는 몸이 무거워집니다. 평소에 운동을 좋아하던 사람도 이 기간 중에는 활동량이 줄어들 수밖에 없습니다. 게다가 입덧이라도 할라치면 일상생활조차 힘이 들게 마련입니다.

그럼에도 불구하고, 임신부 사이에 다이어트 열풍이 불고 있습니다. 출산 후 몸매를 관리하기 위해 아예 일찌감치 식사량을 조절하는 것입니다. 그러나 이것은 절대로 바람직하지 않습니다. 엄마가 다이어트를 하면 엄마로부터 모든 영양분을 제공받는 아기는 거의 굶어죽기 직전에 들어가게 됩니다. 게다가 태아까지 몸매 관리 프로그램에 동참할 이유가 없습니다. 태아는 그 반대로 빨리 체중과 신장이 불어나야 건강하게 태어날 수 있습니다.

아무리 귀찮고 힘들더라도 음식 다이어트 대신에 운동으로 서서히 몸매를 준비하는 것은 어떨까요? 여기에 운동 원칙이 있습니다. 첫째, 운동량은 자신의 체력과 환경에 따라 조절되어야 합니다. 예를 들어, 평소에 훈련되지 않은 임신부가 갑자기 매일 아침 10km 조깅을 시작한다면 이것은 무리입니다. 체중을 이기지 못해서 관절과 무릎의 인대랑 근육이 파열될 수도 있습니다. 둘째, 추운 날 아침의 운동도 피하는 것이 좋습니다. 우리 몸은 기계와 같아서 어느 정도 예열이 필요하기 때문입니다. 서서히 준비운동부터 시작해 전체 1시간 이내로 운동을 끝내는 것이 좋습니다. 셋째, 임신 당뇨가 있는 분들은 무리한 운동을 절대 피해야 합니다. 임신부의 경우는 면역력이 떨어져 있기 때문에 조그마한 날씨 변화에도 쉽게 감기에 걸립니다.

아무리 귀찮고 움직이기 싫더라도 엄마의 건강이 곧 우리 귀여운 아가를 위한 엄마의 선물이라 생각하면서 꾸준한 운동으로 약해지기 쉬운 면역력을 강화시켜 나갑시다.

생각해봅시다

1. 산모의 영양실조가 태아에게 어떤 영향을 미치는지 설명하시오.

2. 산모의 흡연이 태아에게 어떤 영향을 미치는지 구체적으로 조사해보시오.

3. 미생물과 세균이 임신 중 태아에게 어떤 영향을 미치는지 사례들을 조사하시오.

4. 환경호르몬이 임신에 어떤 구체적 영향을 미치는지 조사하시오.

5. 선천성알코올증후군의 증상을 설명하시오.

CHAPTER 07

흡 연

학 | 습 | 목 | 표

흡연의 폐해는 이미 잘 알려져 있습니다. 특히, 임신 중 흡연은 혈액 순환을 억제해 아기에게 전해지는 영양 공급을 막아 줍니다. 담배의 기원과 성분, 그 속에 들어있는 해로운 물질과 건강에 미치는 영향을 살펴보고 금연을 위한 지침을 함께 논의해 봅니다.

담배의 유래

현대 사회의 개방적 특성으로 인해 여성 흡연자가 늘어가는 추세입니다. 더욱이 그 연령층도 점차 낮아지고 있습니다. 그러나 가임기간에 있는 여성의 흡연은 그 폐해가 더욱 심각하기에 여러 측면에서 주의를 요합니다. 건강한 아이의 출산 문제가 직접 관련되어 있기 때문에 더욱 그렇습니다.

우선 담배의 유래부터 살펴보겠습니다. 담배는 그 종류 또한 워낙 다양합니다. 어떤 담배나무는 키가 크고, 어떤 담배나무는 키가 작지만 잎이 넓적하기도 합니다. 담배는 남미 지역, 아르헨티나, 페루, 볼리비아 등이 원산지인데, 우리나라에서 지금 재배되는 것들 또한 주로 이 지역에서 전해진 것입니다. 우리나라에는 조선시대 전후에 중국과 일본을 거쳐 도입된 것으로 추정합니다.

담배는 콜럼버스가 아메리카 신대륙을 발견했을 때 인디언들이 피고 있는 것을 보고 배웠다고 합니다. 담배에 대한 기록은 심지어 기원전 7세기 벽화에도 남아 있습니다. 담배는 인디언들이 하늘에 감사하기 위해 연기를 날리는 전통의식에서 출발하였다고 합니다. 처음에는 마을과 부족 단위로 제물을 태워 연기를 올렸지만, 점차 각 개인의 감사 표시가 중요해지면서 시작된 것이 담배라고 전해집니다. 앞서 이야기한 것처럼, 우리나라에는 1608~1816년경 일본과 중국을 통해 담배가 들어 왔다고 추정됩니다.

옛기록에 의하면, 남자들이 담배를 주로 피운다는 뜻에서 남초, 심심할 때 피운다는 뜻에서 심심초 또는 담박초 등등의 이름으로 불러 왔습니다. 처음에는 신분이 높은 사람들이 주로 피웠기 때문에 남녀노소와 신분을 구별하는 방법으로도 이용되었습니다. 신분고하와 남녀노소를 구별하는 오랜 습관 때문에 우리나라만의 특이한 현상도 생겨났습니다. 중·고등학교까지만 하더라도 담배를 피우지 않다가도 대학생이 되면 갑작스럽게 어른이 되었다는 표시로 담배를 시작한다든가, 심지어는 중·고등학생들도 나이가 좀 들어 보이기 위해서 담배를 피우는 부작용이 그런 것들입니다. 심지어 여성 흡연율이 13%에 달한다고 하는데, 이것은 우리보다 훨씬 개방된 서구 국가들에 비해서도 높은 비율이 아닐 수가 없습니다.

담배의 성분들

담배에 함유된 성분들을 조금 세밀하게 살펴봅니다. 우선 니코틴인데, 이것이 바로 중독물질입니다. 니코틴 때문에 30~40분 간격으로 담배에 대한 욕구가 재발되는 것입니다. 니코틴은 맥박과 혈압을 상승시키고, 콜레스테롤을 증가시켜서 동맥경화증과 위궤양의 직접적인 원인이 됩니다.

일산화탄소는 원래 연탄가스의 주성분입니다. 헤모글로빈은 우리 몸 구석구석에 산소를 운반해 주는 단백질인데, 만일 일산화탄소가 있으면 산소보다 오히려 일산화탄소와 결합해 버립니다. 그러다 보니 저산소증을 유발하게 되고, 이 때문에 의식불명과 함께 심하면 뇌가 죽어버리는 겁니다. 옛날에 연탄을 많이 때울 때는 연탄중독, 즉 일산화탄소 때문에 사망하는 경우가 많았다는 것을 기억하실 겁니다. 임신 중이라면 태반 순환이 억제되어 태아에게 저산소증을 유발하므로, 임산부의 흡연이 자라나는 아이의 뇌에 어떤 영향을 미칠지 굳이 이야기할 필요가 없을 겁니다.

그 외에도 다이옥신과 타르 같은 물질들이 들어 있습니다. 다이옥신은 환경호르몬이고, 타르는 강력한 발암물질입니다.

사진은 폐암과 간암, 유방암, 자궁암을 보여주고 있습니다. 이렇듯 흡연은 모든 장기와 조직에 영향을 미칠 뿐만 아니라 태아에게 심각한 영향을 미칩니다. 특히 임산부의 흡연은 유산과 기형아 출산의 직접적인 원인이 될 수 있습니다. 임산부 흡연의 결과로 저체중아, 저지능아, 조숙아, 심장 이상, 호흡기 이상, 아토피성 습진 등이 여러 차례 보고되기도 하였습니다.

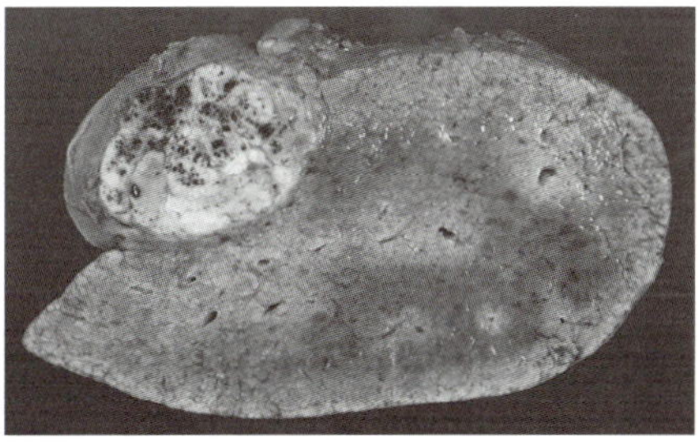

간암

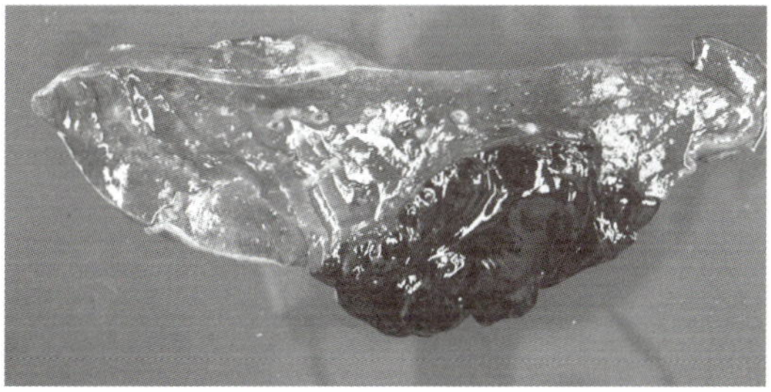

폐암

유방암

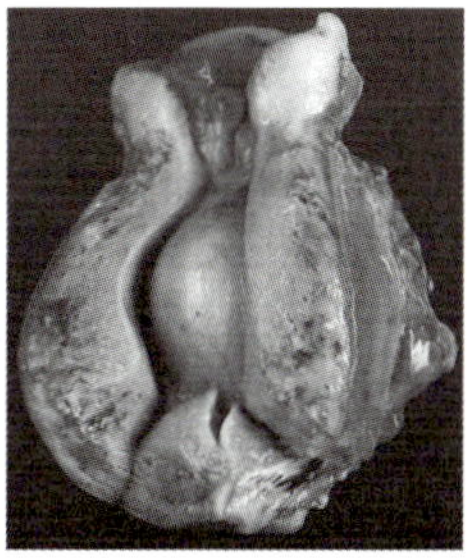

자궁암

담배의 폐해

❶ 담배가 인체에 미치는 폐해는 너무나도 많습니다. 담배 속에 들어있는 성분도 니코틴, 일산화탄소, 나프탈린 등 대부분 유해 화학 성분들입니다. 이런 것들은 방부제에 들어 있는 성분들입니다. 이런 성분들은 대부분 혈관을 수축시키고 혈류를 막아 버립니다. 그럼으로써 혈전이 증가하면서 점차 혈관이 좁아지다가 결국은 막혀 버리게 됩니다. 결과적으로, 고혈압, 뇌졸중, 심장마비 등의 원인이 됩니다.

❷ 담배는 약간 혼미한 상태에서 황홀함을 느낄 수 있게 해 줍니다. 혈관을 수축시켜 혈액 순환에 장애를 주기 때문입니다. 혈액 순환의 장애는 무엇보다도 뇌에 영향을 줍니다. 그럼으로써 혼미한 상태를 일으키는 것이지요. 그래서 담배가 최음제로써 또는 만병통치약으로써 사용된 적도 있습니다. 이것은 담배 속에 들어있는 일산화탄소의 영향 때문이기도 합니다.

❸ 담배를 피우면 담배 냄새 이외에 다른 냄새는 다 없어지기 때문에 구치제로서도 사용되었다고 합니다. 그러나 실제로는 구강에서 심한 악취를 풍기게 만듭니다. 심지어 어떤 사람은 이렇게 이야기하기도 합니다. "담배 피우는 사람과 키스하는 것은 담배재를 잔뜩 떨어트린 재떨이를 핥는 것과 같다"라고 말입니다.

❹ 폐암은 담배의 폐해 중 가장 심각한 것입니다. 물론 아무리 담배를 많이 피워도 폐암에 걸리지 않는 사람이 있기 때문에 인과 관계를 분명히 하는건 어렵지만, 담배가 폐암에 걸릴 확률을 15~20배 이상 높이는 것은 확실합니다.

❺ 담배는 위산 과다를 유발하고, 비타민 C를 감소시켜 면역성을 약화시킵니다. 혈관이 좁아지면서 저산소증을 초래하고, 위궤양, 십이지궤양, 노화, 방광암의 원인이 되기도 합니다. 성기능 장애와 선천성 기형을 유발할 수 있고 간접 흡연 역시 거의 같은 수준으로 위험합니다.

❻ 흡연으로 인해서 시력장애도 올 수 있습니다. 담배에 들어 있는 방사선 물질들은 폐기종을 유발할 수 있습니다. 기억력도 감퇴되고, 몸이 쉬 피곤하며 빠르게 노화를 촉진시킵니다. 미각과 후각이 둔화되고, 남성의 경우에는 발기부전도 올 수 있습니다. 잇몸이 모두 썩고, 치주병과 무좀이 올 수 있습니다. 이런 것들은 면역성의 저하와 직접적으로 연관되어 있습니다.

그럼에도 불구하고, 니코틴은 중독성이 강해서 일단 빠지게 되면 쉽게 헤어나기가 쉽지 않습니다. 이처럼 담배는 비뇨기로부터 혈관과 소화기까지, 그리고 암, 노화, 성기능, 선천성 기형, 면역 약화까지 단 한군데에도 좋은 영향을 주는 것이 전혀 없습니다. 다만, 담배를 피움으로써 정신적으로 조금 위로를 받거나 조금 편안해진다는 일시적인 완화 효과만이 있을 뿐입니다.

금연을 위한 사회적 노력

이제는 사회 각 단체들이 흡연의 폐해를 홍보하였기에 점차 담배피우는 사람들이 설 자리를 잃고 있습니다. 우리나라에서도 싱가포르나 대만처럼, 담배갑에 암에 걸린 사진, 이빨이 다 썩어 문드러진 사진 등 무서운 사진들을 인쇄해 놓았습니다. 굉장한 경각심을 불러일으켜서 금연을 유도하려는 목적입니다.

"담배에 실린 경고"

임신부의 흡연 포스터

앞으로는 흡연을 보다 넓은 의미에서 사회적 문제화하고 경각심을 높여서 젊은 청소년과 임산부들이 흡연의 폐해에 대해 올바른 인식을 가질 수 있게 해 주어야 할 것입니다. 산부인과에서 가끔 볼 수 있는 포스터가 있습니다. 젊은 임신부가 담배를 피우는 사진인데, 머리 위에는 담배 연기가 자욱한 포스터입니다. 그리고 거기에는 "당신의 사랑하는 아기와의 첫 만남을 뽀얀 구름 속에서 하고 싶으십니까?"라는 문구가 인쇄되어 있습니다.

멘톨과 금연

담배를 끊지 못하는 이유들 중에는 잘못된 정보도 한 몫을 합니다. 그중의 하나가 멘톨이 섞여 있는 담배를 선택하는 겁니다. 끊지는 않고 대신 니코틴 섭취만을 줄여보려는 의도입니다. 그런데 멘톨은 오히려 니코틴 의존도를 높혀 준다는 사실을 알 필요가 있습니다. 멘톨은 결코 담배를 끊는 데 도움이 되질 않습니다.

또 다른 이유는 살이 찔까 봐 금연을 하기 어렵다는 것입니다. 특히, 여성들은 다이어트를 하고 싶은데, 담배를 피워야 식욕이 떨어져서 다이어트를 할 수 있다는 것입니다. 이것은 일부 가능성이 있는 이야기이기는 합니다. 왜냐하면, 담배는 오감을 마비시켜 미각도 둔하게 만들기 때문입니다. 금연을 하면 미각이 다시 살아나고 당연히 식욕이 돌아옵니다. 그러나 가만히 따지고 보면, 미각만 살아나는 것이 아니라 온몸의 신진대사가 활발해지기 때문에 지방분이 축적되지 않고서 더 빠르게 분해될 수 있다는 것을 염두에 둘 필요가 있습니다. 일부 보고에 의하면, 여성은 니코틴에 대해 더 중독되기 쉬운 유전자를 가지고 있다고도 합니다. 그래서 여성의 흡연은 더 위험하며, 자기뿐만 아니라 다음 세대인 아기의 건강까지도 책임지고 있기에 더 큰 주의를 필요로 합니다.

담배의 유해성은 알고 보면 아무리 강조해도 지나치지 않습니다. 물론 젊은 시절 한 번씩 경험하는 수준이라면 별 문제될 것이 없겠지만, 이것이 지나쳐 중독의 수준으로 가고 있다면 스스로 빨리 헤쳐 나오기를 권합니다. 담배를 끊게 되면 며칠 내로 가래와 기침이 줄어들게 됩니다. 아침에 일어날 때 상쾌하고 식사가 맛있어집니다. 호흡도 편해지면서 가슴 부위에 대한 압박감도 없어지고 혈색도 좋아질 것입니다. 여성의 경우에는 특히 피부가 깨끗해집니다. 냄새도 잘 맡게 되고, 코막힘이 줄어들면서 어깨 결림 현상도 현저히 감소합니다. 담배를 끊기 위해서는 아무런 인내가 필요하지 않습니다. 다만 다시 시작하지 않는 용기가 요구될 뿐입니다. 행복한 결혼과 나의 2세를 위해 확실하게 용기를 발휘하고 싶지 않으십니까?

화학적 거세

57세의 남성이 8세 초등학생을 성폭행하고, 신체마저 훼손시킨 "조두순 사건"은 우리 모두에게 경각심을 일으켜 주었습니다. 이 사건으로 인해 성범죄에 대한 형량이 재논의되었고, 심지어는 범죄인의 DNA를 보관하는 방안이 검토되고 있습니다.

문제는 성폭행범을 형량 기간 동안 묶어놓을 수는 있어도 세상에 다시 나오게 되면 동일한 범죄를 반복한다는 것입니다. 이는 성범죄의 속성상 일종의 중독 증세를 보이기 때문이기도 하지만, 또 한편으로는 자포자기적으로 되풀이하기 때문입니다.

그렇다면, 이를 근본적으로 막는 방법이 없을까요? 한 가지 방법은 범죄자의 성적 욕구를 아예 없애버리는 것입니다. 일종의 호르몬 치료이기도 한데, 보통 화학적 거세라고도 말합니다. 그렇다면, 과연 화학적 거세가 성범죄율을 낮추는 대안이 될 수 있을까요? 물론 더 확실한 방법은 외과적 수술로 남성의 음경이나 고환을 제거하는 방법입니다. 음경을 제거하면 성행위 자체가 불가능해지고, 고환을 제거하면 남성호르몬인 테스토스테론의 레벨이 현저하게 떨어져 생식 기능이 사라지기 때문입니다. 그러나 수술적 처방은 일상 생활에도 영향을 줄 수가 있기 때문에 대안으로 등장한 것이 바로 화학적 거세입니다. 실제로, 캐나다에서는 아동 성폭행범에게 데포 프로베라(Depo Provera)와 사이프로테론 아세테이트(cyproterone acetate)라는 여성 호르몬 복합물을 처방합니다.

문제는 화학적 거세로 성폭력 범죄율을 다소 낮출 수 있을지라도 이에 멈추지 않고 다른 쪽으로 범죄 심리가 발산될 수 있다는 것입니다. 화학적 거세를 통해 성욕은 감소되겠지만, 이에 대한 복수심으로 납치나 살인 등 다른 범죄를 저지를 가능성이 바로 그것입니다. 일종의 풍선 효과인 셈입니다. 결국 모든 범죄가 그렇듯이 규제만으로는 해결될 수 없습니다. 사회적 안전장치를 보다 강화하고, 비뚤어진 마음을 정화할 수 있는 프로그램을 개발하여 범죄에 대해 근본적 차원에서 대처하는 것이 필요합니다. 모방 범죄의 가능성이 높은 폭력성이 지나친 TV 프로그램을 가족이 모두 모인 시간에 방영하는 것도 피해야 할 것입니다.

생각해봅시다

1. 담배에 들어있는 성분들을 조사해 설명하시오.

2. 담배가 미각과 후각에 미치는 영향을 설명하시오.

3. 금연 이후 일어나는 몸의 긍정적 변화에 대하여 설명하시오.

4. 금연을 위해 사회적으로 함께 노력할 수 있는 방안들을 말해보시오.

5. 다른 나라에서는 사회적 금연을 위해 어떤 노력을 기울이고 있는지 조사하시오.

CHAPTER 08

신생아와 유아

학 | 습 | 목 | 표

인생의 가장 큰 변화를 겪는 시기는 신생아기와 유아기입니다. 이때부터는 자궁 속에서 어머니에게 의지했던 모든 것을 스스로 해결해 나가야 하기 때문입니다. 이 장에서는 신생아의 체중, 탯줄과 태반, 시력, 청력, 체온 등 생리적 변화와 유아기의 특징들을 살펴보기로 합니다. 아기가 인간으로서 자신을 인지하고, 위험을 숙지해 나가는 과정에 대해서도 간략하게 논의합니다.

신생아

신생아는 갓 태어나 처음 한 달까지의 아기를 말합니다. 이제 갓 태어난 아기에게 제일 큰 문제는 지금까지 어머니가 대신 해주던 모든 일을 스스로 해결해야 한다는 것입니다. 예를 들어, 자궁 내에서는 영양분도 태반을 통해 어머니가 공급해 주었고, 호흡도 어머니가 알아서 대신해 주었습니다. 그러나 아기는 태어나자마자 삶의 기본 행위를 모두 혼자서 시작해야만 합니다. 그러다 보니, 조금이라도 미성숙한 부분이 있으면 새 환경에 적응하지 못해 곧 생명을 잃고 맙니다. 다행히 의학이 발달함으로써 미리 초음파 검사(ultrasound examination)도 하고 유전 검사도 할 수 있다는 점이 얼마나 고마운지 모르겠습니다. 요즘은 "하나만 낳아서 예쁘게 키우자"는 표어가 일반적이지만, 불과 30년 전만 하더라도 아기를 한 집에 다섯, 여섯씩 낳는 것은 흔한 일이었습니다. 그중에 몇 명은 쉽게 사망하였습니다. 아마 의학이 발달되지 않은 상태에서 아기들을 잃다 보니까 그렇게 다산을 한 것 같습니다.

1) 체중

갓 태어난 아기의 몸무게는 평균 2.7~3.6kg 사이입니다. 물론 이보다 조금 무거울 수도 있고, 가벼울 수도 있습니다. 키는 47~50cm 정도입니다. 흔히 "크게 태어난 아기는 나중에 그 만큼 더 크다"라고 이야기하는 사람도 있지만, 이건 전혀 맞지 않는 이야기입니다.

신생아의 크기는 어머니 자궁 크기에 비례할 뿐입니다. 아기가 크게 태어난다는 뜻은 어머니의 자궁이 크다는 이야기 밖에 되지 않습니다.

아기의 몸무게가 2.7kg 미만일 경우를 저체중아라고 말합니다. 저체중아는 미숙아와 전혀 의미가 다릅니다. 저체중아는 모든 장기가 다 발달되고 건강하지만, 체중이 조금 미달된 경우입니다. 반면에 미숙아는 신경계통이나 폐 등 특정 장기의 기능이 아직 미완성된 경우입니다. 물론, 저체중아가 동시에 미숙아일 경우도 많아서 혼동되기는 하지만 분명히 구별되어야 하는 용어들입니다.

저체중아라고 해서 무조건 인큐베이터에 들어가야 하는 것은 아닙니다. 중요한 것은 본인이 살고자 하는 의지가 있는지 여부입니다. 이것은 간단한 기초 검사로 판단할 수 있는데, 아기의 빰에 손가락을 대어 보는 것입니다. 먹는다는 것은 인간이 동물로서 살아가기 위해 가장 기본이 되는 행위입니다. 그래서 아기는 빰에다 손가락을 대면 젖꼭지인 줄 알고 따라와야 합니다. 저체중아라도 따라오기만 하면 문제가 없는 반면에, 정상 체중아라도 따라오지 않는다면 신경계통이 미숙하거나 근육계통이 덜 발달되었을 가능성이 있으므로 인큐베이터에서 조금 더 성숙해질 필요가 있습니다.

2) 탯줄과 태반

요즘은 부부가 함께 분만실에 들어가는 경우가 종종 있습니다. 아기의 탯줄도 아버지가 직접 자릅니다. 의사 선생님이 탯줄을 자를 가위를 넘겨주면 아버지들은 태어나서 처음 해보는 일이라 덜덜 떨면서 가위질을 합니다. 탯줄이 잘림과 동시에 아기는 자유인이 되는 겁니다. 탯줄을 자를 때 조심해야 되는 것은 조금 여유있게 자른다는 것입니다. 아기는 내장이 아직 뱃속으로 완전히 들어가 자리잡지 못한 채 탯줄 속으로 조금 들어와 있는 경우가 많습니다. 그래서 탯줄을 너무 짧게 잘라버리면, 아기는 태어나자마자 장 파열로 인해 수술을 받아야 합니다. 탯줄은 빠를 경우 일주일 만에 떨어질 수도 있지만, 시간이 걸릴 경우 2주 내지 3주까지도 갈 수 있습니다. 어떨 때는 마치 썩는 것처럼 심한 냄새도 나고 곪기도 합니다. 이럴 때 부모는 상당히 걱정을 합니다. 우리 아이만 왜 이렇게 탯줄이 천천히 떨어지는지 또 탯줄이 썩어서 혹시 나쁜 영향을 주는 것은 아닌지 당연히 걱정을 할 수 있습니다. 그러나 탯줄이 떨어지는 시기도 그 아이의 생리적 특징 중 하나입니다. 물론 염증이 생기거나 심하게 곪으면 요오드로 상처를 치료해 주어야 하지만, 크게 걱정할 필요는 없습니다. 탯줄이 빨리 떨어지고 늦게 떨어지는 것이 아이의 성장률에 영향을 주는 것도 아니고, 탯줄이 빨리 떨어질수록 아기의 지능이 더 발달하는 것은 더욱 아닙니다. 간혹 탯줄을 두 손으로 잡아당기는 경우도 있는데, 아기의 탯줄은 절대로 그냥 잡아떼는 것이 아닙니다. 중요한 내장기관이 탯줄 속에 들어와 있을 수도 있기 때문입니다.

아기가 태어나고 30여 분 지나면 태반이 뒤따라 나옵니다. 의사 선생님은 반드시 태반도 검사합니다. 태반은 아기를 임신기간 내내 보호해 준 조직이기에 태반이 건강해야 아기도 건강하기 때문입니다. 또 어떤 선생님은 갓 태어난 아기를 거꾸로 들고 엉덩이를 찰싹 때리기도 합니다. 세상에 태어나서 축하를 받아도 부족할 텐데 태어나자마자 한 대 얻어맞는 겁니다. 아기 입장에서는 굉장히 불쾌하겠지요. 그래서 "응애"하고 우렁찬 울음을 터뜨리고 맙니다. 울음소리가 우렁차다는 것은 허파가 잘 발달되었음을 의미합니다. 일단은 폐 속에 양수가 가득 차 있기 때문에 우는 아이의 입을 억지로 벌리고서 양수를 제거해야 합니다.

3) 유전검사

출생과 동시에 해야 일 중에는 유전검사도 있습니다. 먼저 아기의 발을 거꾸로 들고서 발바닥 뒤꿈치를 살짝 바늘로 찔러 혈액을 몇 방울 채취합니다. 혈액 속에는 백혈구가 있고 , 그 안에 유전물질인 DNA가 들어있으므로 아기의 유전검사를 실시할 수 있습니다.

4) 뼈의 유연성

간혹 초보 부모들이 놀랄 때가 있습니다. 어느 날 아기의 팔다리를 주욱 잡아당겼을 때 오른팔과 왼팔이 차이가 있는 겁니다. 또 왼쪽 다리는 이 만큼 긴데, 오른쪽 다리는 조금 짧은 겁니다. 놀란 부모가 허둥지둥 아기를 데리고 병원에 가면 의사 선생님도 마찬가지로 쭉 잡아 당겨 보는데, 이번에는 놀랍게도 양쪽 팔다리 길이가 같은 겁니다. 이게 어떻게 된 일일까요? 이것은 엄마와 아빠가 아기가 애처로와 세게 당기지 못해서 그런 겁니다. 아기는 10개월 동안 어머니 배속에서 쪼그리고 앉아 있었습니다. 당연히 팔과 다리도 쪼그라진 상태입니다. 그러다 보니, 아무리 대칭이라도 왼쪽과 오른쪽이 쪼그라져서 조금 틀리게 보이겠지요? 놀랄 필요가 전혀 없는 겁니다.

이런 경우도 있습니다. 아기를 데리고 자다가 침대에서 아기가 툭하고 떨어졌습니다. 아기는 놀라서 자지러지게 울고, 부모들은 사색이 되어 급하게 병원으로 데리고 갑니다.

X-ray를 찍어 보니 아기 어깨뼈에 금이 갔다는 겁니다. 부모들은 걱정이 태산입니다만, 의사 선생님은 별 치료도 안 하고 그냥 가라고 합니다. 왜 그럴까요? 아기의 뼈는 워낙 부드러워서 금방 아물기 때문입니다. 그래서 웬만한 상처 정도는 치료 없이도 쉽게 치유가 될 수 있습니다.

5) 체온 조절

아기의 호흡은 1분에 40번 정도 됩니다. 어른에 비해 상당히 빠른 편입니다. 아기가 태어나서 가장 먼저 적응해야 되는 것은 호흡과 혈액순환입니다. 이 두 가지가 중요한 이유는 궁극적으로 체온을 유지하기 위해서입니다. 앞서 말한 것처럼, 아무리 따뜻한 여름날 태어난다 하더라도 아기는 추울 수밖에 없습니다. 따듯한 어머니 자궁에 있다가 태어나기 때문입니다. 따라서 아기는 일찍부터 몸속에 지방분을 축적하기 시작하지만, 그럼에도 불구하고 처음에는 체온이 다소 떨어지게 마련입니다. 그랬다가 7~8시간 지나면서 적응하여 자기 몸속에 있는 지방분을 산화시키고 열을 낼 수 있습니다. 이 시간 동안 아기는 잠시 몸이 파랗게 될 수 있습니다. 이런 증상을 청색증(cyanosis)이라고 합니다. 이것은 호흡이 곤란하거나 혈액순환이 잘 안 될 경우에 생기는 일시적 증상으로 몽고반점과는 틀립니다. 청색증은 보통 2~3일내로 사라지기 마련인데, 이례적으로 일주일 이상 간다면 진단을 받아 볼 필요가 있습니다. 메트헤모글로빈(methemoglobin)[1]이 비정상적으로 높아지는 유전성 메트헤모글로비네미아(methemoglobinemia)일 가능성이 있기 때문입니다.

6) 소화

소화 역시 마찬가지입니다. 지금까지 아기는 단 한 번도 사용해 본적이 없는 입을 움직여서 젖을 빨아야 되고, 자기가 섭취한 음식물을 직접 소화시켜야만 됩니다. 아기가 먹은 것도 없음에도 태어나자마자 보는 변이 태변입니다. 10개월 동안 어머니 배속에서 계속 쌓아온 변입니다. 이 태변을 건강하게 배설해야 장이 비게 되고, 새로운 음식물이 들어갈 수 있습니다. 그래서 아기가 태변을 잘 배설하느냐도 중요한 신생아 검사 중 하나입니다.

1) 메트헤모글로빈은 산화된 헤모글로빈으로 산소 운반 기능이 없음. 선천적으로 메트헤모글로빈이 몸속에 축적되면 아기는 산소부족으로 청색증에 걸림.

7) 눈과 시력

신생아는 사시일 수 있습니다. 사시는 눈동자를 조절하는 근육이 아직 완전치 못해서 초점이 맞지 않는 현상입니다. 이것 역시 신생아에게서는 정상입니다. 신생아는 아직 많은 부분이 미숙한 상태입니다. 유아기를 거쳐 어느 정도 나이가 들어야 시력도 정상으로 돌아오고 아기가 활발해지는 것입니다.

8) 청력

소리에 대한 반응도 마찬가지입니다. 전혀 반응이 없다면 이것은 좀 문제가 있습니다. 왜냐하면, 청각은 시각, 미각과 함께 모두 뇌와 연결되어 있기 때문입니다. 아기가 제대로 보지 못하고 듣지도 못한다면, 그것은 뇌신경계가 아직 미성숙한 단계이기 때문입니다. 아기를 바닥에 눕혀놓고 "땅~" 소리를 내면 놀라서 손과 발을 쫙 펼쳐야 합니다. 이럴 때 오므리면 제대로 된 반응이 아닙니다. 발바닥을 간지럽힐 때에도 완전히 손발을 펼 수 있어야 합니다. 만일 이 반응이 시원치 않다면 병원에 가서 정밀검사를 받을 필요가 있습니다.

9) 악력

신생아는 악력이 엄청납니다. 막대기를 손에 잡혀주고서 올렸다 내렸다하면, 아기 몸 전체가 그대로 따라 올라갔다 내려갔다 합니다. 그 만큼 아기의 악력은 강해서 자기 몸을 지지할 수 있을 정도입니다. 아기가 본능적으로 무엇이든지 잡으려고 하는 현상, 어머니에게 매달리려는 본능적 습관, 소리와 충격에 반응하여 놀라는 현상을 모로현상[2]이라고 합니다.

10) 눈물

신생아는 눈물이 없습니다. 그러나 딸꾹질은 합니다. 하품도 하고 재채기도 하고, 잠을 잘 때 보면 코를 골기도 합니다. 이런 생리적 현상들은 어른과 똑같습니다. 다만 조금씩 미성숙할 뿐입니다. 신생아는 모든 것을 울음으로 표시합니다. 기저귀가 젖어도 울고, 어디가 아파거나 불편해도 웁니다. 배가 고파도 심하게 웁니다. 신생아가 할 수 있는 유일한 대화 수단이 울음이기 때문입니다.

---

2) 자궁 내에서 움직이던 습관이 남아서 자극이 주어지면 무언가 잡는 듯한 자세를 취하는 현상.

11) 신생아의 식사 시간

신생아는 2시간 간격으로 음식물을 섭취합니다. 이때는 정말 부모가 적극 도와야 합니다. 어머니 혼자서 모든 일을 다 할 수도 없지만, 2시간 간격으로 깨어나다 보면 수면이 부족해지기 때문입니다.

12) 산후 조리

출산 후 어머니에 대한 배려도 생각해 보아야 합니다. 요즘은 산후조리원이 많이 있어 충분히 회복할 수 있도록 잘 돌보아주고 있습니다. 우리나라의 전통적인 풍습은 아기를 출산하면 3주 정도 미역국을 먹으며 충분한 휴식을 취하는 것입니다. 미역은 요오드가 풍부하기 때문에 갑상선호르몬 등 물질대사를 돕는 호르몬 생성에 특히 좋은 음식입니다. 서구 사회에서는 아기를 낳자마자 산모를 즉시 샤워시킵니다. 우리나라에서는 큰일 날 소리이지요. 전통과 습관은 다를지언정 분명한 것은 어떤 형태로든지 휴식을 취하는 것이 산모의 건강을 회복하는 데 꼭 필요합니다.

결론은 신생아가 모든 것을 스스로 해결해야만 한다는 겁니다. 그런데 이 세상의 환경이 그리 만만치 않다는 것이 또한 어려움입니다. 조금이라도 미숙한 아이는 적응을 하지 못해 사망하고 맙니다. 지금은 의학이 발달했기 때문에 사전에 유전검사와 혈액검사가 가능합니다. 현대 의학은 아들과 딸을 구별 않고 하나만 낳아 건강하고 예쁘게 키울 수 있을 만큼 발달하였습니다. 대신에 부모가 정확한 기초 과학지식을 갖추고 상황에 대처하는 것이 필요합니다.

유아기

유아기는 신생아기 직후부터 1년까지를 말합니다. 유아기는 성장이 빨라서 신장과 체중이 급격히 늘어나는 시기입니다. 이 시기에 체중이 13~15kg까지 늘어나고 키도 현격하게 자라납니다. 그리고 신체 부위 별로 성장 속도도 달라집니다. 원래 태어나기 전에는 머리의 성장 속도가 다른 부위보다 훨씬 빠릅니다. 이것은 뇌가 상대적으로 빨리 발달해야 하기 때문입니다. 그래서 신생아는 보통 가분수처럼 보이게 마련입니다. 그러나 일단 태어나면 머리가 자라는 속도가 상대적으로 느려지고 몸통의 성장이 가속화됩니다. 그리고 유아기를 지나면서 점차 신체 각 부위의 비율이 정상적으로 자리 잡습니다.

1) 치아

유아기에 젖니가 생겨납니다. 모유처럼 액체식만 섭취하다가 점차 씹는 음식물에 대한 관심도가 높아질 시기라서 젖니의 역할은 대단히 중요합니다. 대부분의 음식물은 고형물이기 때문입니다. 고형물에는 에너지원뿐만 아니라 섬유소 등 유용한 물질이 많이 들어 있습니다. 우리가 변을 원활하게 볼 수 있는 것도 섬유소 덕분입니다. 유동식만 가지고는 장이 튼튼하게 유지될 수 없습니다. 따라서 고형음식물을 먹을 수 있는 치아의 발달은 우리 인간에게 굉장히 중요한 사건입니다. 이 젖니는 나중에 하나씩 영구치로 바뀌게 됩니다.

2) 운동과 근육

유아기 때는 근육도 발달합니다. 근육과 함께 신경계통도 발달합니다. 신생아 때는 아직 완전하지 못했던 신경계통이 더욱 발달함으로써 근육이 더욱 조화있게 움직일 수 있습니다. 그 결과, 유아기 말이면 보통 아기가 일어나 걸을 수 있습니다. 오른팔을 움직이고 싶으면, 오른팔, 왼팔을 움직이고 싶으면 왼팔, 팔다리의 균형잡힌 움직임 등이 이 시기에 모두 가능해집니다. 아기에게도 신체 리듬이 있습니다. 걷게 되는 시기가 있고 앉게 되는 시기가 있습니다. 조금 늦거나 빠른 것이 절대로 그 아이의 지능이라든가 운동 능력을 반영하는 것이 아니기 때문에 걱정하거나 경쟁할 필요가 없다는 말입니다.

3) 자아의식

유아는 기고, 안고, 서는 것 말고도 눈으로 움직이는 물체를 따라 다니는 것이 가능해집니다. 유아가 스스로의 모습을 인지하는지는 간단한 실험으로 확인할 수 있습니다. 코에 잉크를 묻혀 놓고서 거울을 보여주는 것입니다. 거울에 비친 모습을 자기 자신으로 인지하지 못한다면 손가락을 내밀어 거울 속의 잉크를 지우려고 할 겁니다. 그러나 그 거울에 비친 사람이 자기라는 것을 인지한다면 잉크를 지우려고 자기 코를 만질 것입니다. 보통 유아기 초기에는 스스로를 인지하지 못하지만, 유아기의 마지막인 12개월쯤 되면 자기 코에 묻은 잉크를 지우려고 합니다. 이제 자아의식이 형성되기 시작했다는 뜻입니다. 이처럼 육체적, 정신적으로 조화 있는 발달이 이루어지기 시작하는 때가 바로 유아기입니다. 신생아 때와는 달리 유아는 웃음으로 자기를 표현할 수 있습니다. 또 싫으면 우는 대신 크게 소리를 지르기도 합니다. 이만큼 조금씩 지적 능력과 감정적 성장이 이루어지는 것입니다. 1년이 지나면 대개 2, 3개 정도의 단어를 말할 수 있게 됩니다.

4) 위험도 인지

위험에 대한 인지도 역시 이 시기에 생깁니다. 위험 인지도란 자기 자신을 위험으로부터 보호하려는 능력입니다. 예를 들어, 깊은 계곡을 만들어 놓고서 그 위에 아기가 걸어가도 깨지지 않을 정도의 두꺼운 유리판을 걸쳐 놓습니다. 그리고 그 위를 아기가 걸어가게 합니다. 유아기 초에는 아기가 위험을 인지하지 못하고 계곡을 그대로 통과하지만, 시간이 흐를수록 위험 의식도 함께 자라납니다. 그래서 유아기 말에 똑같은 실험을 되풀이하면, 위험을 느끼고 계곡을 넘기 전에 멈춰 서버립니다. 이것 또한 전적으로 인간으로서의 출발 신호입니다.

5) 영양

유아는 성장이 굉장히 빠르기에 영양분이 많이 필요합니다. 끊임없이 새로운 조직을 만들어야 하고, 키도 커야 하기에 필요한 단백질을 많이 공급받아야 합니다. 뿐만 아니라 신선한 야채가 포함된 음식물과 비타민도 필요합니다. 특히 비타민 D 칼슘과 관련이 있어서 이와 뼈를 튼튼하게 해 주는 성분입니다. 이외에도 비타민 B, C 철분이 필수적으로 섭취되어야 합니다.

유아기를 지나면 소아기, 사춘기, 청년기를 단계적으로 거치게 됩니다. 그리고 일단 이 시기를 지나면 장년기와 노년기를 거쳐 죽음에 이르기까지 노화가 본격적으로 진행됩니다. 발생학적으로 보면, 출생 후 변화는 자궁내에서 겪었던 변화에 비해 훨씬 경미한 편입니다만, 그래도 조화로운 운동과 균형 있는 식사를 필요로 합니다. 특히, 아기가 육체적, 정신적 기반을 형성하는 초기 시절에는 어떠한 환경이 주어지느냐가 대단히 중요하기에 적절한 보호를 받을 수 있도록 관심과 애정 어린 보살핌이 있어야 하겠습니다.

일란성 쌍둥이

미국 미네소타 대학교에서 흥미로운 연구를 수행한 적이 있습니다. 일란성 쌍둥이를 대상으로 "성격도 유전되는가"를 조사한 것입니다. 외향적 모습뿐만 아니라 취향, 감정, 재능 등 형이상학적인 요소들도 과연 유전되는 것인지를 알고 싶어 실시한 것입니다.

흥미로운 것은 짐 루이스와 짐 스프링거라는 일란성 쌍둥이의 이야기입니다. 이 두 사람은 태어난 지 4주 만에 각각 다른 가정으로 입양되었고, 무려 40년 뒤에야 다시 만날 수 있었습니다. 이들은 자기에게 쌍둥이 형제가 있다는 사실 조차 서로 몰랐습니다. 그럼에도 불구하고, 이들의 삶은 충격적일 만큼 비슷하였습니다. 둘 다 담배를 피우는 골초인데다가 같은 상표만을 골라 피웠고, 승용차의 모델과 색깔도 같았으며, 집 안에 나무 한 그루와 하얀 벤치가 있는 것도 같았습니다. 둘 다 이혼 경력이 있었는데, 첫째 아내의 이름은 린다, 두 번째 아내는 베티였습니다. 맥도날드에서 일한 경력과 편두통 및 심장병으로 고생한 것도 비슷하였습니다. 모든 것이 너무 똑같아서 심지어는 징그러울 정도였습니다.

물론 정반대의 경우도 있었습니다. 일란성 쌍둥이임에도 불구하고 목수 일을 하는 집에 입양된 아이는 목공일에 뛰어난 반면에 음악적 소질이 전혀 없었고, 피아니스트 집에 입양된 아이는 예술적 감정이 뛰어난 반면 목공일에는 젬병이었습니다.

이 두 가지 예는 유전도 중요하지만 환경 역시 그에 못지않다는 것을 시사해줍니다. 다시 말해 사람의 재능과 운명은 유전만으로 결정되는 것이 아님을 보여 줍니다. 따라서 "내 팔자는 그저 이런 거야"하고 현실에 주저앉는다면 대단히 패배적인 생각이 아닐 수 없습니다.

건강한 삶, 건강한 미래, 건강한 결혼과 인생은 매순간 최선을 다해 열심히 노력하는 사람을 위해 준비되어 있다는 사실을 기억하시기 바랍니다.

1. 시기적으로 신생아와 유아를 구별하시오.

2. 청색증(cyanosis)이란 무엇인지 설명하시오.

3. 신생아가 태어나자마자 거쳐야 할 진단검사들을 열거하시오.

4. 저체중아와 미숙아를 구별하여 설명하시오.

5. 유아기때 충분히 제공받아야 하는 영양성분들에 대해 조사하시오.

CHAPTER 09

유전질환

학|습|목|표

유전질환은 종류도 다양하지만, 대부분 치료가 어려워 자신과 가정은 물론 사회적으로도 큰 문제가 되고 있습니다. 게다가 최근의 늦은 출산은 이러한 유전질환의 빈도를 더욱 높이는 원인이 되고 있습니다. 유전질환의 원인과 산전진단, 그리고 유전자 검사에 이은 유전상담까지 단계적으로 살펴봅니다.

유전질환이란?

우리 모두가 잘 알고 있는 권투 선수인 무하마드 알리가 겪고 있는 파킨슨 병(Parkinson disease)[1]은 보통 부모로 부터 전해 내려오는 질환입니다. 유전질환은 가끔 부모는 괜찮지만, 그 기원이 할머니나 할아버지 세대까지 거슬러 올라갈 수 있습니다. 이런 경우를 격세유전이라고 합니다. 얼마 전까지만 해도 이렇게 전해지는 질환만을 엄밀한 의미에서 유전병으로 취급하였습니다.

그러나 세대를 통해 전해지지 않지만, 나의 유전자 일부가 변이를 일으켜서 병에 걸릴 수도 있습니다. 지나친 음주나 흡연, 마약, 환경호르몬 등에 노출되는 경우가 그런 것들입니다. 이렇게 해서 생긴 질병은 다음 세대로 전달되지 않습니다. 다시 말해, 지나친 흡연으로 인해서 폐암에 걸렸다든지, 지나친 음주로 인해 간암이나 위암에 걸렸을 경우에는 위, 폐, 간 등의 유전자가 고장났을 뿐 정자나 난자 같은 생식세포는 정상이므로, 질병이 다음 세대로 전달되지 않습니다. 요즈음은 넓은 의미에서 이런 경우도 유전자의 고장으로 인해 발생하는 것이므로 유전질환 범주에 포함시킵니다.

1) 보통 40~50대에 발병하는 유전질환이나 원인이 불분명한 경우도 많음. 신경 퇴화로 인한 운동력 상실이 주된 증상임.

유전질환의 빈도

선천성 질환의 빈도는 경미한 사안까지 포함하면 대략 신생아 100명당 1명으로 추산합니다. 그나마 우리나라는 환자를 숨기려는 경향 때문에 통계가 미약한 편입니다. 알려지지 않은 환자의 수를 더한다면 실제 빈도는 이를 상회할 가능성이 높습니다.

우리나라에서는 예로부터 나쁜 유전형질이 전해 내려오면 환자를 병원에 데려가기 보다는 집안에 숨기려는 경향이 많았습니다. 그러다 보니, 환자는 환자대로 치료를 제대로 받지 못했고 통계조차 제대로 잡히지 않았습니다. 유전병이라는 말조차 터부시 되어서 사람들은 이 단어를 입에 올리는 것 마저 금기시 되었습니다. 그러다 보니, 자기가 어떤 질환을 가지고 있는지, 자손에게 전달할 가능성은 얼마인지, 치료는 가능한지 등에 대해 완전히 무지했던 것이 사실입니다.

사람의 유전자는 약 25,000개로 이 중 3,000~4,000여 개의 유전자가 유전병을 일으킨다고 알려져 있습니다. 물론 어떤 유전자라도 고장이 나면 그에 해당하는 유전병이 생길 수밖에 없지만, 다른 유전자들은 증세가 너무 심해 처음부터 자연유산되거나 사산됨으로써 환자가 발견되지 않았을 가능성이 높습니다. 어떻게 보면, 의학이 발달할수록 환자가 오히려 늘어나는 것처럼 보일 수도 있는데, 환경오염 등 주변 여건이 안 좋아진 것도 원인이고, 또 진단 검사법이 그 만큼 발달했기 때문이기도 합니다. 검사 방법의 발달로 인해 과거에는 미처 검출되지 않던 유전병들이 계속 새롭게 알려지고 있습니다.

전 세계적으로 볼 때 유전질환의 빈도가 인종 별로 다른 것을 알 수 있습니다. 예를 들어, 언청이는 백인이 약 1,000명당 1명인 데 비해 동양인은 그 2배나 되며, 무뇌아의 경우는 백인에서 400~500명당 1명이지만 동양인은 거의 그 절반 밖에 되지 않습니다. 또 동양인에게 겸상적혈구빈혈증[2]이 흔한 반면, 서양인에게는 낭포성섬유증[3], 지중해성빈혈증[4] 등이 흔합니다. Tay-Sachs 질환은 유태인에게서만 발병됩니다. 유전자로 인해 인종이 결정되는 만큼 분명히 인종 별로 유전적 차이가 있게 마련이기에 이에 대한 연구가 앞으로도 계속 필요합니다. 이 세상에는 200여 개가 넘는 민족이 어울려 살고 있습니다. 얼굴 모습도 다양하고, 풍습이나 전통도 모두 다릅니다. 그러나 이 모두가 공통적으로 가지고 있는 것은 생명이며, 이 생명의 연속성을 위해서 성이 존재하고, 또 결혼과 가정이 존재를 합니다.

2) sickle cell anemia. 헤모글로빈 이상으로 적혈구 낫 모양으로 변형되는 질환. 빈혈을 동반함.

3) cystic fibrosis. 호흡기 섬모의 운동 부재로 오염 물질 배출 능력이 저하되는 질환.

4) thalassemia. 헤모글로빈 이상으로 심각한 빈혈을 동반하는 질환.

나의 생명이 귀하면 타인의 생명도 귀하고, 나의 아기나 배우자가 귀하면 다른 사람의 가정도 소중하다는 생각을 늘 가지면서 서로 양보하고 협조하는 사회가 되어야 하겠습니다.

선입견

앞서, 우리나라에서는 환자를 감추려는 경향이 짙다고 말했습니다. 그중의 하나가 XYY 염색체를 가진 아이에 대한 이야기입니다. 과거에는 이런 아이를 정상적임에도 불구하고 남성 성향이 지나쳐서 공격적이고, 또 그로 인해 범죄에 연루될 확률이 높다고 생각했었습니다. 뿐만 아니라, 유전병이 있으면 정상적인 아이들에 비해 무언가 파괴적이고 자기중심적 일거라 생각하는 경향이 있었습니다. 그러나 계속적인 연구에 의해서, 유전질환에 대한 이런 가정들은 모두 선입견이 주는 잘못된 편견이었음이 밝혀졌습니다. 오히려 다운증후군 어린아이들은 성격이 온순하고 친화적이며, 음악과 미술에 조예가 깊다는 것이 알려졌습니다. 다만, 부모가 질환을 가진 아이들을 올바로 돌보지 못할 때 아이에게 상처를 주고, 그 상처로 인해 아이가 비뚤게 나가게 만들 수 있다는 것입니다.

대체로 유전질환이 있는 아이들은 가정에서 내버림을 받을 수도 있고, 그 때문에 치료와 보호가 어렵게 되고는 합니다. 염색체 이상을 가진 아이들이 반사회적인 성향을 가진다는 것은 잘못된 초기 연구의 결과라는 것이 이미 밝혀졌고, 정신병원이나 감옥에 가는 이유는 주변의 보살핌이 적었기 때문이라는 것이 밝혀져 있습니다.

산전진단의 목적

출생 이전에 미리 유전질환을 검사하는 것을 산전진단(pre-natal diagnosis)이라고 합니다. 유전병을 미리 검사하여 알려는 이유는 선천성 기형아의 탄생을 사전에 막고, 만약 태어날 경우 그 증세를 완화하거나 치료할 수 있는 길을 모색하기 위함입니다. 결혼은 생물학적으로 보면, 두 남녀의 유전자를 서로 교환하는 거룩한 의식입니다. 그러나 그 결과가 때로 마음 먹은대로 되지 않는 것 또한 생물학적 현실입니다. 따라서 혹시라도 초래될 수 있는 비극을 미리 예측하여 적절한 시기를 놓치기 전에 방지하는 것이 중요합니다.

유전질환은 대부분 치료법이 없기에 더욱 공포스러운 질환입니다. 그런 만큼 치료보다 예방이 더 강조되고 있습니다. 자신과 배우자의 가계력을 정확히 파악하고서, 현재 개발되어 있는 각종 검사법을 잘 활용하여 사전에 대처를 할 필요가 있습니다.

유전검사는 배우자를 선택하는 문제와 나 자신이 보인자인지의 여부, 그리고 태아가 치명적 질환을 가지고 있는지를 사전에 검사하여 유전상담을 통해 향후 진행을 결정하는 것 등의 목적을 함께 포함하고 있습니다. 선천성 기형아가 있는 집안은 웃음이 결여되기 쉽습니다. 아기는 아기대로 고통스럽고 불행하지만, 부모는 부모대로 평생을 죄의식 속에서 살아갑니다. 대부분의 경우, 가족력이 미리 알려진 부모들은 방어 의식이 강해서 유전상담조차 받으려 하지 않습니다. 심한 경우 음주 등으로 어려운 상황을 벗어나려 할 수도 있고, 심지어 가정이 파탄이 나는 경우도 있습니다. 재정도 어려워지고, 부부간의 성생활 역시 힘들어지기 일쑤입니다. 결국, 아기는 아무도 돌보지 않는 상태에서 내버려지고 한 가정의 결말이 불행으로 끝날 수도 있습니다.

과학은 우리에게 올바른 지식을 부여합니다. 그리고 지금은 그 지식들이 출산 이전에 부모에게 전달될 수 있을 정도로까지 발달되어 있습니다. 혹시나 유전질환이 발견되었다 하더라도 모든 아기를 유산(abortion)[5]시켜야 하는 것은 아닙니다. 적절한 예방과 치료로 정상인과 똑같이 삶을 누릴 수 있는 방안이 다양하게 강구되어 있기 때문입니다. 중요한 것은 시기를 놓치지 않고 진단을 받는 것입니다. 의사와 상담을 거치면서 "아하! 이런 방법이 있었구나"하고 놀랄 정도로 현대 생식의학이 발달되어 있습니다. 다만, 그러기 위해서는 결혼을 앞둔 젊은이들이 과거와 달리 숨기기보다 적극적으로 검사하고, 대화하고, 상담하여 문제가 심각해기 이전에 미리 조치를 취하는 현명함이 꼭 필요합니다.

유전질환의 사례

예를 하나 찾아보겠습니다. 철수와 영희는 누구나 부러워하는 아름다운 한 쌍의 젊은 부부였습니다. 둘이 모두 건강하였고, 결혼생활도 축복받으면서 행복하게 시작되었습니다. 이들은 오랜 연애 끝에 결혼하였기 때문에 서로를 잘 이해하고 있었고, 양쪽 집안에 대해서도 잘 파악하고 있었습니다. 다만 영희의 남동생이 15세 때 근무력증(muscular dystrophy)[6]으로 사망한 사실을 미리 알고 있었지만, 서로가 너무 사랑하였기

5) 24주 이전에 임신을 정지시키는 행위. 이때는 폐가 미성숙하여 태아의 생존 가능성이 제로에 가깝다.

6) 5세 이전에 근육이 약해지기 시작해 20세 전후로 사망하는 유전질환.

에 그 사실은 간과되고 말았습니다. 동생이 사망할 당시 의사들이 영희가 근무력증 유전자를 가지고 있는 보인자(carrier)[7]일 가능성을 제시하였지만, 본인이나 가족 모두 유전질환은 어디까지나 운에 달린 거라고 믿었기 때문에 당시 유전검사는 실시되지 않았습니다. 결혼 후 얼마 만에 영희는 건강한 남자아이를 출산하였습니다. 처음에는 아기가 건강하였고 아무 문제 없어 보였습니다. 그러던 중 3살쯤 되었을 때 갑자기 서서 걷는 시간보다 앉거나 눕는 시간이 더 많다는 것을 발견하였습니다. 개구쟁이답지 않게 높은 데 올라가는 것을 꺼리거나 움직이는 놀이를 싫어한다는 것도 관찰되었습니다. 영희와 철수는 그제서야 사망한 영희의 동생을 떠올렸고 병원을 찾아 유전검사를 받았습니다. 불행히도 유전검사 결과에서 아기는 근무력증 환자였고, 영희가 보인자라는 사실이 뒤늦게 확인되었습니다. 그리고 이 질환은 남자아기에게만 50%의 확률로 전해지다는 사실도 그때 배우게 되었습니다. 첫째 아기를 일찍 잃은 영희와 철수는 아기를 다시 간절히 원했고, 둘째 아이를 임신하였습니다. 그리고 의사의 지시대로 양수천자를 통해 성 감별과 유전자 검사를 실시하였습니다. 그 결과 남자아이였고, 역시 근무력증 환자로 판명되었습니다. 어렵게 얻은 아이이기에 부부는 처음에 망설였지만, 동생으로 인해 집안이 얼마나 황폐했던가를 떠올리고는 과감하게 낙태를 결정하였습니다. 그 후 이 두 사람은 다시 임신을 하였고, 건강한 딸아이를 출산할 수 있었습니다. 지금은 이처럼 기술이 발달해서 질환 유전자를 직접 검사할 수 있기 때문에 남자아기도 유전질환 유무에 따라 선별적 낙태가 가능합니다.

염색체 이상으로 인한 질환

사람의 염색체는 모두 46개입니다. 이 중 2개는 남녀를 구별짓는 성염색체(sex chromosome)입니다. 염색체는 부모로부터 하나씩 전해 받기 때문에 2개씩 쌍을 이루게 되는데, 이들을 상동염색체(homologous chromosome)라고 부릅니다. 사람의 염색체는 22쌍의 상동염색체와 2개의 성염색체로 구성되어 있습니다. 상동염색체는 크기 별로 번호를 붙여 부르는데, 제일 큰 것이 1번이고, 제일 작은 것이 21번입니다. 원래 22번이 제일 작아야 하겠지만, 21번과 22번을 한때 착각하는 바람에 이런 일이 일어난 것입니다.

7) 자기 자신은 증상이 없지만, 해당 유전질환의 열성유전자를 가지고 있어 다음 세대로 전달할 수 있는 사람. 대개 여성으로 X 염색체와 연관된 질환이 이에 해당함.

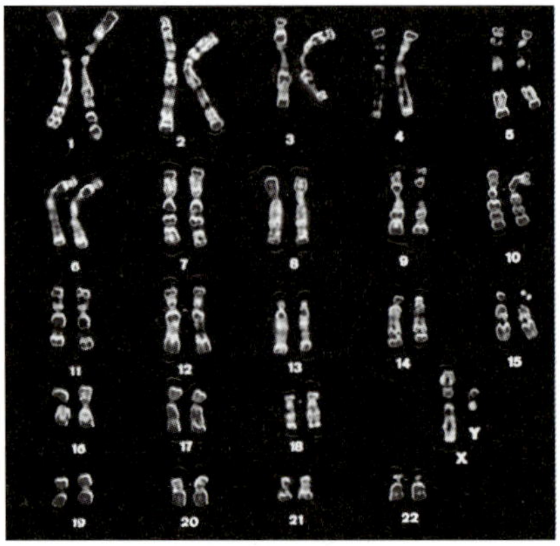

사람의 염색체

염색체의 수는 항상 정확해야 합니다. 염색체가 하나라도 많거나 적으면 유전질환이 야기되기 때문입니다. 제일 작은 21번 염색체가 하나 더 많은 경우에도 다운증후군에 걸리게 됩니다. 다운증후군은 어머니의 나이가 35세 이상일 때, 그 확률이 급격히 증가하기 때문에 특별히 결혼 연령에 주의가 필요한 질환입니다. 연령말고도 임신 중 방사선에 노출되거나 당뇨병, 갑상선 질환이 다운증후군의 원인이라는 보고도 있습니다.

1 다운증후군은 영국 의사인 존 다운(John Down)이 처음 학계에 발표하였기에 그 이름을 따서 붙여진 질환입니다. 증상으로는 작은 머리, 정신박약, 면역저하, 수명단축 등이 다양하게 나타납니다. 다운증후군은 21번 염색체가 하나 더 많아 전체적으로 염색체가 47개일 때 생기게 됩니다. 특히, 어머니의 연령이 35세를 초과하면 다운증후군의 확률이 급격하게 증가합니다. 요즘은 산전 유전자 검사 기술이 발달해서 진단과 검사 자체는 문제가 아니지만, 여전히 그에 따른 낙태와 임신 조절 등 복잡한 문제가 뒤따르게 됩니다.

난자는 23개의 염색체를 가지게 마련인데, 간혹 24개를 가진 난자가 만들어지기도 합니다. 감수분열할 때 따로 떨어져야 할 2개의 염색체가 서로 붙어서 한쪽 세포로만 이동했기 때문입니다. 결과적으로, 한쪽 세포에는 24개의 염색체가 또 다른 세포에는 22개의 염색체가 들어가게 되는데, 이들이 각각 정자와 수정되면 47개의 염색체를 가진 수정란, 또는 45개의 염색체를 가진 수정란이 생기게 됩니다. 이런 예가 각각 다운증후군과 터너증후군입니다. 터너증후군은 성염색체인 X 염색체가 하나 적어 생기는 유전질환입니다.

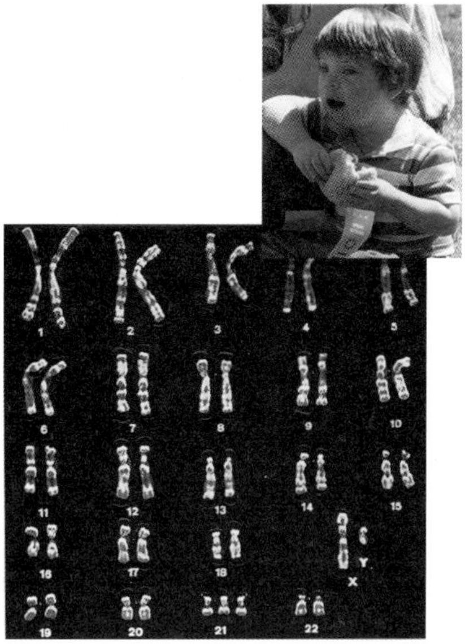

다운증후군 환자의 염색체

다운증후군의 빈도가 35세를 기점으로 급격히 증가한다는 것은 거의 상식적인 이야기입니다. 그리고 그 이유는 이렇습니다. 여성은 새로운 정자를 계속 만들어내는 남성과 달리, 평생 배란할 난자들을 태어나기도 전에 이미 난소에 다 만들어 가지고 있습니다. 다만, 난자가 완성된 상태는 아니고 염색체를 반으로 감소시키는 감수분열 과정에서 멈추어 있습니다. 사춘기가 되어 배란을 하고 정자와 수정이 되어야 이 감수분열이 완성됩니다. 즉, 난자는 수정을 해야 성숙란인 동시에 수정란이 되는 셈입니다. 난자는 사춘기가 지나 배란될 때까지 일종의 수면 상태에 놓여 있습니다. 물론, 이 수면 기간은 난자마다 언제 배란되느냐에 따라 각각 다릅니다. 즉, 10대에 배란되는 난자, 20대에 배란되는 난자, 30대에 배란되는 난자, 40대에 배란되는 난자 등 각 난자들은 오랜 수면을 마치고서야 비로서 정자를 만날 수 있습니다. 문제는 수면 기간이 길수록 난자의 염색체 분리 능력이 떨어진다는 것입니다. 그리고 이 능력은 35세를 전후해서 더욱 현저하게 떨어집니다. 염색체 분리가 제대로 이루어지지 않으면, 당연히 딸세포에게 염색체를 고르게 전달할 수 없습니다. 이 때문에 어떤 난자에게는 24개의 염색체가, 어떤 난자에게는 22개의 염색체가 전달되는 것입니다. 21번 염색체에는 "GART"라는 유전자가 있는데, 이 유전자가 만들어내는 효소가 지나칠 경우 뇌에 축적되어 독성을 나타냅니다. 21번 염색체가 하나 더 있다는 이야기는 결국 "GART" 유전자가 하나 더 많다는 결론이고, 그 결과 다운증후군 환자는 심각한 정신박약 증세와 함께 수명도 단축될 수밖에 없습니다.

지금은 양수천자, 초음파 검사, 융모막 검사 등 다양한 검사 방법이 개발되어 있습니다. 여성과 아기의 건강을 위해서 그리고 행복한 가정을 위해서 미리미리 부부간에 상의하고 의사와 상담을 거치는 것이 현명합니다. 특별히 출산율이 낮아지고, 결혼 연령도 점차 늦추어지는 사회적 경향을 보더라도 기초적인 유전 지식과 검사에 대한 인지도는 필수적이라 생각됩니다. 지금은 다운증후군도 일찍만 조치하면 환갑을 넘길 정도로 거의 정상적인 사회 활동이 가능합니다.

❷ 수정란이 분열하여 세포 수를 늘여갈 때 어떤 세포는 정상적으로 분열해 나가지만, 어떤 세포는 염색체가 잘못 되어 적거나 많아지는 경우가 있습니다. 이렇게 되면, 몸 전체에 염색체 수가 서로 다른 세포들로 혼합될 수밖에 없습니다. 즉, 혈액이나 생식기 등 특정 장기는 염색체 수가 더 많고, 나머지는 정상 세포로 된 경우가 그것입니다. 이런 경우를 모자이크 증후군이라고 부릅니다. 모자이크 중후군에 걸린 사람은 그 심한 정도에 따라 증상이 달라지는데, 대체로 잘못된 세포가 50% 이상이면 다운증후군과 비슷한 증상을 나타내게 됩니다.

❸ 염색체의 수는 정상이지만, 방사선이나 자외선, 화학물질 등에 의해 염색체의 끝이 절단되는 경우가 있습니다. 이런 경우에는 그 부분에 감겨 있는 DNA가 절단되는데, 그때 절단된 유전자가 어느 것이냐에 따라 증상이 달라집니다. 이런 절단은 대체로 500명의 신생아 중 1명 단위로 나타납니다. 염색체가 절단되면, 절단된 토막은 소실되거나 다른 염색체에 옮겨가 기생살이하듯이 붙게 됩니다. 소실되는 현상을 결실(deletion), 옮겨 붙는 경우를 전좌(deletion)라고 하는데, 전좌의 경우는 유전될 가능성이 높습니다.

결실의 대표적인 예는 묘성증후군입니다. 아기가 생후 수주일부터 고양이 울음소리를 내는 현상입니다. 대개는 부모가 유전질환 병력이 없기 때문에 대수롭지 않게 생각하다가 아기의 성장 발육이 늦은 것을 보고서야 진찰되기 일쑤입니다. 얼굴은 둥근 편이고, 눈이 멀며, 새끼손가락이 안쪽으로 굽어 있고, 심장 소리가 마치 라디오 잡음 소리가 섞여 있는 것 같은 증상을 보입니다. 또한, 정신박약과 신체적 발달 지연이라는 불행한 증상도 동반합니다. 결실이 왜 일어나는지는 모르지만, 바이러스 감염, LSD[8] 등이 문제일 수 있다고 생각합니다.

❹ 성염색체의 경우도 마찬가지입니다. 남자는 X 염색체 1개가 정상이지만, 때로는 2개, 3개 또는 그 이상일 경우도 발견됩니다. X 염색체가 몇 개이든 간에 Y 염색체를 갖기만 하면 남성이 됩니다. 때로 Y 염색체를 갖지 않은 남자도 발견되는데, 잘 관찰해 보면 Y 염색체의 일부가 다른 염색체에 전좌되어 붙은 것을 알 수 있습니다. 이 일부 단편 속에 남성을 결정짓는 유전자가 들어있는 것입니다. 성염색체의 이상은 빈도가 다소 높은 편으로, 500명당 1명 꼴로 나타납니다.

1942년에 클라인펠터(Klinefelter) 박사는 몇몇 남자 환자들의 신체적 조건이 다소 다른 것을 관찰하였습니다. 우선 가슴이 비정상적으로 크고, 고환이 작았으며, 정자를 만들지 못하였습니다. 체구로만 보아서는 오히려 여성에 가까웠고, 거세된 남자의 소변에서 검출되는 것과 비슷한 호르몬 조성을 보였습니다. 이런 사람들은 키가 보통 사람보다 큰 편이지만, 지능이 다소 떨어지기 때문에 사회 생활에 적응을 잘 하지 못하다가 범죄에 연루되기 쉬운 특징을 보였습니다. 이후 몇몇 나라에서 동일한 환자들을 발견하였고, 염색체 검사에서 X 염색체의 수가 XXY로 보통의 남자보다 하나 더 많은 것을 알게 되었습니다. 그리고 이런 질환을 자신의 이름을 따서 클라인펠터 증후군(Klinefelter syndrome)이라 명명하였습니다. 클라인펠터 증후군은 진단이 중요합니다. 일단 진단만 내려지면, 치료가 어느 정도 가능하기 때문입니다. 보통은 남성 호르몬을 처리하는데, 치료만 제때하면 젖가슴도 정상으로 되고 성격도 훨씬 남성적으로 돌아옵니다. 그리고 비록 불임일지라도 정상인과 같이 성생활도 가능합니다.

Y 염색체가 한 개 더 많은 경우도 앞에서 잠시 언급했습니다. 이런 사람은 외형적 모습이 반드시 남성입니다. 과거에는 XXY나 XYY인 사람들이 범죄 성향이 짙다고 생각했지만, 앞서 말했듯이 지능이 다소 떨어져서 이용을 당했을 뿐 반드시 그런 것은 아니라는 것이 밝혀졌습니다.

❺ 여성도 마찬가지로 XXX처럼 X 염색체가 더 많은 경우가 발견됩니다. 이 경우에는 신체적으로 정상인과 전혀 구별되지 않고, 임신과 출산도 가능하지만, 대부분이 정신분열, 정신이상 등 정신질환에 시달리는 것으로 보고되어 있습니다.

8) lysergic acid diethylamide. 환각을 일으키는 마약의 일종.

❻ 여성이 X 염색체가 하나 밖에 없으면 터너증후군(Turner syndrome)에 걸립니다. 외관상 여성이지만 키가 1.5 m 이하로 작고, 목이 짧으며, 사춘기가 되어도 월경이 없는 것이 특징입니다. 또 양쪽 팔을 옆구리에 붙이지 못하는 것도 특징입니다. 난소는 미성숙 상태이기에 원칙적으로 임신이 불가능하지만, 간혹 우발적 생리가 있어 임신하는 경우가 있습니다. 이때 분만한 아이는 일란성쌍둥이가 될 확률이 높다는 것도 흥미로운 보고입니다. 터너증후군의 경우도 여성 호르몬을 처리하면, 유방이 발달하고 월경도 가능해지는 등 어느 정도 증상을 완화시킬 수 있습니다. 그러나 근본적인 치료는 불가능합니다. 자연유산 중 20% 정도가 거의 터너증후군 수정란일 가능성이 높다는 보고도 있습니다.

X 염색체 이상으로 인한 질환

X 염색체에 연관되어 유전되는 질환은 열성과 우성이 있는데, 대부분 열성으로 전달됩니다. 따라서 증상만으로 본다면, 보통 보인자인 어머니로부터 아들에게 전달됩니다. 열성이라는 것은 2개의 X 염색체에 있는 유전자가 모두 고장이 나야 그 병이 진행된다는 뜻입니다. 알다시피, 하나만 고장나면 보인자(carrier)입니다. 보인자는 자기 자신은 증상이 없지만 고장난 유전자를 다음 세대에 전달해 줄 수 있는 사람을 말합니다. 여자 아기가 고장난 X 염색체를 어머니로부터 하나를 받더라도 아버지로부터 오는 X 염색체가 정상이면 여전히 보인자로서 정상적인 생활을 할 수 있습니다. 그러나 만약 아들이 이 고장난 X 염색체를 하나 받는다면, 아들은 이를 보상할 X 염색체가 없기에 그대로 병에 걸리게 됩니다. 즉, 보인자 어머니를 둔 아들은 정상 아니면 환자일 뿐 보인자는 될 수가 없습니다.

❶ 대표적인 경우가 혈우병(hemophilia)입니다. 잘 알려진 것처럼 유럽 왕실의 가계도가 이를 잘 반영해 주고 있습니다. 처음 시작은 영국의 빅토리아 여왕입니다. 빅토리아의 두 딸 앨리스(Alice)와 베아트리체(Beatrice)는 모두 보인자였습니다. 당시의 정치적 상황과 맞물려 그 자손들이 유럽 각국으로 결혼해 나가면서 스페인, 러시아, 독일 왕가에 혈우병을 전달시켜 나갔는데, 그 결과 유럽 전역이 혈우병으로 고생하는 결과를 초래하였습니다. 다행히도 현재의 영국 왕가에는 혈우병이 전달되지 않았습니다.
혈우병의 가능성은 쉽게 계산할 수 있습니다. 예를 들어, 어떤 여성의 남동생이 혈우병 환자이고 부모가 모두 정상이라면 어머니는 반드시 보인자이어야 합니다. 따라서 이 여

성 역시 보인자일 가능성이 50%입니다. 그리고 이 여성이 결혼해서 아들을 낳을 확률 역시 50%이고, 그 아들이 고장난 염색체를 물려받게 될 확률 또한 50%입니다. 따라서 이 여성의 아들이 혈우병 환자일 가능성은 1/2 × 1/2 × 1/2 = 1/8로 계산됩니다.

② 색맹(color blindness) 역시 X 염색체와 연관되어 유전됩니다. 신생아 6~8%가 적록색맹이라고 알려져 있을 정도로 비교적 흔한 질환입니다. 그러나 색맹은 생명 자체를 훼손시키지는 않고, 다만 생활에 불편함을 초래할 뿐입니다. 눈에는 3가지 종류의 옵신(opsin)이라 불리는 단백질이 있습니다. 이들은 각각 받아들이는 빛의 파장에 따라 파랑, 녹색, 적색을 감지합니다. 이것은 마치 화가들이 3가지 색상을 섞어서 온갖 색깔을 만들어내는 원리와 같습니다. 파랑색을 감지하는 옵신의 유전자는 가장 짧은 파장을 받아 인지하는 것으로서 염색체 7번에 놓여 있습니다. 그리고 이것은 돌연변이가 잘 생기지 않습니다. 중간 정도 파장은 녹색이고, 가장 긴 파장은 적색입니다. 녹색과 적색에 해당하는 옵신은 유전자가 X 염색체에 놓여 있습니다. 적록색맹은 바로 이들이 고장난 케이스이고, 따라서 X 염색체에 연관되어 유전되는 것입니다.
색맹은 색깔이 존재하는 이 세상에 사는 한 불편하더라도 정상인과 공존하면서 살아가야 합니다. 그러기 위해서는 그들이 보는 세상의 빛을 정상적인 빛으로 변화해 줄 수 있는 컴퓨터가 부착된 안경이 개발되어야 하겠습니다.

색맹 검사표

❸ 듀켄씨근이영양증(Duchenne muscular dystropy)도 X 염색체에 의해 전달되는 질환입니다. 이 질환은 앞에서 철수와 영희의 예를 들어 이미 설명하였습니다. 질환의 원인은 디스트로핀(dystrophin)이라는 단백질의 유전자가 고장이 나서 근육이 점차 퇴행되는 것입니다. 5~6세 때 증상이 시작되는데, 처음에는 비틀거리거나 까치발을 떼기 시작하다가 점차 혼자서 일어서지 못하게 됩니다. 근육의 퇴행 증상이 점차 위로 진행되다가 심장에까지 이르르면 박동이 멈추면서 사망하게 되는 무서운 질환입니다. 이 질환에 걸린 환자는 보통 20세 이전에 사망하게 됩니다.

❹ X 염색체와 관련된 또 다른 질환들의 예를 다음과 같이 표로 정리하였습니다.

질환명	영문명	증상	OMIM #
무감마글로불린혈증	Agammaglobulinemia	항체 결핍	300300
알포오트병	Alport syndrome	청력상실, 신장 염증	301050
요붕증	Diabetes insipidus	혈뇨	304800
파브리병	Fabri disease	복통, 피부병변, 신부전	301500
멘케엉킴털증후군	Menkes disease	머리털 꼬임, 뇌퇴행성변화,	309400

OMIM 번호

특정한 유전병에 대해 더 자세히 알고 싶다면, 미국 국립보건원(NIH) 홈페이지에 접속해 정보를 얻을 수 있습니다. 홈페이지 주소는 www.nih.gov입니다. 여기에서 OMIM 번호를 입력하면 그 질환의 증상과 현재 연구현황 등이 상세하게 소개되어 있습니다.

유전자 이상으로 인한 질환

염색체 차원이 아니고 유전자 차원에서 고장이 났을 때 생기는 질환들 역시 많습니다. 어떤 질환은 여러 개의 유전자가 동시에 고장이 나서 생기기도 하지만, 단일 유전자가 고장이 났을 때도 유전질환은 발생합니다. 대개는 특정 유전자의 돌연변이 때문에 걸리게 되는데, 선천적으로 부모에게서 물려받을 수도 있지만 일상생활에서 해로운 약물에 노출되어 시작될 수도 있습니다. 예를 들어, 대부분의 일부 대장암은 가족력이 있지만 나머지 암은 그렇지 않습니다.

❶ Tay-Sachs 병은 유대인에 주로 발생합니다. 그래서 인종 사이에서 유전병의 발병 가능성이 다를 수 있다는 것을 처음 시사해 준 질환 중 하나입니다. 헥소사미니다아제 A(Hexosaminidase A)라는 효소가 결핍되어 발병하는데, 생후 4개월 이후 점차 실명하다가 경련, 마비를 일으키면서 사망하는 질환입니다. OMIM #는 272800입니다.

❷ 낭포성섬유증(cystic fibrosis)은 백인에게 더 흔한 질환입니다. 우리는 알게 모르게 매일 가래를 만들고 있습니다. 호흡기에는 섬모(cilia)라고 하는 털이 있어서 먼지라든지 병균을 계속 몸 바깥쪽으로 밀어내고 있고, 이것이 가래의 형태로 배출되는 것입니다. 한 사람이 매일 만드는 가래의 양은 약 1리터라고 하니 적은 양이 아니지요. 만약 섬모가 운동을 하지 않으면, 먼지와 병균, 공해 물질들이 호흡기에 쌓이고 말 것입니다. 낭포성섬유증 환자가 바로 이런 경우입니다. 섬모의 운동 능력이 없어서 스스로 가래를 몸 밖으로 내뱉을 능력이 없기에 누군가 매일 가래를 손으로 밀어내 배출시켜 주어야 호흡기가 정상으로 기능할 수 있습니다. 낭포성섬유증도 현재로서는 20세를 넘기기 어렵습니다. 또한, 폐와 췌장의 기능마저 저하되어 버립니다. 낭포성섬유증은 1989년에 처음 알려졌고, 지금까지 가장 많이 연구된 유전질환 중 하나입니다. OMIM #는 219700입니다.

❸ 페닐케톤뇨증(phenylketonuria)은 아미노산 중 페닐알라닌(phenylalanine)을 분해하는 효소의 유전자가 고장 나서 페닐알라닌이 뇌세포에 쌓이는 질환입니다. 돌연변이 정도에 따라 아주 심한 경우부터 거의 증상이 없는 경우까지 다양하게 나타나는데, 어떤 경우든지 소변에 페닐알라닌이 과다하게 섞여 분비됩니다. 그대로 두면 신경계에 영향을 주어 정신박약을 초래할 수 있지만, 요즘은 태어나자마자 거의 필수적으로 검사를 하기 때문에 8살까지만 페닐알라닌이 적은 음식물을 공급해 주면 정상 생활을 할 수 있습니다. 그 이후에는 페닐알라닌이 많은 음식도 괜찮습니다. OMIM #는 261600입니다.

❹ 겸상적혈구빈혈증(sickle cell disease)은 헤모글로빈을 구성하고 있는 베타 글로빈(β-globin) 유전자가 고장나서 생기는 병입니다. 잘못된 헤모글로빈이 적혈구에 들어있음으로 해서 적혈구의 모양이 낫 모양으로 구불어지는 현상이 일어납니다. 우리 몸

에서는 이런 비정상적인 형태의 적혈구를 비장에서 걸러내고 부숴 버리기 때문에 적혈구의 수가 감소함으로써 심한 빈혈이 초래됩니다. 때로는 내출혈을 동반하면서 장기 손상까지도 초래할 수 있습니다. OMIM #는 603903입니다.

❺ 헌팅턴무도병(huntington disease)은 젊은 시절에 전혀 진단되지 않다가 40~50대에 들어서면서 서서히 신경세포가 퇴화되면서 말씨가 어눌해지고 행동이 두서가 없어지다가 걸음걸이도 마치 춤추듯 이상해지는 질환입니다. 무엇보다도 치매와 비슷한 증상이 나타나 기억력을 상실하다가 15~20년 정도 고생한 후 사망하는 무서운 병입니다. 일부 약물로 증상을 완화시킬 수는 있지만 치료법은 아직 없습니다. OMIM #는 143100입니다.

❻ 가족성고콜레스테롤혈증(familial hypercholesterolemia)은 간세포에 LDL[9] 수용체가 없어서 혈중 콜레스테롤 수치가 높아지는 병입니다. LDL은 콜레스테롤의 한 형태로서 간세포에 일단 흡수가 되어야 분해가 되어 우리 몸에서 영양소로 쓰일 수 있습니다. 그러나 이것이 흡수되지 못하면 혈액에 쌓이면서 심장마비를 일으킬 수도 있습니다. 보통은 젊은 나이 또는 중년에 사망하게 됩니다. OMIM #는 144010입니다.

❼ 유전자 이상으로 인한 또 다른 질환의 예를 다음과 같이 정리하였습니다.

질환명	영문명	증상	OMIM #
고셔병	Gaucher disease	간과 비장의 팽대, 빈혈, 내출혈	230800
단풍당밀뇨병	Maple syrup urine disease	혼수, 구토, 초조, 정신질환, 유아 사망	248600
연골무형성증	Achondroplasia	사지가 짧고 난장이 형상	100800
근긴장성이영양증	Myotonic dystrophy	진행성 근무력증	160900
신경섬유종증	Neurofibromatosis	심층 피부에서의 암 진행, 피부에 청색 반점 출현	162200
다낭신질환	Polycystic kidney disease	혈뇨, 고혈압, 복부 통증	173900

9) Low density lipoprotein. 해로운 콜레스테롤의 대표적 지표.

유전상담

유전상담(genetic counselling)은 아기가 태어나기 전에 미리 검사하고, 그 결과를 전문가와 논의하여 낙태 여부를 결정하거나 치료 방법을 모색하기 위한 것입니다. 일단 아기가 태동을 시작하면, 엄마는 아기와의 유대 관계가 강하게 형성되기 때문에 조치가 어려워지고, 일단 태어나면 평생을 죄의식 속에서 살아가기 쉽기 때문입니다. 예전에는 불가능했지만, 지금은 선천성 결함을 미리 알아내기 위해 DNA 차원에서 검사할 수 있습니다. 따라서 아주 작은 결함도 미리 예측하는 것이 가능합니다.

대부분의 유전질환이 완전한 치료 방법은 없을지라도 산전진단(prenatal diagnosis)을 통해 미리 대비할 수는 있습니다. 그리고 유전상담을 할 때 중요한 것은 의사나 부모나 절대로 선입견을 가지지 말라는 것입니다. 예를 들어, 지나친 불안감 때문에 의사가 제공하는 정보들을 흘려 듣는다면 유전 상담의 의미가 없어지기 때문입니다. 반대로 의사가 지나치게 고압적이라서 방법을 미리 제시하는 것은 그렇지 않아도 불안한 상담자에게 전혀 도움이 되지 않습니다. 유전 상담의 원칙은 어디까지나 시간을 놓치지 않고 적절한 대응책을 함께 찾는 데 있습니다. 불행하게도, 선천성 이상이 진단되면 지금까지 오손도손 잘 꾸려오던 가정도 파탄이 나는 경우가 많습니다. 서로가 상대방 가계를 괜시리 비난하면서 집안싸움으로 까지 번지기도 합니다. 예를 들어, 모계 유전인 ALD[10]나 혈우병의 경우 그렇잖아도 힘든 아내에게 당신 집안 때문에 이렇게 되었다는 등, 속이고 결혼했다는 등의 비난을 퍼붓는다면 그 가정은 유지되기 어렵습니다. 이럴수록 유전 상담의 범위는 단순한 아기의 문제를 넘어 부부간의 정신적 교감과 가정 문제에까지 확대되어야 하는데, 이때 주의할 것은 의사에게 모든 것을 다 해결해 달라고 맹목적으로 기대거나, 아니면 의사가 상담자의 사생활까지 침해하려는 행동을 피하는 것입니다.

유전질환은 누구의 잘못도 아닙니다. 이런 싸움들은 결국 아무런 의미가 없는 것이며, 서로가 상처만을 입힙니다. 선천성질환에 대한 이해 부족으로 인해서 생기는 일이기에 평소에 올바른 지식을 갖추는 것이 바람직합니다.

친자확인

범죄 현장에 떨어진 혈흔이나 머리카락에서 유전자를 분석해 용의자를 검거하는 것은 이

10) Adrenoleukodystrophy. 부신백질이영양증. 신경세포 파괴로 인한 퇴행성 질환.

제 일반화된 일입니다. 범죄와는 다른 문제이지만, 친자 확인 역시 같은 방법으로 분석해 낼 수 있습니다. 특히, 상속 문제가 걸렸다면 이는 대단히 중요한 일이 아닐 수 없습니다. 사람의 얼굴이 조금씩 다르듯 유전자도 조금씩 다릅니다. 물론 그 차이는 0.01%도 안 될 정도로 미미하지만, 친자 확인을 위해서는 결정적인 단서가 될 수 있습니다. 더욱이 모계 유전을 따라 내려온 친자의 문제라면 어렵지 않게 해결될 수 있습니다. 세포내 소기관인 미토콘드리아[11]는 어머니로부터 전달되기에 미토콘드리아의 유전자를 분석하면 여러 세대를 지났거나 어머니와 함께 이민 온 경우라도 감별해 낼 수 있습니다.

영화 속의 유전질환

ALD, 즉 부신백질이영양증이라는 유전질환은 "로렌조 오일"이란 제목으로 영화화되기도 했습니다. 1993년 제작된 영화라서 다소 오래되긴 하였지만, 실화를 바탕으로 만들어졌기 때문에 가슴 뭉클한 장면들을 많이 담고 있습니다. 유전질환은 사회적 신분 고하를 막론하고 누구에게나 닥칠 수 있는 불행입니다. 평범한 부모가 전혀 들어보지도 못한 희귀한 질병에 걸린 아들로 인해 처음에는 절망도 하지만, 전 세계를 무대로 학자와 의사들을 찾아다니며 마치 지푸라기라도 잡는 심정으로 노력하는 그 절박한 모습을 바라보면, 우리는 뜨거운 부부애와 모성애를 공감할 수 있습니다.

로렌조 오일 영화

ALD는 X 염색체를 통해 어머니로부터 아들에게 전달되는 유전질환입니다. 이 질환은 뇌신경을 둘러싼 미엘린(myelin)[12]을 점차 고갈시켜 언어장애와 운동장애를 일으키는 무서운 질병입니다. 심할 경우에는 침도 삼키지 못할 정도에까지 이

11) Mitochondria. 세포내 에너지 생성 기관으로 자체 유전자를 가지고 있으며, 모계로만 전해짐.

12) 신경세포를 둘러싸고 있는 일종의 절연 물질. 전선의 피복 같은 역할로 신경자극 전달을 도와줌. ALD 환자는 미엘린이 고갈되어 운동 능력을 상실함.

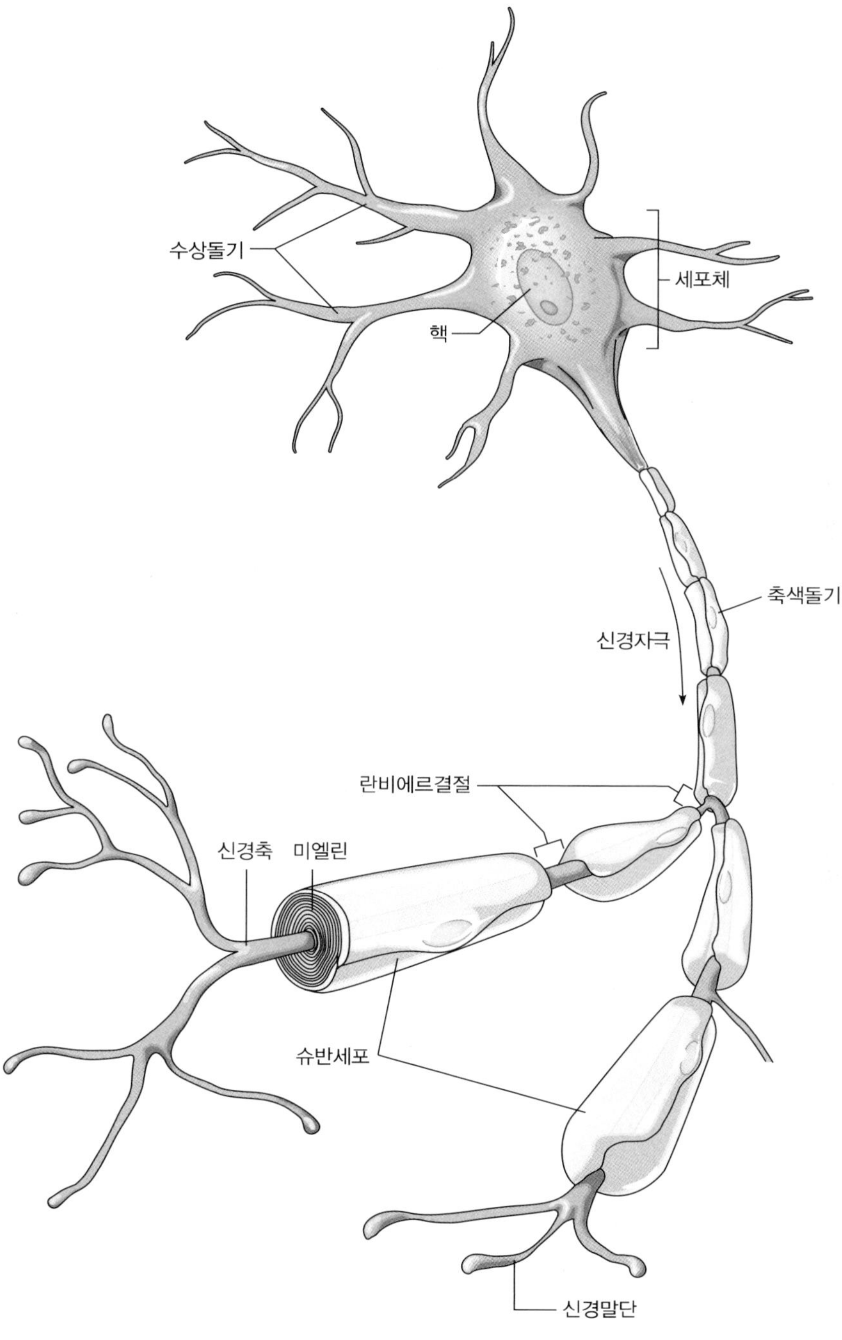

신경세포

르는데, 보통 발병 후 수 년 내로 사망하고 맙니다.

신경세포

미엘린은 신경을 감싸고 있는 피복으로서, 전선을 둘러싸고 있는 피복에 비교할 수 있습니다. 전깃줄의 피복을 벗기면 구리선이 그냥 노출될 것입니다. 그러면 어떻게 될까요? 전기가 사방으로 누전되어 버려서 10,000볼트의 전기를 전송하더라도 반대쪽에는 불과 수 볼트 밖에 전달되지 못할 것입니다. 그러나 피복으로 감싸 놓으면 누전될 이유가 없으므로 처음부터 끝까지 10,000볼트가 유지되면서 전달될 수 있습니다. 우리 신경도 마찬가지입니다. 신경을 둘러싸고 있는 피복인 미엘린이 있어야 누전되지 않고 끝까지 같은 강도로 주어진 자극을 전달할 수 있습니다. 뱀이 다리를 물고 있다고 생각해 봅시다. 머리에서는 100볼트라는 명령을 주었음에도 막상 5볼트나 10볼트만 다리에 전달되면 걷어차는 대신 발가락만 까딱하고 말 것입니다. 그래서 이 미엘린 피복이 중요한 것입니다. 안타까운 것은 한번 손상된 미엘린은 재생될 수 없다는 점입니다.

영화 속에서 의사들은 로렌조가 8살을 넘기지 못할 것이라고 진단했습니다. 하지만 아버지와 어머니는 포기하지 않고 헌신적인 노력을 기울였습니다. 그런 끝에 올리브유를 가공한 기적의 치료 물질 "로렌조 오일"을 만들어 냈습니다. 과학적 전문 지식이 있는 것도 아니었지만, 오로지 아들을 위해 발로 뛰고, 책을 찾고, 실습을 통해서 얻어낸 성과였기에 전 세계를 깜짝 놀라게 했습니다. 이들 부부의 관심사가 과학적 성취에 있지 않았다는 것을 우리는 잘 압니다. 단순히 유전병에 걸린 아들을 둔 부모였기 때문에 이런 일들을 해낼 수 있었던 거지요. 로렌조 오일은 비록 치료제는 아니지만, ALD가 발병되는 것을 늦추어 주거나 증상을 완화시키는 데 특효라서 지금도 많은 ALD 어린이들이 복용하고 있습니다.

실제 인물인 로렌조는 미국의 버지니아 주 자택에서 대량 출혈을 일으켜 2008년에 사망하였습니다. 30살 생일 바로 다음날이었습니다. 의사들이 예측했던 것보다 20년 이상을 더 버틴 것입니다. 물론 부모의 헌신적인 노력이 뒷받침되었기에 가능한 일이었습니다.

유전질환 극복을 위한 노력

인간게놈프로젝트의 완성으로 이제 사람은 약 25,000개의 유전자를 가지고 있다는 것을 알게 되었습니다. 이 중 어떤 유전자도 중요하지 않은 것이 없지만, 특히 3,000여개의 유전자는 치명적인 유전병을 유발합니다. 유전질환은 부유한 사람이나 가난한 사람을 구분하지 않고, 또 사회적 지위도 구분하지 않습니다. 젊은 시절에 최고의 주먹을 자랑하던 무하마드 알리도 지금은 파킨슨 질병으로 걷기조차 어렵다는 것을 우리는 잘 압니다. 그리고 유전질환은 일단 발병하면, 대부분 생명을 앗아가거나 정신 장애를 일으키기 때문에 치명적일 수밖에 없습니다.

혹시나 사랑하고 또 결혼을 약속한 사람이 있다고 가정해 봅시다. 그 사람이 자기 집안에 유전질환 병력이 있다고 고백한다면, 여러분은 어떻게 하시겠습니까? 아마 쉽사리 결정하기 어려울 것입니다. 유전질환은 개인뿐만 아니라 가정을 파괴하고 주변 사람들까지도 황폐하게 만들어 버립니다. 따라서 이를 극복하려는 유전자 치료법의 개발이 전 세계적으로 활발하게 연구 중에 있습니다. 중요한 것은 유전질환은 어느 한 사람만의 힘이나 지식으로 극복할 수 없다는 점입니다. 밝은 미래를 위해서 부모, 의사, 학자, 학술단체, 기금단체 등 사회 모든 조직이 공동으로 노력해야 하겠습니다.

색맹의 원인을 밝힌 두 명의 색맹 과학자

색맹 연구에 크게 기여한 두 과학자의 이야기는 흥미를 넘어 감동을 줍니다. 1794년 어느 날 영국의 저명한 화학자 존 달톤(John Dalton)은 대부분의 사람이 보는 사물과 자기가 보는 사물이 다르다는 것을 우연히 알아 차렸습니다. 다른 사람들은 분홍색으로 보고 있는 국화가 자기한테만 녹색으로 보인다는 사실을 알게 된 것입니다.

당시에는 이 현상을 설명할 수 없었지만, 이제 그 메커니즘을 우리는 압니다. 달톤은 X 염색체와 연관된 열성 적록색맹이었던 것입니다. 달톤은 자신이 죽은 후 눈을 해부해 보관할 것을 주치의한테 부탁하였고, 당시 주치의는 달톤의 말을 따라 해부한 눈을 잘 보관하여 두었습니다.

그리고 무려 200년이 지나 1994년에 과학자들은 달톤의 눈에서 유전자를 분리해 조사하였고, 그의 색맹은 색을 구별하는 3가지 색소 중 하나가 없기 때문이라는 것을 알아내었습니다. 우리 눈에는 3종류의 광색소가 있는데, 이들은 각각 레티날(retinal)과 옵신(opsin)이라는 단백질로 구성되어 있습니다. 레티날은 비타민 A에서 유래되는 색소입니다. 비타민 A를 많이 섭취하면 시력과 야맹증에 좋다고 하는 이유를 이제 아시겠지요? 옵신은 3종류입니다. 그리고 종류 별로 각각 짧은 파장, 중간 파장, 긴 파장의 빛을 받아들입니다. 짧은 파장의 옵신이 고장 나면 청색색맹이, 중간 파장이 고장 나면 녹색색맹이, 긴 파장이 고장 나면 적색색맹이 됩니다. 이 중 적색과 녹색 옵신 유전자는 X 염색체에 있고, 청색 옵신은 7번 염색체에 있습니다. 달톤은 중간 파장이 고장 난 녹색색맹이었습니다.

세월이 흘러 미국 존스 홉킨스(Johns hopkins) 대학교의 제레미 나단(Jeremy Nathans) 박사가 색맹 연구에 동참하였습니다. 나단 박사는 스스로 실험동물이 되어 색맹과 관련된 자기의 유전자를 관찰했습니다. 그 결과, 자신의 DNA 염기서열이 정상이 아니라는 것을 알아냈는데, 알고 보니 청색을 구별하지 못하는 색맹이었습니다.

색맹은 일상생활을 불편하게 할지언정 그 사람의 숨겨진 능력을 가릴 정도의 문제는 아닙니다. 다만, 우리는 어차피 색이 있는 세상에 살아야 하기에 색맹 교정용 안경의 개발이 적극 기대됩니다.

생각해봅시다

1. 산전진단을 실시하는 의학적 목적은 무엇인가요?

2. 근무력증(Muscular dystrophy)의 증상을 설명하고, 치료를 위한 연구 현황에 대해 조사하시오.

3. 염색체 수의 이상으로 인한 질환들을 조사하시오.

4. 색맹(Color Blindness)의 증상과 원인을 설명하시오.

5. X 염색체 이상으로 인한 질환들에 대해 조사하시오.

CHAPTER 10 유전자 검사

MARRIAGE, SEX & INHERITANCE

학|습|목|표

아기의 이상 유무를 산전진단하는 방법은 3가지입니다. 이 방법들은 서로 장점과 단점을 가지고 있기 때문에 각각의 원리를 이해하는 것이 정확한 검사를 위해 중요합니다. 초음파 검사와 양수천자, 융모막 검사의 원리를 먼저 이해하고 나서, 흔히 묻는 질문들에 대해 살펴보겠습니다. 유전자 분석 기술인 PCR과 DNA 염기서열결정법도 간략하게 정리합니다.

출생 이전에 유전자를 검사하는 방법에는 3가지가 있습니다. 이들은 각각 장점과 단점이 있기 때문에 검사 시기와 시술 방법에 따라 어느 것을 선택할지 부모가 결정해야 합니다. 이들 검사를 통하면 개개의 유전자 질환도 검사할 수 있지만, 가장 흔한 것은 염색체 이상을 살펴보는 것입니다. 그중에서도 다운증후군이 검사의 일차적 목표입니다. 그림에서 보는 것처럼, 다운증후군은 35세를 전후하여 그 발병 빈도가 급격히 증가합니다. 최고점에 도달했을 때에는 거의 신생아 1%가 영향을 받을 정도입니다. 1%라면 개념상 적다고 느낄 수 있지만, 이는 사실 엄청나게 높은 빈도입니다. 그림에서 빈도가 40세 이상으로 가면 떨어지는 이유는 다시 안전해지는 것이 아니라 임신하는 여성의 숫자 자체가 줄어들기 때문입니다.

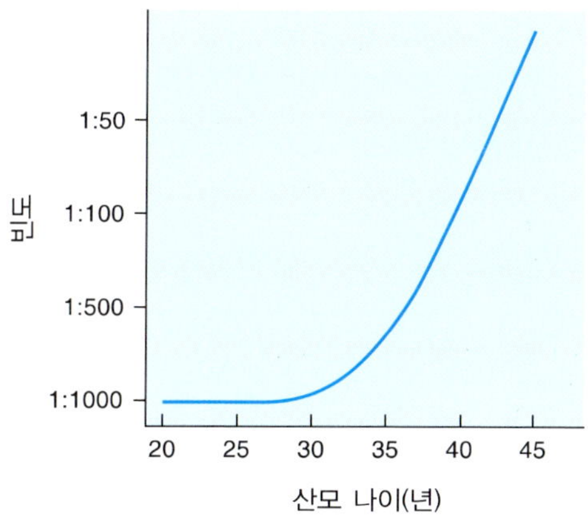

다운증후군의 발병 빈도

최근에 젊은 사람들의 출산율은 떨어지는 반면에 늦둥이를 낳는 풍조가 유행하고 있습니다. 이는 다운증후군의 위험성을 높이는 사회적 문제를 안고 있습니다.

초음파 검사의 원리

초음파 검사(ultrasound examination)는 제일 간단한 검사 방법 중 하나입니다. 그러면서도 움직이는 아기를 직접 관찰할 수 있기 때문에 제일 다이나믹한 검사이기도 합니다. 초음파 검사는 사람이 들을 수 있는 파장보다 높은 음파를 이용해 아기의 영상을 관찰하는 방법입니다. 가청 주파수가 초당 20~20,000cycle인 데에 비해서, 검사에 사용되는 초음파는 대략 1,000,000~20,000,000 cycle입니다. 초음파 검사의 원리는 산에서 "야호"하고 외치면 메아리가 되돌아오는 것과 같습니다. 메아리는 앞 산에 부딪쳐 여운을 남기면서 여러 방향에서 본인에게로 되돌아옵니다. 이때 돌아오는 메아리의 방향들을 합쳐 영상으로 잡는다면 앞 산의 모습을 그려낼 수 있을 것입니다.

초음파 검사를 위해서 여성의 배에 트랜스듀서(transducer)라고 하는 초음파 발생 장치를 올려놓습니다. 트랜스듀서는 일종의 스캐너 같은 것입니다. 트랜스듀서를 배 위 주변으로 이리저리 움직이면 초음파가 배를 뚫고 아기 신체 각 부분에 부딪친 후 다시 반사되어 연결된 컴퓨터에 모입니다. 이렇게 반사된 초음파를 영상으로 나타내면, 아기의 모습을 있는 그대로 볼 수 있습니다.

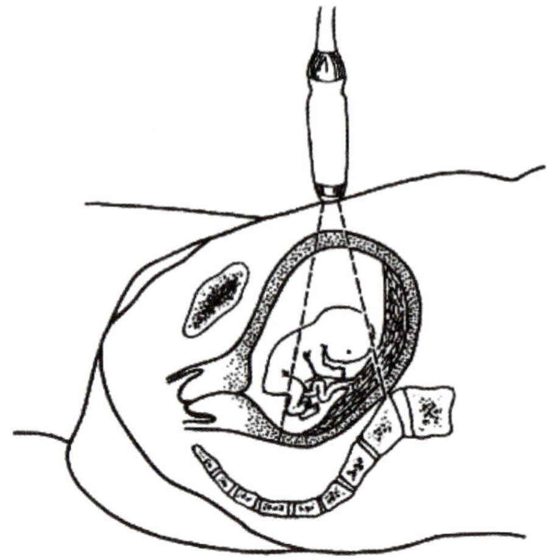

초음파 검사의 원리

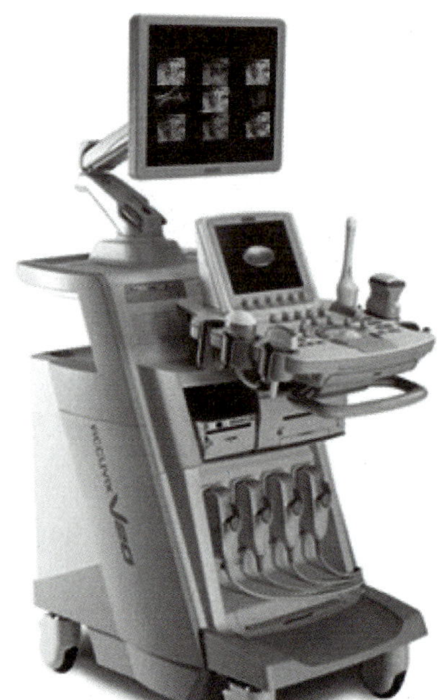

초음파 검사기

초음파 검사의 시기

초음파 검사는 아기의 성장 과정을 추적할 수 있는 가장 안전한 방법이라는 점에서, 그리고 태아의 여러 가지 기형적 발생을 직접 눈으로 추적할 수 있다는 점에서 유용한 방법입니다. 초음파 검사를 시도하는 시기는 대체로 18주에서 20주 사이입니다. 소리와 마찬가지로 초음파도 공기보다는 물에서 더 큰 반향을 일으키기 때문에 양수가 어느 정도 들어차야만 검사가 가능하기 때문입니다. 양수는 최소 18주가 지나야 충분한 양으로 들어찹니다.

아기를 임신하면 부모들의 관심사는 사진입니다. 옛날에는 사진이 귀했지만, 요즘은 아예 초음파 사진부터 앨범에 간직하려는 부부가 많아진 것도 달라진 풍습입니다. 그러다 보니, 부모의 입장에서는 매달 아기가 자라나는 모습을 초음파로 찍고 싶어 합니다. 그러나 의학적 진단의 목적에서는 두 번의 초음파 검사면 충분합니다. 한 번은 18~20주 사이이고, 다른 한 번은 출생 바로 직전에 아기의 위치를 확인하기 위해서 입니다.

간혹 10~13주경 또는 그 이전에 어쩔 수 없이 특별 초음파 검사를 하는 경우도 있습니다. 이런 경우는 임신 초기에 출혈이 심하거나 임신 시점이 부정확할 경우 또는 임산부의 나이가 많거나 가족력이 있어서 다운증후군이 심하게 우려될 경우입니다.

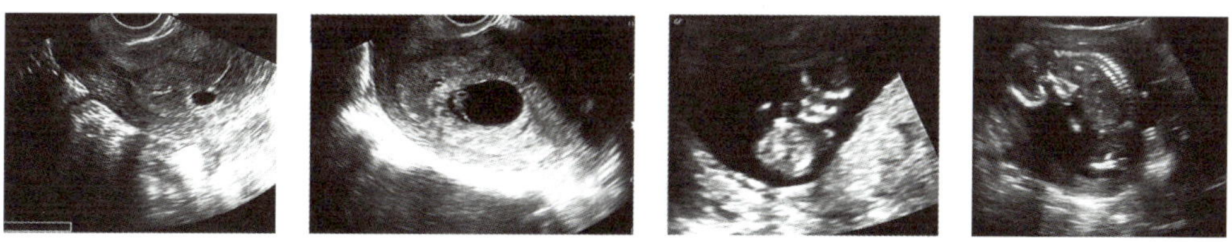

태아의 대체적인 월별 초음파. 왼쪽부터 1, 2, 3, 4개월임

초음파를 이용한 성별 판독

아기의 생식기가 어느 정도 완성되는 시기는 3개월(12주)이므로, 이 시기를 지나면 초음파로 성별을 확인할 수 있습니다. 남자 아이의 경우는 음경을, 여자 아이의 경우는 음순을 관찰합니다. 그러나 때로 여자 아이의 음순을 관찰하기가 어렵거나 남자 아이가 두 다

리로 음경을 감추고 있어 관찰이 어려울 수도 있습니다. 그리고 임신 말기에는 양수가 줄어들어 오히려 검사가 어려울 수도 있습니다. 성별 판독을 위한 검사는 일반적으로 98%의 정확도를 보이는데, 이는 전적으로 의사의 숙련도와 태아의 위치, 그리고 임신 진행시기 등에 따라 달라집니다.

다음은 초음파 검사와 관련하여 자주 질문하는 몇 가지 내용들입니다.

1. 초음파로 출혈의 흔적이 보입니다. 출혈은 어디에서 생기며, 태아에게 위험한가요?

아니요, 그렇지 않습니다. 임신 초기에 출혈이 생기는 경우가 가끔 있지만, 그 출혈이 오래 지속되지만 않는다면 별로 문제되지 않습니다. 그리고 대개의 경우 자연유산이 되지 않는 한 태아도 정상적으로 발육합니다. 출혈이 어느 부분에서 유래되었는지 초음파로 판단하기 어렵습니다.

2. 임신 시기를 정확히 기억합니다만, 초음파 검사 결과에서 의사 선생님이 전혀 다른 날짜를 이야기합니다. 어느 것이 맞는 것일까요?

대개는 마지막 월경 날짜를 기준으로 계산을 합니다만 때로 혼동되기 쉽습니다. 아기가 성장 발육하는 비율은 그 주령에 따라 거의 정해져 있기 때문에 일주일 이상 차이가 나지 않는다면 대개의 경우 초음파 검사 결과가 정확합니다.

3. 아기가 유산되었다면, 초음파 검사로 그 시기와 원인을 알 수 있을까요?

임신 초기에 아기가 유산되면서 세포 덩어리로 남아 있다면, 그 크기를 보고서 대체적인 시기를 추정하는 것이 가능하지만 원인까지 파악하는 것은 쉽지 않습니다. 그리고 부모의 입장에서는 당시 상황을 추적하여 무엇이 잘못 되었을까를 알고 싶어 하지만, 유산의 원인이 한 두 가지가 아니기 때문에 잘못된 추정은 종종 부부간에 오해만 불러 일으킬 수 있습니다.

4. 초음파 검사는 여러 번 했다면, 언제 한 것이 출산예정일을 가장 정확히 말해 줄 수 있나요?

초음파 검사는 대체로 1회에 그치게 마련이지만, 때로 2회 이상 실시하는 경우도 있습니다. 이럴 경우, 임신 초기에 실시한 검사가 출산일을 결정하는 데 더 정확합니다. 나중에 실시하는 검사는 출산일을 결정하기 위해서라기 보다 아기가 정상적으로 자라고 있는지를 말해주는 데 유익한 정도일 뿐입니다.

❺ 초음파 검사로 일란성과 이란성 쌍둥이 여부를 구별할 수 있나요?

초음파로 들여다보면 쌍둥이일 경우 쉽게 관찰이 됩니다만, 아기의 얼굴을 보고 구별할 수 있을 정도는 아닙니다. 따라서 일란성인지 이란성인지를 구별하는 것은 무리입니다. 다만 태반이 한 개라면 일란성 쌍둥이일 가능성이, 두 개라면 이란성 쌍둥이가 아닐 가능성이 높습니다. 가끔 이란성 쌍둥이도 한 개의 태반 안에 같이 들어 있을 수 있기 때문에 초음파만으로 100% 정확한 결론을 내릴 수는 없습니다.

❻ 초음파 검사로 아기의 성을 구별할 수 있나요?

물론입니다. 다만 여기에는 의사의 숙련도가 결정적으로 작용합니다. 아기의 생식기는 보통 3개월 이후에 발달하므로, 초음파 검사로 성을 구별하기 위해서는 최소 13주 이상은 되어야 합니다. 보통은 16~20주 사이에 실시하는 정기 초음파 검사로 성별을 구별할 수 있지만, 의사에게 특별히 미리 요구하지 않으면 일부러 검사하지는 않습니다. 우리나라에서는 얼마 전까지 태아의 성을 감별하는 것이 불법이었지만, 최근에 새로 법령이 개정되어 원한다면 합법적으로 성을 미리 알 수 있게 되었습니다.

❼ 태아의 머리가 몸통보다 크게 보이는 이유는 무엇인가요?

태아의 초기 성장은 머리가 몸통보다 훨씬 빠릅니다. 그리고 이 현상은 32주경까지 지속됩니다. 따라서 이때까지는 실제로 머리의 직경이 몸통의 직경보다 더 크게 마련입니다. 32주가 지나면, 머리는 상대적으로 성장 속도가 늦추어지고, 몸통에 지방분이 축적되면서 몸통이 머리보다 더 크게 됩니다.

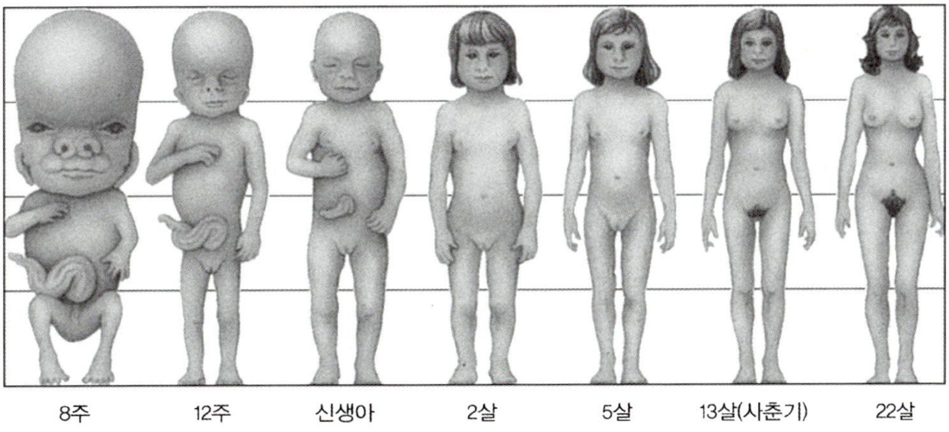

태아의 비례 성장

초음파 검사를 위해, 아기 탄생의 순서를 간단히 정리하면 다음과 같습니다. 아기는 한 달 만에 눈과 귀가 만들어지면서 사람의 형상을 갖추기 시작하고, 10주째인 3개월째 움직이기 시작하면서 심장도 완성됩니다. 3개월째에는 생식기 구별이 초음파로 가능해집니다. 대부분의 임산부들이 4~5개월이면 아기의 태동을 느낄 수 있습니다. 태동을 느낀다는 것은 유전검사 관점에서 중요한 의미가 있습니다. 일단 태동을 느끼면, 아기를 향한 어머니의 마음은 더욱 강렬해짐으로써, 유전검사의 결과에 따른 상담이 어려울 수도 있기 때문입니다. 초음파 검사는 대체로 4개월 이후에 가능한데, 보통은 4~5개월 사이에 한 번 실시하여 이상이 없으면 태어날 때까지 더 이상 할 필요가 없습니다. 7개월 이후에는 태아가 너무 크기 때문에 초음파 검사 자체가 어려울 수도 있습니다. 필요하다면, 출산 직전에 아기의 위치를 확인하기 위해서 또 한 번 할 수도 있습니다. 아기는 7개월이면 눈을 뜨고, 그 이후에는 조기 출산하더라도 생존 가능성이 대단히 높습니다. 아기의 출산 예정일은 보통 마지막 월경으로부터 9개월 뒤인 만 40주입니다.

양수

양수(amniotic fluid)는 짚색의 맑은 액체로서 초기에는 모체의 혈액이 여과되어 만들어지다가 점차 태아의 소변이 주성분이 됩니다. 태아의 신장(kidney)이 기능을 시작하면 소변이 양수로서 배설되는데, 만삭 때에 그 양이 약 1리터 정도 됩니다. 태아가 자궁 속에서 양수를 계속 삼키고 또 뱉기에 양수는 약 3시간마다 교체됩니다.

양수는 98~99%가 순수한 수분이지만, 그 안에는 떨어져 나온 태아의 상피세포가 떠 있으며, 이는 유전자 검사에 중요한 재료입니다. 왜냐하면, 상피세포로부터 태아의 염색체를 추출할 수 있기 때문입니다. 양수를 추출하여 각종 생리·생화학적 검사를 하는 의료기술을 양수천자(amniocentesis)라고 합니다. 양수에는 태아의 상피세포 말고도 각종 유기물질(단백질, 탄수화물, 지방)과 태아가 분비한 효소, 호르몬 등이 섞여 있으므로 산전 진단에 이용될 수 있습니다.

양수는 자궁 내에서 균일한 압력을 제공하여 태아의 근육과 골격이 고르게 성장하도록 도와주고, 태아가 태반에 유착되는 것을 방지하며, 출산 시에는 자궁 수축에 의한 국소적인 압력으로부터 태아를 보호해 주기도 합니다. 또한 임신 중 외부로부터 충격을 흡수하고, 태아의 체온을 조절하는 역할을 하며, 출산 시 수압을 상승시켜 자궁경관의 확장을 도와 출산이 용이하게 해 줍니다.

양수천자

양수천자는 태아의 염색체나 유전자를 직접 검사하기 위해서 임신부의 자궁에서 양수를 채취하는 방법입니다. 태아의 피부에서 떨어져 나온 몇 개의 상피세포가 이 양수에 떠 있는데, 이 세포들은 태아의 유전자를 검사하기 위한 좋은 재료입니다. 양수천자는 1930년대부터 실시되었는데, 당시 목적은 양수에 X-ray 염색약을 풀어 넣어서 태아를 X-ray로 관찰하려는 목적이었습니다. 1950년에는 태아와 임산부의 혈액 부적합을 연구하기 위해 양수천자가 실시된 기록이 있고, 1967년에 유전자 검사를 위한 양수천자가 처음 이루어졌습니다.

양수천자는 이처럼 초음파 검사보다도 먼저 사용되기 시작한 검사 방법입니다. 초음파로 태아를 들여다보면서 양수천자를 실시하면 위험도는 거의 제로에 가까울 정도로 낮아집니다. 양수천자를 시술하기 적합한 시기는 임신 약 15주~17주 사이입니다. 그 이전에는 양수의 양이 너무 적어서 시술하기 어렵습니다. 실제로 10주경에는 양수가 20ml이 채 안 되지만, 불과 5~6주 만에 그 양이 200ml까지 빠르게 늘어납니다.

모든 임산부가 양수천자를 반드시 실시할 필요는 없습니다. 양수천자로 모든 질환을 검사할 수도 없을 뿐만 아니라 경비도 다소 비싸기 때문입니다. 다만 다운증후군 등 특수 질환이 우려될 경우에만 실시하는데, 특히 35세 이상 임산부에게는 적극 권장됩니다. 35세 이하일 경우에는 16주에 혈액검사를 통해서 다운증후군 가능성이 높으면 양수천자를 실시합니다. 혈액검사라는 것은 혈액의 AFP[1] 수치를 측정하는 것입니다.

18주가 넘어가면 양수천자는 사실상 의미가 없어집니다. 물론 양수천자를 실시할 수는 있지만, 대체로 검사 결과를 알기까지 3주 정도 걸리기 때문입니다. 양수에서 채취된 상피세포는 그 수가 몇 개 안되기 때문에 일단 실험실에서 배양을 통해 숫자를 충분히 늘려야만 검사가 가능합니다. 이에 걸리는 시간이 심할 경우 몇 주씩 소요됩니다. 그 다음에 염색체 수를 확인하는 작업이 필요한데, 이 역시 몇 번 반복하는 확인 작업이 필요합니다. 따라서 너무 늦게 양수천자를 하게 되면 최종 검사 결과가 나왔을 때는 20주가 넘어버리는데, 이때는 통상 임산부가 태아의 태동을 이미 느낀 다음입니다. 처음으로 아기와 대화가 시작된 만큼 엄마로서의 책임감과 모성애를 아주 강하게 느끼는 시기이기에 검사 결과가 부정적으로 나오더라도 그에 대한 결정을 하기 힘들게 됩니다. 따라서 양수천자는 아무리 늦어도 15~16주경에는 실시하는 것을 원칙으로 하고 있습니다. 요즘은

1) α-fetoprotein. 다운증후군 등 선천성질환 여부를 가늠하기 위한 지표로 사용된다.

기술이 발달했기 때문에 의학적 관점에서만 본다면 임신기간 내내 유산이 가능합니다. 그럼에도 불구하고, 생명체의 권리라는 차원에서는 법률적 판단 역시 중요합니다. 20주는 엄마가 태동을 느끼는 시기이고, 아기에 대한 욕망이 강했던 부모에게는 결정이 어려운 더욱 힘든 시기입니다. 만약 유산을 결정했다면, 임신부는 가족의 정신적 지원과 함께 지속적인 상담을 반드시 받아야 합니다.

양수천자의 준비

양수천자를 실시하는 과정은 굉장히 단순해서 마치 TV를 보는 기분으로 부부가 함께 준비할 수 있습니다. 시술 시간도 15분 미만으로 마음을 안정시키고 편하게 누워 있는 것 외에는 특별히 준비할 것도 없습니다. 의사 선생님이 소독약으로 수술 부위를 간단히 소독한 뒤 초음파의 트랜스듀서를 배에 올려놓고서 이리저리 바늘을 찌르기 적합한 부위를 찾은 다음, 태아와 태반을 피해서 직접 주사기를 찔러 넣습니다. 한 번에 채취하는 양수의 양은 15ml 정도인데, 처음 2~3ml은 보통 버리게 마련입니다. 임산부의 피부를 직접 찌르기 때문에 태아의 세포가 아닌 임산부의 세포가 섞였을 가능성이 있기 때문입니다. 임산부가 원하면 간단히 국소마취를 할 수도 있습니다. 양수천자가 완료되고 나면 반드시 아기의 심장이 정상적으로 박동하고 있는지를 확인할 필요가 있습니다.

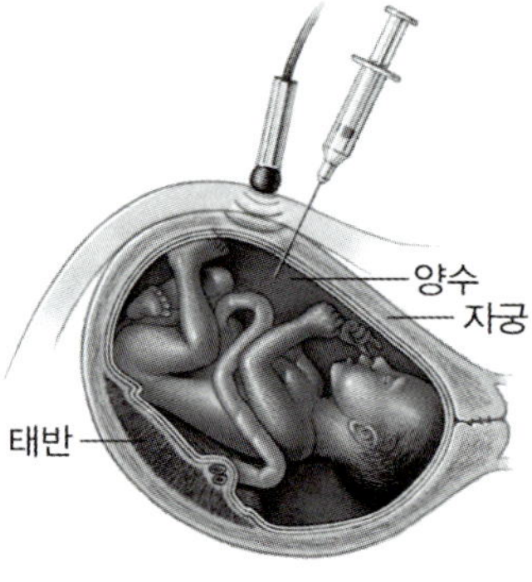

양수천자

한 가지 문제가 될 수 있는 것은 적아세포증[2]입니다. 엄마와 아기의 Rh 혈액형이 서로 다를 경우, 시술 도중 아기에게 상처가 생겨서 혈액이 섞이지 않도록 각별히 주의해야 합니다. 대개의 경우 시술 전에 미리 혈액형 검사를 하는 게 원칙입니다. 양수천자에서 얻어진 양수는 먼저 AFP 수치를 확인하는 데 사용됩니다. 다운증후군의 경우 이 수치가 낮은 것이 보통이기에 만일 이 수치가 낮으면 다음 단계로 유전자 검사를 들어가는 것입니다. 양수천자 이후 특별한 문제가 없으면 하루 만에 일상생활로 돌아갈 수 있습니다.

2) 아기의 혈액형이 Rh+, 어머니의 혈액형이 Rh−일 때 생기는 현상. 아기의 Rh+ 인자를 어머니가 항원으로 인식하여 항체를 만들게 되고, 이 항체가 아기의 Rh+ 인자를 공격하여 파괴하는 현상.

99%의 경우는 한 번의 시술로 끝나지만, 채취된 상피세포의 수가 너무 적으면 간혹 재시술을 받아야 할 수도 있습니다.

양수천자에 대해서 흔히 하는 질문은 다음과 같습니다.

❶ 양수천자에 걸리는 시간은 얼마나 됩니까?

자궁 내에 주사바늘이 실제 머무르는 시간은 불과 30여 초도 안됩니다. 일단 양수에 바늘이 닿기만 하면 양수를 빨아들이고 곧 바늘을 제거하기 때문입니다. 다만, 임산부가 안정하고 또 편안한 마음을 가지게 하기 위해서 대화를 통해 설명하고, 모니터 준비를 하는 등 전체적으로 15분 정도가 소요됩니다.

❷ 양수천자 시술 도중에 아기를 찌를 확률도 있나요?

이것은 전적으로 의사의 숙련도에 달려 있습니다. 통계적으로 산부인과 의사는 연 30~100회 이상 양수천자를 실시한다고 알려져 있습니다. 최근에는 초음파를 들여다보면서 시술하기 때문에 위험도가 현격하게 줄어 들었습니다. 가끔 장난기 심한 태아가 바늘 쪽으로 접근하기도 하지만, 이 역시 초음파로 감지되기 때문에 충분히 피해갈 수 있습니다.

❸ 채취한 만큼의 양수가 다시 보충되는 데에는 얼마나 걸리나요?

쉽게 말해서, 양수는 태아의 소변입니다. 따라서 태아가 성장할수록 비뇨계도 발달하고 소변 양은 점점 많아집니다. 양수가 노란 이유는 빌리루빈(bilirubin)3이라는 성분이 양수에 쌓이기 때문입니다. 임신이 진행될수록 양수는 점차 색이 엷어지면서 투명해집니다. 태아는 매일 새로운 소변을 만들어 냅니다. 양수천자로 빼내는 양수는 15ml 정도인데, 이는 전체 양수의 1/10도 채 되지를 않습니다. 따라서 보충되는 데 걸리는 시간은 며칠 이내입니다.

❹ 양수천자로 아기의 성별을 알 수 있나요?

물론입니다. 양수 그 자체로는 어렵지만, 양수에서 상피세포를 배양하여 염색체를 검사하면 간단히 알 수 있습니다. 현미경으로 Y 염색체 유무를 확인하면 됩니다.

3) 노화된 적혈구가 파괴되면서 나오는 철분이 소변으로 방출되기 위해 간에서 변형된 형태.

융모막 검사

융모막 검사는 CVS(chorionic villus sampling)라고 불립니다. 융모란 초기 상태의 태반을 말하는데, 아기가 자궁내막에 착상된 직후에 발달하기 시작합니다. 수정란은 세포분열을 하면서 계속 덩어리로 자라나게 되는데, 안쪽에 위치한 세포들은 배아와 태아로 성장하는 반면 바깥쪽의 세포들은 영양막으로 번식하듯이 자라나갑니다. 태아의 영양막과 모체의 자궁내막이 합쳐져서 나중에 태반을 형성합니다. 영양막은 번식하면서 점점 표면적을 넓혀 나가고 더 많은 영양분을 주변의 자궁내막으로부터 받아들이기 위해 융모를 이룹니다. 따라서 융모는 곧 태아의 세포입니다.

융모막 검사는 양수천자보다 훨씬 빠르게 태아의 세포를 얻을 수 있다는 것이 장점입니다. 직접 융모막을 떼내기 때문에 필요한 만큼의 세포를 충분히 확보할 수 있어 추가로 세포 배양을 할 필요가 없다는 것도 장점입니다. 그 만큼 검사 결과를 빨리 알 수 있습니다. 이 방법 역시 시도된지 오래 되었는데, 처음에는 아기의 성별을 감지하기 위해 중국에서 개발되었던 것이 점차 유전자 검사의 목적으로 응용된 것입니다.

융모막 검사 역시 35세 이상의 임신이나 이미 기형아를 출산한 경험이 있는 경우가 주된 검사 대상입니다. 10주 이후에는 아무 때나 검사가 가능하지만, 10~12주경에 실시하는 것이 보통입니다. 융모막 검사는 엄마가 태동을 느끼기 이전인 15주 전후에 결과를 알 수 있기 때문에 유산에 따른 정신적 고통이 상대적으로 적다는 장점도 있습니다. 융모막 검사 역시 특별한 준비는 필요 없지만, Rh 혈액형 검사는 반드시 거쳐야 합니다. 때로는 방광에 약간의

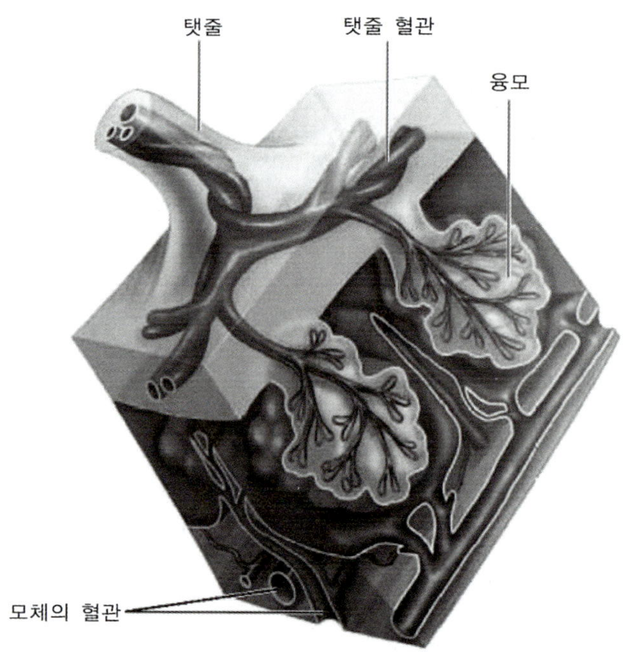

융모의 구조

소변을 채우는 것이 검사에 도움이 될 수도 있습니다.

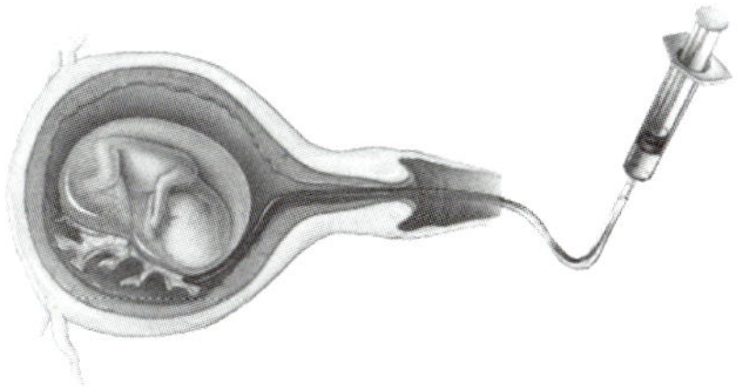

융모막의 채취 방법

융모를 채취하는 방법은 2가지입니다. 하나는 질과 자궁경부를 통해 바늘을 삽입하여 융모막의 일부를 직접 채취하는 방법이고, 다른 하나는 양수천자처럼 바늘을 배 쪽에서 찔러 넣어 채취하는 방법입니다. 두 가지 모두 위험도나 정확도에서 차이가 없기 때문에 어느 쪽을 택할 지는 전적으로 의사의 선호도와 숙련도에 달려 있습니다. 어떤 의사는 전자의 방법을, 어떤 의사는 후자를 선호하여 한쪽으로만 숙련되어 있을 가능성이 높기 때문입니다.

이처럼 융모막 검사는 양수천자와 비교할 때 검사 시기가 최소한 3~4주 이상 빠릅니다. 정확도 역시 동일하거나 더 우수하다는 장점이 있습니다. 필요하다면, 양수천자를 병행 실시할 수도 있습니다. 최근에는 CVS를 선호하는 경향이 높습니다.

유전자 분석 방법

몇 개의 세포에서 추출한 DNA의 양은 정확한 검사를 하기에는 많이 부족하기 마련입니다. 그래서 개발된 방법이 유전자증폭기술인 PCR(polymerase chain reaction)입니다. 이 기술은 영화 "쥐라기 공원"에서 보았듯이, 모기 침에서 혈액 한 방울을 채취하여 공룡 DNA를 증폭해 낸 바로 그것입니다. PCR 기술을 이용하면 불과 서너 시간 만에 DNA를 100만 배 이상 증폭해 낼 수 있습니다. 빠른 시간에 DNA를 증폭시킬 수 있고, 또 적은 양의 DNA도 증폭시킬 수 있기 때문에 유전자 검사뿐만 아니라 친자 확인 내지는 범죄 용의자 확인에까지 널리 쓰이는 기술입니다.

PCR 기계

또 다른 기술은 DNA 염기서열결정법(DNA sequencing)입니다. 염기서열을 결정하는데 사용되는 기계의 이름은 DNA 전기영동기(DNA sequencer)입니다. 유전암호는 A, C, G,

T라는 4개의 알파벳으로 되어 있습니다. 이 알파벳들을 염기라 부르는데, 이들의 순서가 어떻게 되어있는지에 따라 서로 다른 유전자가 되는 것입니다. 인간게놈프로젝트는 바로 이 염기의 서열을 모두 파악해 내려는 연구였습니다. 건강한 사람의 염기서열을 알아야 특정 질환에 걸린 사람의 유전자 서열과 비교하여 원인이 되는 변이를 찾아낼 수 있기 때문입니다. 또 원인을 알아야 치료도 가능하기 때문입니다.

이 프로젝트는 비록 어마어마한 경비와 시간이 투자되었지만 언젠가는 반드시 해야 할 프로젝트였고, 결국 2004년에 완성되었습니다. 그래서 어떤 사람은 우리가 포스트 게놈(post-genome) 시대에 살고 있다고 말하기도 합니다. 연구 결과, 사람의 유전자는 모두 3 X 10^9개의 염기로 되어있다는 사실을 알게 되었습니다. 이것은 한글 프로그램에서 10 point로 A4 용지에 써 내려가면 약 250m 두께의 책이 될 분량입니다. 그만큼 사람의 유전자는 방대하고 또 정교한 것입니다. 실제로 생물학만 발달해서는 이런 프로젝트가 불가능하며, 용량이 크고 빠른 컴퓨터가 병행되어 개발되어야 가능합니다. 이런 이유로 생물학과 정보통신을 합친 생물정보학(bioinformatics)이 21세기에 중요 학문으로 부상하고 있습니다.

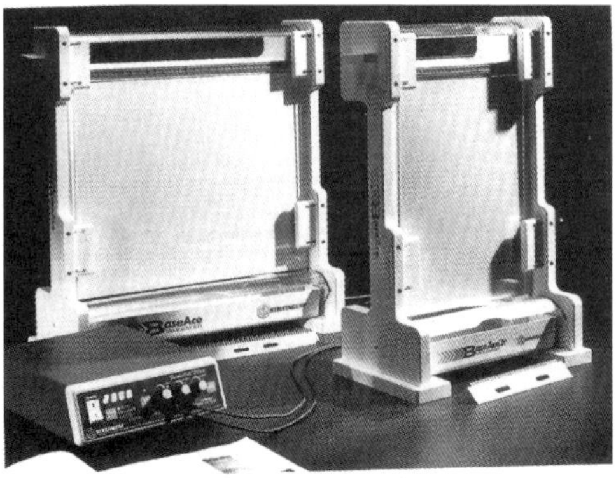

DNA sequencer

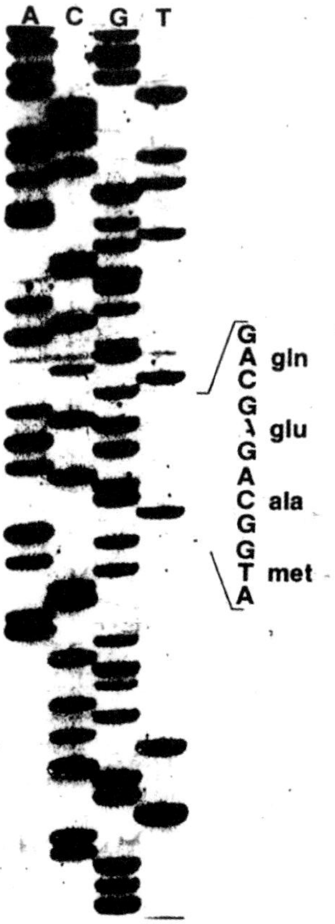

DNA 염기서열 사진

윤리적 문제와 유전상담

유전자 검사가 비록 건강한 아기와 행복한 가정을 보장하는 과학적 발달의 산물이라 할지라도 다음과 같이 몇 가지 문제점을 안고 있습니다.

❶ 유전자 검사를 누구한테 적용하느냐의 문제입니다. 35세 이상 임산부에게 적극 권장되는 양수천자라도 본인이 원하지 않으면 강제로 시술할 수 없기 때문입니다. 사람에 따라서는 35세가 안 되었더라도 아기에 대해 지나치게 걱정하여 검사를 여러 번 되풀이하여 받으려는 경우도 있습니다. 이런 것들을 종합해 볼 때 검사 자체가 강제적으로 이루어져서는 안 된다는 것이 분명합니다. 게다가 의료보험 등의 여건으로 인해 어떤 사람은 쉽게 검사를 받을 수 있는 반면, 어떤 사람에게는 경제적으로 굉장히 어려울 수도 있습니다. 게다가 어떤 사람은 유전자 검사의 결과를 믿지 않으려는 경향을 보일 수도 있습니다. 심지어는 국가가 대부분의 비용을 지불한다 하더라도 검사를 원하지 않는다면 강요할 수 없기에 이는 전적으로 개인적 결정일 수밖에 없습니다.

❷ 검사결과가 부정적일 때 낙태를 결정하는 문제입니다. 이것은 윤리적 문제이기도 하고, 법적 문제이기도 합니다. 그리고 전적으로 생명의 시작을 언제로 간주할 것인가와 관련되어 있습니다.

가톨릭에서는 수정과 동시에 생명이 시작된다고 보고 있습니다. 반면에 발생학자들은 14일까지는 아직 완전한 착상이 이루어지지 않았기에 세포덩어리로 간주하려는 경향이 짙습니다. 사람의 수정란을 실험실에서 14일까지 배양하도록 허용하는 이유도 이에 따른 것입니다. 초기 기독교 시절에는 태아에게 영혼이 들어가는 시기가 남자 아이는 40일, 여자 아이는 80일이라고 규정되어 있었습니다. 이것은 발생에 대해 지식이 부족했던 결과이기도 하지만, 남자와 여자를 구별짓는 것도 전혀 맞지 않습니다. 중요한 것은 생명의 시작을 언제로 보느냐에 따라 낙태 시기의 합법적 기준이 달라진다는 것입니다. 현대 의학에서는 대체로 24주 이후에 태아가 모체로부터 분리되어도 살아갈 수 있기에 그 이전에 임신 상태를 인위적으로 중단하는 것을 유산으로 봅니다. 이처럼 아직 통일된 의견이 없기 때문에 유산을 결정하는 것 역시 개인적 상황에 거의 달려 있습니다.

비록 낙태를 법으로 금지한 나라도 있지만, 질환을 뻔히 가지고 태어날 아이를 생각한다면 출산하기도 쉬운 결정이 아닙니다. 정신적 준비뿐만 아니라 경제적 준비도 함께 뒤따를 수 있어야 하기 때문입니다. 법으로 낙태를 금지해 놓고서 막상 태어난 장애아에 대해 아무런 사회적 보호 장치가 없다면, 오히려 태어남이 더 고통일 수도 있습니다. 그러면 어떤 아기들이 낙태의 대상이 아닐까요? 물론 질병의 경중을 따지기는 무척 어렵습니다만, 분명하게 치유할 수 있는 질환들도 있습니다. 예를 들어, 언청이는 성형수술이 발달했기 때문에 거의 구별이 불가능할 정도로 치유할 수 있습니다. 손가락이나 발가락의 숫자 정도가 문제라면 살아가는 데 아무런 지장이 없습니다. 성감별에 다른 낙태도 문제입니다. 원래 신생아의 성비는 1:1임에도 불구하고, 보수적인 성향의 지역에서는 이 성비가 완전히 어긋나는 경향이 짙습니다. 이런 것은 검사 기술과 낙태 기술이 음성적으로 사용된 잘못된 예입니다. 치유가 분명하거나 온전한 생명체임에도 불구하고 선택적 출산을 원하여 낙태를 결정한다면, 그것은 생명의 소중함을 경시한 행위임에 틀림없습니다.

어쨌든 최종 낙태를 결정하는 당사자는 의사가 아니라 전적으로 부부 본인들이어야 합니다. 의사는 결정을 내리는 데 필요한 의학적 정보만 최대한으로 제공하고 낙태와 출산의 장단점을 설명해 주어야 합니다. 절대로 강권하거나 어느 한쪽으로 몰고 가서는 안 됩니다. 의사는 부부에게 편안함 마음으로 천천히 시간을 두고 생각하되, 확고히 결정할 수 있도록 도와주어야만 할 것입니다. 예전 같으면 검사조차 되지 않았을 경미한 질병도 요즘은 기술이 발달하여 미리 알게 되었습니다. 그러기에 결정을 내리기는 더욱 힘들어졌습니다. 생명을 존중하면서, 경제적 상황과 아기에 대한 확고한 의지 등 제반 여건을 충분히 고려하고, 필요한 사회적 지원과 제도 등도 함께 검토하여 어디까지나 부부의 의지로 현명한 판단을 할 필요가 있습니다.

미래의 결혼 풍속

지금부터 꼭 100여 년 전 영국에서 이런 질문이 던져졌습니다. 앞으로 100년 뒤의 결혼 풍속이 어떻게 달라질 것인가라는 것이었습니다. 그중 한 사람이 대답했습니다. 그 때쯤이면, 대부분 편부모 밑에서 자라나는 아이들이 많아질 것이기에 결혼을 해도 자녀를 낳지 않는 경우가 많을 것이라고 했습니다. 또 다른 사람은 동거가 결혼보다 더 편하기 때문에 사회적으로 선호하는 대안이 될 것이라고 했고, 또 다른 사람은 이혼이 지금보다 쉬워지고 그 시대에는 당당하게 자기 주장을 내세울 것이라고 말했습니다.

우리는 지금 이들의 대화가 얼마나 완벽하게 들어맞고 있는지 놀랄 수밖에 없습니다. 통계에 의하면, 미국은 미혼 여성 25%가 동거를 하고 있고, 프랑스에서는 세 가구당 하나가 독신가구입니다. 게다가 서구의 많은 국가들이 이미 동성간 결혼을 합법화한 상태입니다. 그렇다면, 인류의 수명이 100세를 훌쩍 넘길 지금부터 50년 후에는 과연 어떻게 될까요?

수명이 길어지면 당연히 결혼생활도 한 사람하고만 지속할 수 없을 것입니다. 재혼과 삼혼은 일반적 풍습이 될 것이며, 미래의 가족 개념은 여러 번의 결혼 중 누구하고의 결혼을 말하는지 족보를 놓고서 다시 따져봐야 할 것입니다. 아이들 역시 여러 명의 부모를 가질 수밖에 없고. 이로 인해서 초래되는 사회적 문제와 혼란감은 지금부터 미리 상상하기가 어려울 정도로 많아질 것입니다.

지금 청소년들에게 물었을 때 결혼을 꼭 해야 한다는 대답이 20%를 채 넘지 않습니다. 아기를 낳겠다는 대답은 10%에도 훨씬 못 미칩니다. 우스갯소리로 앞으로는 청혼이 "저와 잠깐만 결혼해 주시겠어요"로 바뀔지 모릅니다. 언제까지나 검은 머리 파뿌리되도록 평생을 함께 하겠다는 그 서약이 인류의 수명이 늘어나면서 그저 결혼식 순서의 한 부분 정도로 변질될까 우려스럽습니다.

생각해봅시다

1. 초음파 검사의 원리를 설명하시오. 사용되는 초음파의 파장은 무엇인가요?

2. 양수천자와 융모막 검사의 공통점과 다른 점을 비교하여 설명하시오.

3. 유전자증폭기술인 PCR에 대해 설명하시오.

4. 유전자분석기술인 DNA sequencing에 대해 설명하시오.

5. 모자보건법의 구체적 항목들을 설명하시오.

CHAPTER 11

MARRIAGE, SEX & INHERITANCE

유전자 치료

학|습|목|표

유전자 치료는 생명의 근원을 유전자에서 찾고, 고장난 유전자를 바꾸어주거나 보완하여 치료하려는 기술입니다. 이번 장에서는 최초의 유전자 치료를 살펴보고서, 유전자 치료의 원리를 이해하는 것이 목표입니다. 넓은 의미의 유전질환에는 암도 속하기 때문에 암 치료를 위한 유전자 치료의 응용에 대하여도 간단히 살펴봅니다.

유전자 치료

모든 사람의 궁극적인 소원은 아마 "건강하게 오래 사는 것"일 겁니다. 지금은 여러 가지로 생활 여건이 좋아졌기 때문에, "웰빙(well-being)"을 외치는 목소리도 점점 높아지고 있습니다. 바로 이 소원을 들어 줄 첨단 의학이 유전자 치료입니다. 그리고 유전자 치료는 본인에게 뿐만 아니라, 앞으로 태어날 아기의 건강까지도 보장할 열쇠로 부상하고 있습니다.

유전자를 흔히 생명의 근본 물질 또는 생명의 원동력이라 합니다. 사람의 생리적 현상 하나하나가 모두 유전자의 통제 아래 있기 때문입니다. 반대로 말하면, 유전자 통제 시스템이 고장나면 질병에 걸린다는 말이기도 합니다. 따라서 유전자를 적절히 조절할 수만 있다면, 인류를 위협하는 모든 질병들을 치료할 수 있습니다.

유전자 치료의 역사는 이제 겨우 30년 남짓합니다. 하지만, 그 동안 유전자 치료가 우리에게 보여준 잠재력은 참으로 희망적인 것이 아닐 수 없습니다. 21세기 미래 의학으로서 유전자 치료는 이미 우리 생활 속에 깊숙이 들어와 있습니다. 소위 유전공학이니 유전자 재조합 기술이니 하는 첨단 기술들과 함께 유전자 치료는 금세기 최고의 의료 기술 혁명이라 할 수 있습니다.

유전자 치료의 역사

유전자 치료는 유전학, 발생학, 유전공학 등 기초 학문들이 합쳐서 이루어 낸 걸작입니다. 그 동안의 몇 가지 역사적 성과들을 살펴보면, 1976년에 암유전자(oncogene)가 최초로 보고되었고, 1977년에는 사람의 성장호르몬 유전자를 대장균에 조합해 넣는 데 성공하였습니다. 1982년에는 유전자재조합기술(DNA recombinant technique)로 만든 휴물린(Humulin)이라는 이름의 인슐린이 시판되기에 이르렀습니다. 우리는 1980년대를 인체유전학의 전성기라 부르는데, 이 시기에 여러 가지 대사 이상과 관련된 유전자들이 분리되었기 때문입니다. 1980년대 말에는 유전자 차원에서의 산전진단이 가능해졌고, 그 결과 선천성 대사 이상을 가진 아이의 출생을 예방할 수 있게 되었읍니다. 그러나 산전진단만으로는 치료의 효과를 기대할 수가 없고, 특히 암과 같은 질환에는 응용이 어렵다는 한계가 있으므로 보다 직접적인 유전자 차원에서의 치료법 개발이 학자들 사이에서 끊임없이 요구되었습니다. 이러한 요구에 의해 마침내 1990년 9월 14일 인류 역사상 처음으로 "선천성면역결핍증" 어린이를 대상으로 유전자 치료가 시도되었고, 그 결과는 기대를 넘어 대단히 고무적인 것으로 확인되었습니다.

우리는 지금 유전자 치료 시대에 살고 있습니다. 지금도 밤낮 없이 전 세계의 과학자들은 새로운 처방전을 개발하기 위해 노력하고 있습니다. 한편으로는 이미 여러 환자들을 대상으로 상당한 치료 효과를 거두기도 하였습니다. 유전자 치료에 사용되는 재료는 생명의 근본물질인 DNA입니다. 그런 만큼, 유전자 치료는 인류가 그 동안 꿈꾸어 온 근본적인 치료법으로서 "질병 없고 건강한 인생"을 가져다 주기를 기대하고 있습니다.

유전자 치료의 원리

유전자 치료는 한 마디로 정상적인 유전자를 환자에게 넣어 주어 유전적 결함을 치료하고자 하는 기술입니다. 조금 더 자세히 표현하면, 기능이 정상인 유전자를 환자의 세포로 이식시켜 주는 기술입니다. 유전자 치료는 원래 선천성 대사 이상을 치료하기 위해 개발되었지만, 지금은 암이나 에이즈 치료 등에 더욱 많이 이용되고 있습니다. 유전자 치료의 원리는 크게 촉진과 억제로 구분해 생각해 볼 수 있습니다.

❶ 유전자의 이상이 기능의 저하를 일으키는 경우입니다. 이때는 환자에게 정상적인 유전자를 이식해 줘서 기능을 촉진시켜야 될 것입니다. 여기서 기능이란 유전정보에 따라 필요한 단백질이 만들어지는 것을 의미합니다. DNA를 생명의 근본 물질이라 부르는 이유는 DNA의 유전 정보에 따라 단백질이 만들어지고, 그 단백질이 우리 몸에서 각종 생리 현상을 수행하기 때문입니다. 즉, 우리 몸에서 실제로 일을 하는 것은 단백질임에도 불구하고, 이들 단백질이 DNA의 유전 정보대로 만들어지기 때문입니다. 만약에 유전자가 고장이 나면 단백질이 만들어질 수 없고, 결과적으로 그 단백질이 조절하는 생리 기능이 마비되어 암이나 대사 이상이 초래됩니다.

❷ 또 다른 경우는 유전자가 변이를 일으켜서 그 기능이 지나치게 증가하는 것입니다. 이럴 때는 거꾸로 기능을 억제해 주어야 합니다. 대표적인 예가 바로 암을 유발하는 유전자들입니다. 이들은 평소에는 정상적인 생리 기능을 담당하지만, 어떤 원인에 의해 갑자기 촉진되어 정상 세포를 암세포로 전환시켜 버립니다. 따라서 이런 경우에는 이들 암유전자를 억제할 수 있어야 할 것입니다.

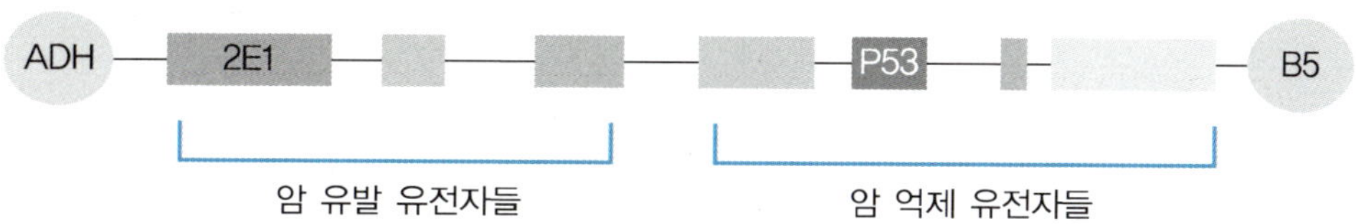

암 유발 유전자와 암 억제 유전자

최초의 유전자 치료

1990년 9월 14일은 사람이 처음으로 사람의 유전자를 재조합해서 유전자 치료를 실시한 역사적인 날입니다. 환자는 당시 4살 난 아샨티(Ashanthi V. DeSilva)라는 여자 아이였습니다. 질환의 명칭은 아데노신탈아미노효소 결핍증(adenosine deaminase deficiency)인데, 열성 유전병으로서 부모가 모두 보인자인 경우에만 100,000명당 1명꼴로 나타나는 희귀한 유전질환입니다. 선천적으로 면역성이 전혀 없어 약간의 감기 증상에도 사망하게 되는 무서운 질병입니다. 아데노신탈아미노효소는 데옥시아데노신(deoxyadenosine)[1]이라는 화학물질을 데옥시이노신(deoxyinosine)으로 바꿔 줘서 소변으로 배설될 수 있게 도와주는 효소입니다. 만약 이 효소의 유전자가 고장나면 데옥시아데노신이 체내에 쌓이게 되는데, 특히 면역세포인 T 림프구[2]에 축적되면 강한 독성을 나타내어 T 림프구를 모두 죽이고 맙니다. 그 결과, 환자의 혈액에는 T 림프구가 절대적으로 부족하게 되고, 면역성이 심각하게 저하되는 것입니다. 유전자 치료가 개발되기 전에는 골수를 이식 받거나 상품명이 아다젠(Adagen)인 소의 효소를 주사 맞는 것이 최선의 처방이었는데, 이식에 적합한 골수를 찾는 것이 워낙 어려운데다 아다젠 역시 그다지 큰 효과가 없어서 근본적인 치료가 사실상 불가능한 상황이었습니다.

아데노신탈아미노 효소의 유전자는 이미 1983년에 유전학자들의 노력으로 분리되어 있었습니다. 최초의 유전자 치료는 전형적인 체외 유전자 조작법[3]이었는데, 먼저 어린아이의 혈액을 채취하여 T 림프구를 분리한 다음, 여기에 정상적인 유전자를 이식한 뒤 어린아이에게 다시 주사해 넣어준 치료였습니다. 당시에 이 방법으로 치료받은 어린아이는 2명이었는데, 이들 모두 유전자 치료가 없었다면 아마도 벌써 사망했을 어린아이들입니다. 유전자 치료 이후 이 두 아이가 다른 아이들처럼 건강하게 학교 생활을 즐기고 있는 것으로 알려져 우리에게 매우 고무적인 사실이 아닐 수 없습니다. 게다가 아직까지 아무런 부작용이 관찰되지 않았다는 것도 반가운 소식이 아닐 수 없습니다.

그러나 아직까지는 이 치료법 역시 완전하지 못해서 앞으로도 많이 개선되어야 합니다. 이는 3~6개월마다 정기적으로 치료를 되풀이 해야 하기 때문입니다. 이렇게 치료를 되풀이 해야 하는 이유는 유전자를 이식한 대상 세포가 T 림프구이기 때문입니다. T 림프구의 수명은 제한되어 있습니다. 따라서 이 세포가 체내에서 수명을 다하면 넣어준 유전자도 함께 소멸되어 버립니다. 이 때문에 세계 각국의 유전학자들은 T 림프구 대신 줄기세포(stem cell)에 유전자를 이식하기 위한 연구를 진행하고 있습니다. 줄기세포는 여러 조직으로 분화할 수도 있지만, 계속 복제하여 새로운 딸세포를 만들어내는 것이 특징입니다. 따라서 줄기세포에 유전자를 이식하면 새로 만들어지는 모든 세포들에게 자동적으로 이식 유전자가 전해지므로 영구적인 치료가 가능합니다.

---

1) DNA의 전구체인 뉴클레오시드의 한 종류.

2) 면역세포인 백혈구의 한 종류.

3) 체외에서 유전자를 조작하여 다시 환자에게 넣어주는 방법을 ex vivo라 함.

유전자 치료가 인류 건강과 복지에 미칠 앞으로의 영향은 아직 아무도 예측할 수 없습니다. 그러나 한 가지 분명한 것은 이제 우리는 과거에 경험하였던 것과는 전혀 성격이 다른 새로운 의학의 장을 열었다는 것입니다. 최초의 유전자 치료가 성공적이라는 것은 우리에게 그 만큼 시사하는 바가 큰 것으로, 장차 암과 같은 질환들의 정복도 결국은 우리의 노력에 달려 있음을 분명히 말해 주는 것입니다.

암 치료를 위한 유전자 치료

유전자 치료의 본래 목적은 유전병을 치료하기 위한 것이었으나, 지금은 오히려 암 치료에 더 많이 이용되고 있습니다. 통계로 보면, 1990년부터 지금까지 실시되었던 유전자 치료 중 순수하게 유전병 치료를 위한 경우는 20%에 지나지 않는 반면에, 50% 이상의 사례가 모두 암 치료를 위해서 실시된 것들입니다. 나머지는 에이즈 등 기타 질병들에 실시된 사례입니다. 이렇듯, 유전자 치료가 암 치료에 많이 이용되었다는 것은 유전병 환자보다 암 환자가 더 많다는 뜻도 되겠지만, 그보다는 유전자 치료가 암 치료에 그 만큼 희망적이기 때문입니다.

원인이야 다양하겠지만, 근본적으로 암은 암을 억제하는 유전자와 암을 유발하는 유전자들 사이에 균형이 깨지면서 생겨나는 것입니다. 따라서 근본적인 치료를 위해서는 유전자 차원에서의 치료법이 강구되어야 하는 것입니다. 현재 암을 치료하기 위한 유전자 치료로는 p53 같은 종양억제유전자를 암세포에 넣어 죽이거나 자살유전자(suicide gene)[4]를 암세포에 넣어 주는 일, 면역세포의 항암 효과를 증대시켜 주는 일, 암 백신을 개발하는 일 등이 시험 중에 있거나 연구 중에 있습니다. 이미 여러 종류의 암 치료를 위해 유전자 치료가 시도된 바 있고, 그 결과 역시 고무적이기에 유전자 치료에 대한 기대는 날로 높아가고 있습니다.

4) Thymidine kinase라는 유전자를 암세포에 넣어주고 항생제인 gancyclovir를 투여하면, 암세포가 자살하듯이 선택적으로 죽는 데서 비롯된 별명.

맞춤 아기

바이오테크놀러지와 생식의학의 발달은 당연히 우생학의 문제를 몰고 왔습니다. 인간게놈프로젝트의 결과 여러 가지 열성유전자와 우성유전자가 이미 확인되었고, 성급한 벤처회사들은 태아의 지능과 장래 당뇨병에 걸릴 확률까지 진단해 준다고 광고할 정도입니다. 서로가 사랑하여 결혼을 했는데, 원하지 않는 열성유전자가 진단되었거나 유전병의 가족력이 있는 경우 당연히 이 나쁜 유전자를 제거하고 싶을 것입니다. 더 나아가서 예술적 재능이 있고, 지능까지 우수한 아이를 유전자 조작으로 만들어준다면 누구나 한번쯤은 귀가 솔깃할 수밖에 없습니다.

과학 기술은 항상 발전하기 마련입니다. 그리고 그 속도도 점점 빨라지고 있습니다. 지금은 공상과학 수준의 아이디어일지라도 가까운 미래에 반드시 실현되고야 마는 게 현실입니다. 미래의 부모들은 의사에게 여러 가지를 요구하게 될 것이 분명합니다. 예를 들면, 태어날 아기의 얼굴은 동글게, 키는 180cm, 눈은 파랗게 등등 각종 요구를 하게 될 지도 모릅니다. 어쩌면 주민등록증을 발급받듯이, 태어나자마자 유전자 검사 합격증을 받아야 할지도 모릅니다. 태어나면서 바로 열성 자연산 아기와 우성 맞춤아기의 인생이 갈라지는 거지요.

유전자 검사를 통해 혹시나 있을지도 모르는 유전자 이상을 미리 교정함으로써, 결함이 아예 없게 만든 아기를 맞춤아기(perfect baby)라고 합니다. 머지않은 미래에는 유전질환의 유전자를 제거하는 정도에서 그치지 않고, 매우 이상적인 맞춤아기를 조합하여 만들어내게 될지도 모릅니다. 즉, 체형이 아름답도록 유전자를 조작한다든지, 머리카락의 색을 바꾼다든지, 체격과 체력을 완벽하게 조작함으로써 슈퍼스타로 만든다든지 하는 생존과 무관한 미용 차원의 변형을 말합니다. 물론 아직까지의 기술과 능력으로는 불가능하지만, 법과 규제를 앞서가는 바이오테크놀러지의 속도를 생각하면 이렇게 디자인된 아기가 머지 않은 미래에 태어나지 않을 것이라고 어느 누구도 장담할 수 없을 것입니다.

지금도 유전자 진단은 실시되고 있습니다. 갓 태어난 아기의 발바닥에서 조금 채혈하여 선천성 질환 여부를 테스트하는 것이 그것입니다. 기술이 발달할수록 이런 유전자 진단도 검사 시기가 점차 빨라지고 있습니다.

전에는 모체의 양수를 검사하던 산전진단이 지금은 아예 배아 단계까지 거슬러 올라가 배양 접시에서 미리 조사해 착상 전에 질환 여부를 예측하는 것도 가능할 정도입니다. 맞춤아기의 경우 새로운 우생학의 문제를 야기할 위험성을 충분히 지니고 있습니다. 새로운 계급사회가 만들어지고, 계층간 격차가 더욱 심화되어 또 다른 사회 문제로 인류를 괴롭힐지도 모를 일입니다.

생각해봅시다

1. 최초의 유전자 치료가 어떻게 진행되었는지 조사해보시오.

2. 유전자 치료의 기본 전략들을 조사하시오.

3. 항암유전자인 p53에 대해 조사하시오.

4. 유전자 치료를 위해 바이러스가 도구로 사용되는 이유와 원리를 설명하시오.

5. 완전한 치료를 위해서는 줄기세포가 꼭 필요한 이유를 설명하시오.

CHAPTER 12 생명 복제

학|습|목|표

생명 복제를 통한 질병 치료와 수명 연장이라는 기대감에 이어 인간 복제가 기술적으로는 현실로까지 다가왔습니다. 생명 복제에도 유성생식적인 방법과 무성생식적인 방법이 있는데, 둘 다 해결되어야 할 윤리적 문제들을 여럿 수반하고 있습니다. 그럼에도 불구하고, 올바르게 이용되어진다면 생명 복제 기술이 우리에게 주는 이익은 지금까지의 그 어떤 생물학적 개가보다도 엄청날 것입니다. 생명 복제의 방법, 필요성, 윤리 및 줄기세포에 대하여 자세하게 살펴봅니다.

생명 복제란?

사랑하는 두 사람이 결혼을 하였습니다. 5년, 10년을 기다려도 아기가 생기지 않아 고민하던 끝에 병원을 찾았고, 검사 결과는 두 사람 모두 불임이었습니다. 과연 이 두 사람은 아기를 가질 수 없는 걸까요? 생명 복제는 이에 대한 해답을 제시합니다. 물론 아직은 보편화된 방법이 아니기 때문에 그에 따른 사회적, 윤리적 문제도 만만하지 않습니다.

복제 양 "돌리"가 태어난 이후, 전 세계는 복제 연구에 경쟁적으로 뛰어들었습니다. 그 이후 쥐, 소, 원숭이 등 여러 동물들이 복제되었고, 우리나라에서도 개와 늑대를 복제해 낸 적이 있습니다. 생명 복제란 기존의 생식 방법을 벗어나 남성과 여성의 구별 없이 그대로 원본을 복사해 내는 기술입니다. 경쟁이 뜨거운 만큼 복제 기술은 이제 더 이상 숨겨진 기술이 아니며, 이를 이용한 상업화 움직임도 여기저기서 나타나고 있습니다. 생명 복제는 한편에서는 불임을 완전히 해결할 수 있는 최고의 생식기술인 반면에, 자칫 잘못하면 인류의 멸망을 초래할 수 있기에 이를 둘러싼 윤리 논쟁이 뜨거울 수밖에 없습니다.

복제를 찬성하는 측에서는 복제 기술이 산업이나 의학 분야에서 긍정적인 이점이 너무 크기 때문에 연구를 더욱 촉진시켜야 한다고 이야기합니다. 그러나 반대하는 측에서는 자연의 법칙을 깨뜨리는 것 자체가 엄청난 위험을 내포하기 때문에 당장 금지시켜야 한다고 주장합니다. 종교계에서도 복제는 신의 영역을 침범하는 행위라고 하여 반대하고 있습니다. 일반인들은 대부분 여전히 혼란스러운 가운데 결국 인간 복제로까지 이어지지나 않을까 막연한 두려움에 젖어 있는 것이 사실입니다. 자신도 모르는 사이에 자기와 똑같은 사람이 복제되어 범죄를 저지른다든지, 장기만이 추출된 채 버려지는 일을 상상해 본다면 실로 공포스러운 일이 아닐 수 없습니다.

생명 복제의 방법

❶ 유성생식적인 복제. 지금까지 보고된 일란성 쌍둥이는 여덟 쌍둥이가 최고입니다. 이론상으로도 수정란이 8개 이상의 세포로 분열되면 각 세포의 운명이 개별 장기로 결정되어 버리기 때문에 따로따로 떨어져 나왔을 때 온전한 사람이 될 수가 없습니다. 물론 이것도 자궁이 8명의 아기를 지탱할 수 있어야 가능한 일입니다. 앞서 말한 것처럼, 제리 홀 박사는 배양접시에서 수정된 난자를 2세포기 때 둘로 나누어 다시 발생시키는 데 성공하였습니다. 이 기술은 일란성 쌍둥이를 인위적으로 만들어 낼 수 있다는 점에서 당시에 엄청난 지탄을 받았습니다. 둘로 나눈 수정란을 다시 발생시키고서 2세포기가 되면 또 다시 나누는 방법을 통해 무한정의 복제가 가능함을 시사하였기 때문입니다. 제리 홀 박사의 목적은 인간 복제에 있지 않고, 다만 불임 시술의 효율을 높이려는 것이었습니다. 실제로, 이 방법으로 복제된 생물은 아직 없습니다. 그럼에도 불구하고, 기술 그 자체가 인류 사회에 던진 충격은 상상을 초월할 정도로 큰 것이었습니다.

❷ 무성생식적인 복제. 복제양 돌리를 탄생시킨 핵치환 기술은 사실상 무성생식 방법입니다. 이 기술은 "핵치환기술"이라고 부릅니다. 머리카락이나 피부세포에서 핵[1]을 꺼내어 무핵난자[2]에 집어 넣는 방법입니다. 이렇게 해서 인공적으로 만든 수정란에 전기 충격을 가하면 난할이 시작되고 대리모[3] 자궁에 착상시키면 배아기[4]를 거쳐 온전

1) 세포는 핵과 세포질로 되어 있음. 핵에는 DNA 또는 염색체가 들어 있고, 세포질에는 미토콘드리아 등 세포소기관이 들어있음. 따라서 대부분의 유전정보는 핵에 존재함.

2) 핵을 제거해 버린 난자. Micromanipulator로 핵을 꺼내거나 방사선으로 핵을 파괴하여 만듦. 난자 속에는 미토콘드리아의 유전자만 소량으로 남을 뿐 99.9% 이상의 유전자가 전혀 남아 있지 않음.

3) surrogate mother. 다른 사람의 수정란을 대신 임신하여 출산해 주는 생물학적 관계가 없는 어머니.

4) 임신 2주에서 8주까지를 지칭함.

한 개체로 발생하는 기술입니다. 이 기술을 응용하면 사람도 붕어빵 찍어내듯이 기계에서 대량 찍어낼 수 있기 때문에 인공장기 공장을 연상할 수 있습니다. 아무 생각 없이 흘린 세포를 누군가 주어서 복제한다면 수십 년이 지난 어느 날 병원 앞에서 자기의 복제인간을 만날 수도 있는 것입니다. 유전자가 같으니까 같은 시기에 같은 병으로 같은 병원에 오게 된다는 조금은 과장된 이야기이지만, 얼마든지 가능한 이야기입니다.

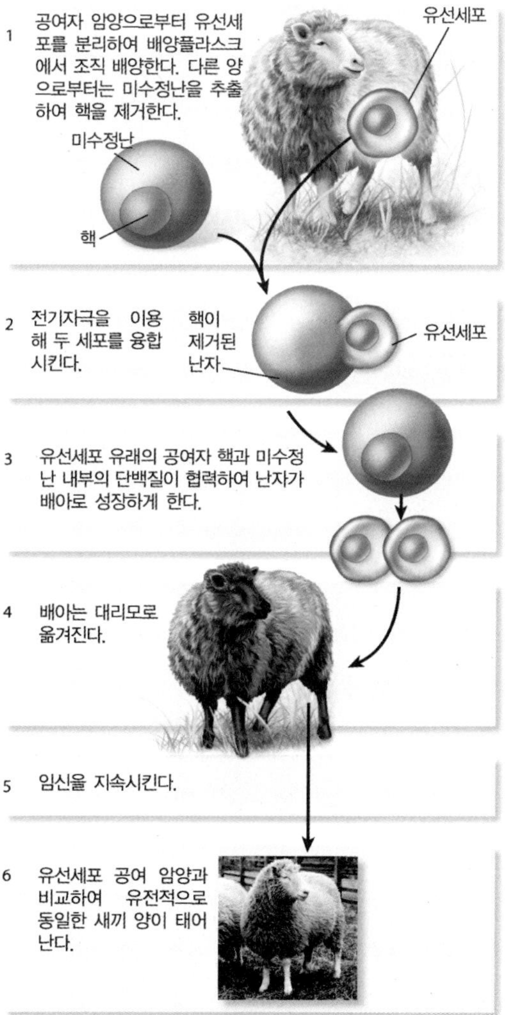

핵치환 기술

전래동화 이야기

우리나라 동화에 이런 이야기가 있습니다. 자꾸만 손톱, 발톱을 아무데나 깍아 버리는 아이에게 부모님이 야단을 치십니다. 깔끔하게 정리해서 버리라고요. 그런데도 이 아이는 말을 듣지 않고 계속 아무 곳에나 손톱을 깎아 버렸는데, 이를 쥐가 먹어버린 것입니다. 그리고 쥐가 이 아이로 환생을 해서 가족들 앞에 나타납니다. 문제는 부모조차 이 둘을 전혀 구별할 수 없을 만큼 똑같은 겁니다. 모습뿐만 아니라 성격이나 하는 행동마저 완전히 같아서 진짜 아이는 더 미치고 답답할 지경입니다. 그런데도 불구하고, 부모는 쥐가 변한 아이가 더 귀엽게 구니까 결국 진짜 아이를 내쫓아 버립니다. 그때서야 진짜 아이는 평소에 부모 말씀을 듣지 않고 아무데나 손톱을 깎아서 버린 것을 후회하게 된다는 이야기입니다.

이처럼, 우리는 생명 복제에 대하여 서양보다 앞선 사고를 가지고 있었습니다. 이제 우리는 인간 복제의 우려를 표하면서 혹시나 나도 모르는 사이에 세포가 어딘가에 흘려져서 복제라도 되면 어떻게 하나를 걱정해야 하는 시기에 진입하였습니다. 영화에서처럼, 나도 모르게 복제물이 만들어져 장기이식용으로 사용된 후 폐기되고 있을지 알 수 없는 시대가 기술적으로 도래했기 때문입니다.

꼭 장기이식 목적이 아니더라도 누군가의 복제 인간을 정말 만들고자 한다면 세포를 구하기는 그다지 어렵지 않을 것입니다. 악수를 하면 서로가 약 3,000개의 세포를 주고받게 됩니다. 누군가를 복제하고 싶다면, 그 사람에게 악수를 청한 다음 복제 전문회사에 맡기면 되는 거지요. 심지어는 머리카락을 슬쩍 뽑거나 해서 복제할 수도 있을 겁니다. 또한 미래 사회에서는 유명한 운동선수나 연예인의 머리카락을 훔쳐서 복제해 자기 자녀로 삼으면 나중에 돈을 많이 벌어 올 것이라는 목적으로 복제를 원하는 사람이 생길 수도 있습니다.

생명 복제의 필요성

그러면 이처럼 위험한 생명 복제를 굳이 하려는 이유는 무엇일까요? 그것은 순전히 줄기세포를 확보해서 필요한 장기를 수급하려는 의학적 목적 때문입니다. 물론 궁극적으로는 장기를 대신할 줄기세포를 윤리적 논쟁 없이 만드는 것이 목적이지만, 현재로서는 동물을 이용해 사람의 장기를 수급하는 방안을 찾을 수 있습니다.

예를 들어, 복제 돼지가 그것입니다. 이 돼지들은 사람의 면역유전자를 미리 이식 받아 면역 거부를 하지 않도록 조작된 다음에 복제된 것들입니다. 돼지는 사람과 크기가 비슷하다는 것이 장점입니다. 때문에 내장기관의 크기와 구조가 사람과 비슷하므로 장기 수급이 어려울 때 대신해 줄 수 있습니다. 무엇보다도 돼지의 장점은 인류와 오랫동안 함께 살아왔기 때문에 새로운 질병을 옮길 가능성이 적다는 겁니다. 때로는 동물에게만 있는 질병이 사람에게 옮을 수도 있으니까요. 면역유전자까지 이식을 받은 돼지의 장기는 사람에게 거부 반응을 일으키지 않기 때문에 사용이 가능한 겁니다. 물론 이런 돼지를 한 마리 만들기가 쉽지 않지만, 일단 한 마리만 만들면 적은 비용으로 빠르게 복제하여 많은 사람에게 필요한 장기를 공급할 수 있기에 효율적인 복제 기술을 계속하여 개발하는 것입니다. 물론 그럼에도 불구하고 미처 알려지지 않은 돼지의 바이러스가 장기이식을 통해 사람에게로 옮겨올 가능성은 늘 주의하고 지켜봐야 하는 숙제입니다.

또 한편으로는 멸종된 생물들을 되살릴 수 있습니다. 영화 "쥐라기 공원"에서 보았듯이, 사라진 공룡도 혈액 한 방울이면 재창조해 낼 수 있습니다. 환경오염 등으로 매년 멸종되어 가는 동식물이 수천 종에 달하는 지금, 복제 기술은 천연 동식물 자원을 보존하는 새로운 수단이 될 수 있습니다.

이외에도 다양한 산업적 응용 목적 때문에, 복제 기술은 단순히 윤리 차원에서 해도 좋거나 해서는 안 되는 문제를 떠나서 합리적 차원에서 진행되어야 할 프로젝트로 인식되고 있습니다.

배아 복제와 줄기세포

요사이 뜨거운 논쟁을 불러일으키는 것이 줄기세포를 얻기 위한 배아 복제입니다. 여기서 배아란 배양접시에서 수정되어 100여 개의 세포로까지 분열된 상태로서, 아직 자궁에 착상되기 이전 상태를 말합니다. 이 상태의 세포들은 모두 앞으로 개개의 장기로 분화될 수 있기에 줄기세포입니다. 앞에서 이야기하였듯이, 줄기세포는 각종 난치병을 치료하는 데 있어서 획기적인 도구가 될 수 있으며, 심각한 이식용 장기의 부족을 해소할 수 있기에 이 줄기세포를 얻기 위해서 배아 복제가 국가간 경쟁적으로 연구되고 있습니다. 그리고 배아 복제 연구를 적극적으로 육성하여야 한다는 측은 이와 같은 의학적 이득을 근거로 하고 있습니다. 그러나 이러한 의학적·산업적적·과학적 이득을 현실화하기 위해서는 해결되어야 할 윤리적·법적·사회적 문제가 매우 많은 것도 사실입니다.

배아 복제 연구의 허용 근거는 수정 후 14일 이내의 인간 배아를 단순한 세포덩어리로 보는 데 있습니다. 따라서 이 시점까지의 연구는 크게 문제가 되지 않는다고 보는 것입니다. 그러나 이 주장 역시 보는 관점에 따라 다릅니다. 특히, 종교적 관점에서 보았을 때는 인간의 생명이 수정되는 순간부터 시작되는 것이므로, 수정 후 14일 이내의 배아라 하더라도 배아 복제 연구는 곧 인간을 실험 대상으로 삼는 것이 됩니다. 게다가 배아 복제 연구가 결국 인간 복제로 이어질 수 있다는 점에서 배아 복제를 금지시켜야 한다는 주장이 당연히 제기되고 있습니다. 배아 복제를 허용하면, 표면상 줄기세포를 얻고자 배아를 복제한다 했지만 궁극적으로 인간을 복제할 가능성을 배제할 수 없기 때문이지요. 물론 "인간 생명의 시작을 언제부터로 보는 것인가" 하는 것은 오랜 시간 동안 논쟁의 핵심에 서 있었던 문제로서, 많은 과학자와 이론가들이 여러 학문적 입장에서 풀어 왔음에도 아직까지 공통된 해답을 얻지 못한 과제입니다.

배아 복제가 허용되고, 그 기술의 발달로 이식용 장기가 생산된다고 하더라도 이러한 과학의 성과가 이를 필요로 하는 모든 사람들에게 과연 아무런 차별과 제한 없이 이용되어질 수 있을까 하는 문제 또한 생각해 보아야 합니다. 지금도 이식용 장기를 위해 어두운 곳에서 매매가 행해지고 있으며, 고가에 거래가 이루어지기도 합니다. 과연 배아 복제와 같은 첨단의학으로 만들어진 이식용 장기가 곧 소외된 계층에 돌아갈 수 있을까요? 잘못하면 배아 복제에 의한 장기 역시 권력에서 소외된 소시민 계층에게는 또 다른 차별로 다가갈 것이 분명합니다.

그렇다면, 이러한 찬성과 반대의 논쟁으로 인하여 모든 연구를 중단하여야만 할까요? 쉽지 않은 문제임은 분명합니다. 우리는 현명하게 인류의 복지증진과 과학의 발달을 위해서 대안을 찾고, 허용과 규제의 범위를 명확하게 하여 첨단 과학기술이 우리에게 희망으로 다가올 수 있도록 지혜를 발휘해야 할 것입니다.

성체줄기세포

배아 복제를 이용하지 않은 줄기세포 연구도 있습니다. 성인의 피부나 골수에서 발견되는 줄기세포를 이용하는 것입니다. 다만, 이런 줄기세포는 분화 능력이라든가 재생 능력에서 한계가 있는 것이 문제입니다. 로마 교황청에서는 인간 배아의 의학적 연구 대안으로 탯줄과 태반에 들어있는 제대혈을 통한 연구를 지지하고 있습니다. 이 제대혈에는 일부 줄기세포가 포함되어 있기에 윤리적 문제없이 연구가 가능하다는 주장입니다.

연속 복제

지금은 한 번 복제된 생쥐에서 세포를 떼어내 또 다시 복제하는 일도 가능해졌습니다. 심지어는 4회까지 연속 복제가 이루어진 기록도 있습니다. 소, 양, 원숭이, 돼지 등 그 복제의 대상도 다양해졌습니다. 이제 복제 기술은 그다지 어렵거나 아주 고차원적인 기술이 아닙니다. 다만 기술이 앞서 있어도 그 저변에 숨어 있는 이론을 우리가 아직 알지 못하는 것이 문제입니다. 실제로, 우리는 핵을 치환해 놓고도 이렇게 치환된 핵이 어떤 질서와 절차를 거쳐 온전한 생명체로 발생되는지 정작 알지 못합니다. 그저 태초에 조물주가 정해 준 질서에 따라 발생이 원만하게 이루어지기를 기다릴 뿐입니다. 우리가 할 수 있는 일은 그 재료인 핵과 난자를 섞어주는 것일 뿐, 그 후의 일은 아직도 전적으로 조물주에 달려 있습니다. 그래서 생명 복제는 "기술이 앞서가고, 이론이 뒤져 있다"라고 말하는 것입니다. 이것이 바로 위험한 점입니다.

인간 복제 소동

한때 클로네이드(Clonaid)라고 하는 생명과학 전문회사가 사람을 복제했다고 해서 전 세계를 깜짝 놀라게 한 적이 있습니다. 불임부부에게 복음이라고 말하던 그 복제아기가 정말 탄생했다는 소식은 금방 전 세계를 강타했습니다. 프랑스에 본부를 둔 이 회사에서는 심지어 한국에서 복제아기 실험이 진행 중이라고 인터뷰까지 공개적으로 하는 바람에 그 신뢰성이 더 있어 보였습니다. 그러나 결국 이 회사의 인터뷰는 잠깐의 해프닝으로 끝나고 말았습니다. 이 회사는 "라엘리안 무브먼트"라는 특종 종교에서 운영하는 회사로서, 사람이 외계에서 이주해 왔다고 믿는 모임입니다. 그러다 보니, 외계에서 지구로 이주해 와서 복제하는 형식으로 번식해 왔다는 것을 입증할 필요가 있었기 때문에 벌인 자작극이었습니다. 회사에서 신문에 공개한 복제아기의 사진도 그 아기에게 핵

클로네이드 회사의 인터뷰 장면

을 제공한 사람을 입증하지 못했기 때문에, 결국 해프닝으로 정리되고 말았습니다.

만약에 인간 복제가 허용된다면?

❶ 가장 큰 문제는 복제 과정에서 발생할 수 있는 기형아의 문제입니다. 돌리를 탄생시키기 위해서 윌머트 박사는 277번의 실험을 되풀이하였고, 그중 온전하게 태어난 유일한 양이 돌리였습니다. 이는 다른 276마리의 양이 태어나기도 전에 죽었거나 기형이었다는 것을 간접적으로 시사하는 것입니다. 동물보다 훨씬 복잡한 유전체계와 생리활동을 보이는 인간은 이보다 더 낮은 성공률을 보일 수 있습니다. 그러면 만약 기형으로 태어난 복제아기들은 하나의 개체로 인정받을 수 있을까요? 또는 실험실에서 그냥 폐기되어 버린다면, 그에 대한 윤리적 문제는 누가 책임질까요? 인간의 존엄성을 배제한 채 복제아기를 연구의 결과물로만 본다면, 생명은 어떻게 보장받을 수 있으며 그 생명을 임의대로 처리할 권리와 결정권을 누가 가질 수 있느냐는 문제가 제기됩니다.

❷ 우리는 지금 시험관아기에 대해 처음보다 급격히 희석된 논리로 받아들이고 있습니다. 그러나 시험관아기에 대해 관대할 수 있는 이유는 단지 자궁 대신 시험관이란 장소만 빌린 것에 불과할 뿐 정자와 난자의 수정이라는 생명 탄생 법칙을 거스르지 않았기 때문입니다. 그러나 인간 복제의 경우에는 피부세포나 혈액 등 소량의 체세포만으로도 부모 중 한 사람과 똑같이 닮은 쌍둥이를 만들어낸다는 것이 문제입니다. 부모의 형질을 모두 물려 받은 것이 아닌 어느 한쪽만 복사한 모습으로 태어난 아기를 정상적인 자녀로 볼 수 있을지 지극히 의문스럽습니다. 이는 인류의 보편적 가치를 어긋나는 것이기 때문입니다.

❸ 인터넷 암시장에서 공공연하게 유명 스포츠 스타의 이름을 대면서 세포와 머리카락을 경매에 붙일지도 모릅니다. 유전공학의 문제는 이론이나 사회적 견제 장치가 마련되기도 전에 기술이 더 빠르게 앞서간다는 것입니다. 물론 모든 사람이 공통적으로 훌륭한 양심을 가지고 있다면 문제가 없겠지만 현실은 그렇지 못합니다. 역사적으로 볼 때 사람은 돈 앞에서 무력해졌고, 자신의 이익이 걸리면 그 만큼 악한 행동을 되풀이해 왔습니다. 자신의 아이가 죽어갈 때 장기가 필요하다면, 또 부모님이 치매로 돌아가실 때 뇌세포 몇 개만으로도 치료할 수 있다면, 사랑하는 배우자가 교통사고로 인해 장기가 필요하다면, 그리고 인터넷에서 몇 글자만 입력하여 그리 비싸지 않은 비용으로 장기를 복제할 수 있다면, 과연 누가 그 유혹으로부터 자유스러울 수 있을까

요? 올바른 판단력과 이성이 절실히 필요한 때입니다.

❹ 또 하나의 문제는 반인반수의 탄생입니다. 물론 지금까지의 복제 실험이나 줄기세포 실험은 모두 2주일 이내에 멈추도록 되어 있었고 또 다정현상으로 인하여 그 이상 실험을 한다 해도 정상적으로 태어날 수 없는 수정란을 사용한 것이라 문제가 없습니다. 그러나 현실적으로는 동물의 난자에 사람의 핵을 치환하는 일도 종종 시도되고 있습니다. 사람의 난자를 구하기가 그 만큼 어렵기 때문입니다. 이럴 경우, 옛날 그리스 신화에서처럼 얼굴은 사람이고 몸은 말인 반인반수가 만들어질지도 모르는 일입니다. 더욱이 동물과 사람은 상호 바이러스를 교환할 수 있기 때문에 자칫 잘못하면 동물 세계가 파괴되든지 인류가 멸망하든지 둘 중의 하나가 일어날 가능성도 배제할 수 없습니다. 게다가 동물과 사람은 미토콘드리아의 유전자가 다릅니다. 이로 인해 대부분의 유전자는 사람의 것을 가졌지만, 0.01%의 동물 유래 미토콘드리아 유전자 때문에 동물과 사람 간의 모자이크가 탄생할 수도 있습니다.

❺ 현재 인공자궁에 대한 연구도 활발히 진행 중에 있습니다. 사람과 동물의 임신 기간이 다르기 때문에 만약 동물의 난자를 사용하려면, 이를 일치시키기 위해 꼭 필요한 기술입니다. 예를 들어, 쥐의 난자와 사람의 핵을 융합시키려면 쥐는 임신기간이 3주, 사람은 10개월이니까 이를 조화롭게 맞추어 줄 인공자궁이 필요한 것입니다.

아직은 생식의학 분야에 너무나도 많은 일들이 해결되어야 할 숙제로 남아 있습니다. 그리고 수정란의 조작은 그 자체가 생명체이기 때문에 더욱 조심스럽기만 합니다. 최근 영국에서는 소의 난자에 사람의 핵을 치환하는 실험을 허용하였습니다. 반면에, 우리나라는 사람과 동물 사이에 체세포 핵을 이식하는 실험을 금지하는 법안을 통과시켰습니다.

과학 기술은 분명히 인류 공동체의 밝은 미래를 위해서 발전하는 것입니다. 정치적 목적이나 국가적 이익을 잠시 접어두고, 서로 합심하여 더 나은 사회를 건설하도록 노력해야 하겠습니다.

❻ 난자 수급 또한 생각해 보아야 할 문제입니다. 연구 논문 조작 사건과 관련되어 난자 수급 및 처리에 대한 불투명성이 지적된 바 있습니다. 그 이후 우리나라에서는 타인의 불임 치료를 위해 난자를 제공하는 것을 평생 3회로 제한하였고, 난자 제공자에게는 교통비 등 실비 보상을 하기로 입법 공지하였습니다. 이 법률은 "생명윤리 및 안

전에 관한 법률"에 포함되어 있습니다. 여기에 따르면, 제공자는 반드시 혈액형 검사, 매독 검사 등 13개 항목의 건강검진을 받게 되어 있기 때문에, 건강하지 못한 난자를 매매하여 수익을 창출하려는 행위를 원천적으로 봉쇄하고 있습니다. 그리고 난자 제공은 어디까지나 자발적인 것에 한하기 때문에 비용은 교통비, 식비, 숙박비 등 꼭 필요한 경비에 한하여 지불하는 것으로 제한하고 있습니다. 난자 제공을 평생 3회로 제한하여 여성의 건강을 보호하기 위한 법률적 장치를 마련한 것은 대단히 환영할 만한 조치라 여겨집니다.

7 섣부른 인간 복제는 여러 가지 윤리적인 문제를 낳게 됩니다. 반드시 대리모가 필요하기 때문입니다. 대리모가 원했든 원하지 않았든 간에 실험에 사용되어진다는 것 자체가 인간이 실험 도구로 전락할 수 있다는 점에서 비판의 대상이 됩니다. 이는 인간의 존엄성을 상실한 채 돈이나 다른 협박에 의해서도 여성이 실험을 위한 대리모로서 원치 않은 상태에서 이용될 수 있으며, 이러한 행위가 인간 존엄에 대한 전면적인 도전으로 받아들여질 수 있기 때문입니다. 이를 위해서, 여성단체·환경단체·시민단체들은 대리모 금지와 난자 매매 금지 및 배아의 관리를 포함하는 인공수정에 관한 법 제정을 따로 요구하고 있습니다.

실험동물

현대판 반인반수란 동물과 사람과의 핵치환을 말합니다. 그리고 그 뉘앙스는 사람이 불이익을 받는 당사자라는 가정을 전제로 합니다. 그러나 따지고 보면, 지구는 50억 사람뿐만 아니라 사람보다 더 많은 수의 동물과 공유하는 공간입니다. 따라서 실험동물에 대해 사람이 마음대로 희생을 시켜도 된다거나 원하지 않는 약물 투여로 고통을 주어도 된다는 권리가 우리에게 없습니다. 사람도 생물학적으로는 그들 중 한 부분일 뿐이기 때문입니다. 그럼에도 불구하고, 우리는 마치 동물은 마음대로 희생시켜도 되는 것처럼 착각할 경우가 종종 있습니다.

과학의 발전을 위해 실험은 반드시 필요하고, 이를 위해서 실험동물의 희생은 어쩔수 없이 병행됩니다. 그러나 실험을 미리 잘 계획하고 디자인한다면, 그 만큼 희생되는 동물의 수를 줄일 수 있고 또 고통도 완화시킬 수 있습니다. 그 만큼 생명 존중과 사랑에 대한 의식을 함양해야 할 것이라 생각됩니다.

종교적 시각

생명 복제에 대한 종교적 시각도 살펴볼 필요가 있습니다. 언제부터인지 종교와 과학은 마치 서로가 상극인 것처럼 갈라서서 왔습니다. 그러나 종교계에 종사하는 성직자들도 아프면 병원을 찾습니다. 사람의 육체를 가지고 있는 한 과학이 제공하는 편의성으로부터 결코 자유로울 수가 없습니다. 과학도 마찬가지로 생명자원이 무한적으로 주어진 것이 아니라는 것을 깨달아야 합니다.

사람의 유전자 지도가 완성되고, 복제양 돌리가 탄생하면서 과학계와 종교계의 갈등은 더욱 심각해지고 있습니다. 정상적인 "성관계"가 아닌 "복제"로 만들어진 우리 아이들이 뛰어노는 미래를 연상하면 정말 끔찍하기도 합니다. 그럼에도 서로가 극단적인 주장만 펼친다면 미래 사회는 더욱 희망이 없을 수밖에 없습니다. 종교는 과학을 이해하고, 과학은 종교를 존중하며, 그야말로 둘의 관계가 결혼한 배우자들의 관계처럼 되는 것이 문제 해결의 시작입니다. 문제 해결은 대립에서 오지 않고, 대화에서 시작하기 때문입니다.

생명 복제 그 후

최초의 복제 포유동물인 돌리가 죽은 지도 이미 여러 해 지났습니다. 돌리를 복제하기 위한 세포는 6년생 암양에서 왔고, 양의 평균수명은 9년이기 때문에 처음부터 돌리에 대해서는 논란이 많았습니다. 과연 돌리의 진정한 나이가 6살인지, 아니면 한 살부터 새로 시작하는지에 대해서 말입니다. 만일 한 살부터 새로 시작한다면, 이 기술을 응용해 적어도 육체적으로는 영생이 가능하기 때문입니다.

그러나 돌리는 꼭 6년을 살았고, 사는 동안 노화 증상들을 미리 모두 겪었습니다. 심장 질환, 동맥경화, 관절염 등이 그 대표적인 질환인데, 이들은 모두 사람에서는 노인이 되었을 때 겪는 퇴행성 질환들입니다. 아이러니컬한 것은 그 후에 복제된 동물들은 정상적인 수명을 살았다는 것입니다. 이 부분은 지금도 이해되지 않는데, 아마 돌리가 최초의 동물 복제 사례였기 때문에 치명적인 기술 결함이 있었던 것이 아닌지 궁금한 내용입니다.

분명한 것은 아직도 정신세계는 복제가 요원하다는 것입니다. 따라서 나의 부모님을 복제하였다 해도 그 사람이 모습만 같을 뿐, 나의 부모님이 아니라는 것입니다. 정신세계는 자라온 온갖 기억과 적응, 교육 등이 함께 어우러져 만들어진 복잡한 현상이기 때문입니다.

앨런 튜링

우리가 잘 아는 애플 컴퓨터 회사의 로고는 사과입니다. 그것도 한 입 베어 먹은 무지갯빛 사과입니다. 무지갯빛은 다양함을 나타내기 때문에 애플 컴퓨터가 다른 브랜드에 비해서 더 많은 일을 수행하기 좋다는 뜻으로 해석하기도 하고, 애플 컴퓨터는 색깔의 표현이 더 자유롭다는 해석을 내리기도 합니다. 실제로 애플 컴퓨터의 기능 중 제일 우선적으로 꼽는 것이 그래픽 능력입니다.

그러나 이 로고에 대해 진짜 흥미로운 사실은 이것이 영국의 천재 수학자 앨런 튜링을 기념하기 위한 것이라는 데 있습니다. 컴퓨터의 시작을 보통 1946년 미국 펜실베니아 대학교에서 만든 "에니악"이라 생각합니다만, 튜링은 그보다 앞선 1936년에 "튜링 머신"을 고안하였고, 1943년에는 최초의 연산 컴퓨터인 "콜로서스"를 개발하였습니다. 이 기계들은 제2차 세계대전 당시 독일군의 암호를 해독해 냄으로써 연합군 승리에 크게 기여하였습니다.

그럼에도 불구하고, 튜링의 인생은 별로 화려하지 못했습니다. 동성애자였기 때문입니다. 결국 튜링은 체포되었고 감옥에 갈 것인지, 여성 호르몬 주사로 치료를 받을 것인지를 선택해야 하는 갈림길에 서게 되었습니다. 여성 호르몬 치료를 선택한 튜링은 이로 인한 신체 변화 때문에 극심한 모멸감을 느꼈고, 결국 청산가리를 집어넣은 사과를 백설공주처럼 한 입 베어 먹는 자살을 선택했습니다.

튜링의 사건은 동성애자에 대한 사회의 냉대 때문에 당시에는 아무런 이슈조차 되지 못하였습니다. 그러나 그로부터 20년 후 최초의 퍼스널 컴퓨터를 개발한 스티브 잡스가 이를 애플 컴퓨터라 명명하였고, 튜링을 기리는 의미에서 한 입 베어 먹은 무지개빛 사과를 로고로 선택하였습니다. 무지갯빛이 동성애를 나타내기 때문에 이 로고는 더욱 의미 있게 보입니다.

생각해봅시다

1. 유성생식적인 복제와 무성생식적인 복제의 근본적인 차이를 설명하시오.

2. 복제양 돌리를 탄생시킨 핵치환 기술을 설명하시오.

3. 배아 복제의 장점과 문제점을 설명하시오.

4. 생명 복제가 궁극적으로 자녀 출산을 대신할 수 있을지 견해를 밝히시오.

5. 생명 복제의 윤리적 문제점들에 대해 생각해보시오.

CHAPTER 13

MARRIAGE, SEX & INHERITANCE

다양한 성과 비뚤어진 성

학|습|목|표

다양한 성은 성적 정체성의 문제를 말합니다. 동성애나 트랜스젠더 등 과거에는 잘 드러나지 않았던 성 풍조가 개방적 물결을 타고 공개적으로 알려지고 있습니다. 또한, 점점 심각해지는 성문란과 성폭력의 문제도 현대 사회의 비뚤어진 성의식을 대변해 주고 있습니다. 이번 장에서는 이런 문제들에 대하여 잠시 생각해 보기로 합니다.

성적 정체성의 구분

대부분의 경우, 상대방을 향한 행동 여부에 따라서 개인의 성적 정체성이 구분됩니다. 성적 활동의 대상자가 이성이라면 이성애자(heterosexuality)로, 동성이면 동성애자(homosexuality)로, 동성과 이성 모두라면 양성애자(bisexuality)로 구분합니다. 때로 아무런 대상이 없기도 한데, 이럴 때는 무성애자(asexuality)로 구분합니다.

역사 속의 동성애

동성 간의 성 접촉은 동서고금을 막론하고 대부분 억압되어져 왔습니다. 고대 유태인들의 경우, 자녀를 낳기 위한 성행위가 아니라는 이유로 남성들의 동성애 행위는 처벌 대상이었습니다. 성경에 나오는 소돔과 고모라의 이야기는 당시 동성애가 얼마나 유행하였으며, 하나님이 싫어한 행위였는가를 그대로 보여주고 있습니다. 그러나 동성애에 대한 견해는 시대 별로 조금씩 달라져 왔습니다. 예를 들어, 그리스 시대에는 남성들의 육체미를 중요시 하던 때인 만큼 남성 간 동성애 행위 역시 관대하게 용납되었습니다. 학식이 높고, 사회적 지위가 우월한 남성은 어린 미소년을 데리고 다니면서 성적 관계를 맺는 것이 일반적이었으며, 그의 스승 역할을 하기도 하였습니다. 로마시대로 건너와서도 처음에는 동성애에 대해 비교적 관대한 편이었지만, 후반에 들어서면서 문제시 삼아 동성애 규제를 위한 법령을 만들었습니다. 그리고 이러한 금기 정책은 점차 유럽 전역으로 퍼져 나갔습니다. 이후 영국, 스페인, 페루 등에서는 동성애를 할 경우 사형에 처하거나 불에 태워 죽였다고 전해집니다.

여성의 동성애

남성들의 경우와는 대조적으로 여성의 동성애에 대해서는 대부분의 사회가 무관심하거나 더욱 관대한 태도를 취하는 게 보통이었습니다. 그래서 기록도 별로 남아있지 않습니다. 이는 아마도 여성의 사회적 지위를 낮게 보고, 아예 관심조차 기울이지 않아서 더욱 그랬는지 모릅니다. 다만, 이집트에서 19세기에 여성 동성애자끼리의 행위 결과로서 한 명이 임신을 하였다는 재미있는 기록이 남아 있습니다. 그리고 다른 한 명은 결혼을 한 유부녀였습니다. 지금 생각하기에 아마도 이 부인이 남편과 성관계가 있은 직후 친구와 동성애 관계를 가졌고, 그 결과 친구에게 남편의 정액이 전해져서 임신된 것이 아닌가 추측합니다.

우리나라의 동성애

우리나라에서도 동성애 행위가 존재했음을 유추하는 것은 어렵지 않습니다. 다만 기록으로 남은 것들은 대부분 상류 사회의 이야기일 뿐 서민 계층의 동성애 행위에 대해서는 구전으로 전해 올 뿐입니다. 이북지방에 "바구리"라는 성년 의식이 있는데, 이는 남자 아이가 어른에게 동성애 행위를 당한다는 뜻입니다.

동성애자가 되는 이유?

동성애자는 선천적으로 태어나는 것일까? 여기에 대해서는 논란이 여전히 많습니다. 일부 생물학자들은 동성애 유전자를 발견하였다고 하지만, 과연 그 유전자를 이성애자에게 이식해 주면 동성애자로 변하는지는 실험할 수 없기 때문에 확인이 어렵습니다. 어떤 사람들은 동성애자들에게서 남성 호르몬인 테스토스테론이 적은 양으로 발견된다고 하지만 이 또한 오히려 다른 동성애자들에서 더 높게 발견되는 경우가 있기 때문에 신뢰성이 떨어지는 주장입니다. 또 어떤 사람들은 뇌의 크기에 따라 동성애가 결정된다고 하지만 역시 일관성이 없는 이야기입니다. 다만, 가정환경에 의한 후천적 획득 성격이라는 점에 대해서는 여러 학자들이 공감하는 바가 있습니다. 예를 들어, 어머니가 지배적인 집에서 아버지의 연약한 모습을 보며 자란 남자 아이가 동정심으로 남성에 대한 막연한 애정을 갖게 되고, 이것이 사춘기를 지나면서 점차 동성애적인 기질로 변화한다는 것입니다. 반대로 여성의 경우, 고등학교 시절 자기에게 친절한 여교사나 언니에게 호감을 느끼고서 그것이 동성애로 발전할 수 있다는 것입니다. 지금까지의 연구를 보면 어느 쪽의 이론이든 100% 맞지는 않는 것 같습니다.

다만 동성애적인 성취향도 지극히 개인적인 것으로 결론이 나고 있습니다. 연구에 의하면, 사람은 100% 이성애자인 경우는 드물다고 합니다. 누구나 어느 정도는 동성애적인 취향을 가지고 있는데, 다만 이것이 어느 정도인지가 개인적인 차이를 보인다는 것입니다.

동성애자끼리의 만남

사회의 일반적 구성이 이성애자로 되어 있기 때문에, 동성애자들이 어떤 방법으로 자신의 상대를 만날까에 대해 연구가 많이 이루어졌습니다. 예를 들어, 그들만의 특이한 방법이 있어 서로를 인식할 수 있어야 한다는 것입니다. 특히, 동성애적인 정체성이 폭로되었을 때 사회로부터 따돌림을 받기 쉬운 현실에서는 더욱 동성애자들에게 절실한 일이 아닐 수 없습니다. 동성애자들은 일반적으로 오랜 시간 눈을 서로 마주친다고 알려져 있습니다. 거리에서 지나쳐 버리더라도 다시 한 번 돌아봄으로써 호감을 표시하거나 귀고리를 한쪽만 착용하는 것도 동성애자임을 표시하는 방법으로 알려져 있습니다. 손수건을 바지 뒷주머니에 넣고 다니는 방법도 있었습니다. 지금은 사회적 매체들이 발달했기 때문에 인터넷 동호회나 해변, 고속도로 휴게실 등을 통해 만나는 것으로 알려져 있습니다.

동성애자의 생활 패턴

일반적으로 잘못된 상식은 동성애자들은 모두 에이즈 환자라는 것입니다. 그러나 동성애자들이 모두 성적으로 무분별한 것은 아닙니다. 파트너와의 1 : 1 관계를 수십 년씩 유지하는 건실한 동성애 커플도 많기 때문입니다. 다만, 남성들의 경우 우연히 만난 동성애 파트너와 성관계를 우발적으로 갖는 경우가 빈번하기 때문에 청결하지 못한 성행위로 인해 감염도가 높을 것으로 보입니다. 어떤 동성애 커플은 아기를 입양해서 키우기도 합니다. 성실하게만 양육을 한다면 책임감 없는 이성애 부부보다도 더 아기를 잘 키울 수 있을 것입니다. 몇몇 나라에서는 이미 동성애 부부를 인정하기 시작했습니다. 그럼에도 불구하고, 아직은 고정관념에 의한 사회적 차별이 심한 편이고, 특히 전통적 관습과 보수성이 강한 사회일수록 동성애에 대해 관대함이 적습니다. 동성애를 법으로 허용하거나 인정하는 나라들은 다음과 같습니다.

보호법 제정	캐나다, 아일랜드, 슬로베니아, 덴마크, 이스라엘, 남아프리카, 핀란드, 네덜란드, 스페인, 프랑스, 뉴질랜드, 스웨덴, 아이슬란드, 노르웨이
동거 인정	캐나다, 덴마크, 스웨덴, 스위스, 노르웨이, 스페인, 아이슬란드, 벨기에 프랑스, 이탈리아, 브라질
결혼 인정	남아프리카, 네덜란드, 벨기에, 스페인, 캐나다
입양권 허용	네덜란드

트랜스젠더

동성애가 어떤 상대에 대해 호감을 보이느냐에 관한 문제인 반면, 자신의 생물학적 성 정체성에 대해 혼란을 겪는 경우를 젠더 혼란(gender dysphoria)이라 합니다. 이것은 자신의 유전적 성에 동의하지 못하고 오히려 자신의 내면은 생물학적 성과 반대라고 생각하는 것입니다. 이런 사람을 성전환자(trans-sexuality)라고 부릅니다. 성전환자는 심할 경우 수술을 통해서 아예 외적인 모습과 생식기 구조까지 바꾸고 싶어 합니다. 대체적으로 여성이 되고 싶어 하는 남성이 그 반대 경우보다 4배 이상 높다고 보고되어 있습니다. 수술을 통해 얻어진 생식기는 외적인 모습만 갖추었을 뿐 생식 기능을 전혀 할 수 없습니다.

최근에는 성전환자에 대한 사회적 인식이 비교적 관대해졌습니다. 이들 중에는 연예활동으로 성공한 사람도 있고, 성전환자의 미인선발대회인 "미스 티파니 유니버스"가 태국에서 개최된 적도 있습니다. 여성으로 성을 바꾼 뒤 결혼식을 올린 예도 흔하진 않지만 가끔 보도되고 있으며, 이를 합법적으로 인정하는 나라도 점차 늘고 있습니다.

최근 개정된 법령에 의하면, 생물학적 성과 무관하게 상대방의 동의 없이 성관계를 강요하는 것은 법으로 처벌을 받습니다. 여기에는 강간과 강간미수가 포함됩니다. 폭행 또는 협박으로 사람을 강간한 자는 3년 이상의 유기징역에 처할 수 있습니다.

비뚤어진 성

현대 사회는 성에 대해 너무나 혼란스러운 시대가 아닐 수 없습니다. 온갖 외설스러운 동영상물들이 인터넷을 떠돌아다니고 젊은 청소년을 유혹하고 있습니다. 뿐만 아니라, 성폭력의 수위도 점점 정도를 높여서 이제는 근친간의 성폭행 등 엽기적인 수준으로까지 치닫고 있습니다.

성문란에 대한 기록은 오래되었습니다. 심지어는 성경에 딸들이 술 취한 아버지를 강간했다는 기록도 남아 있습니다. 최근에는 어린 여아를 성폭행하여 평생 불구로 만들어 버린 끔찍한 일도 벌어졌습니다. 성폭행은 비뚤어진 성으로서 가해자는 한순간의 쾌락을 위하여 저지를지 모르지만, 희생자에게는 인생 전체를 망가뜨릴 엄청난 충격이며, 헤어 나오기 힘든 고통으로 남습니다. 이에 대하여 우리나라에서도 성폭력범에 대해 적절한 벌을 가할 수 있도록 그 법규를 강화해야 한다는 목소리가 높습니다. 공개적으로 알려져서 성문제에 대한 세간의 관심을 높인 몇 가지 사례를 살펴보도록 하겠습니다.

김○은 사건

이 사건은 13년 동안 의붓딸을 성폭행해온 가해자를 김○은의 남자친구가 살해한 사건으로 1992년 1월에 발생하였습니다. 당시만 해도 여성의 인권이 지금보다 훨씬 못할 때였기에, 피해자이면서도 보호받지 못했던 사회 풍조 또한 이 사건에 일조를 했습니다. 김○은의 어머니는 김○은이 7살일 때 가해자와 재혼을 했습니다. 의붓아버지인 가해자는 김○은이 9살 때부터 상습적으로 성폭행을 시작하였고, 12살이 된 이후로는 목욕 중이거나 생리 중에도 거의 매일 성폭행을 하다시피 했습니다. 뿐만 아니라, 음란비디오를 보고 그대로 할 것을 강요하는 등 각종 변태적이며 잔혹한 행위를 자행하였습니다. 그런 가운데에서도 김○은이는 대학에 진학하였고, 기숙사에 머무르면서 비로소 아버지와 떨어지게 되었습니다. 그리고 학교 행사에서 만난 남자친구와 서로 사귀게 되었습니다. 두 사람의 사이가 점점 가까워지자 김○은이는 자신의 현재 상황을 괴로워하게 되었고, 마침내 남자친구에게 사실을 털어 놓고야 맙니다. 남자친구는 고통스러워하면서 헤어지자고 말하는 김○은이를 도우려는 마음에 의붓아버지인 성폭행 가해자를 찾아 갔고 말다툼 끝에 격분하여 살해하고야 맙니다.

재판 결과, 김○은에게는 징역 4년, 남자친구에게는 징역 7년이 선고되었습니다. 그리고 이후 이 두 사람의 구명을 위한 〈공동대책위원회〉가 구성되었고, 당시 대학생이던 두 사람의 이야기는 전국의 각 대학에 알려지면서 많은 학생들의 도움을 받게 되었습니다.

이 사건은 그 동안 말하기조차 금기시 되어 온 근친 성폭력의 엄청난 실상을 드러낸 사건이었습니다. 가장 사적인 공간이고 안식처로 여겨지던 가정 내에서 일어난 성폭행으로서, 오히려 그 때문에 방치될 수밖에 없고 또 지속되어도 주변의 도움이 닿을 수 없는 근친 성폭행의 문제를 적나라하게 보여준 것이었습니다. 특히 순진하기만 하고 공부에 전념해야 할 대학생들에게 갑자기 닥친 이 엄청난 사건은 결코 타인의 일로만 돌리기에 너무나 충격적인 것이 아닐 수 없습니다. 이 사건은 결국 1993년에 성폭력특별법이 제정되는 데에 직접적인 영향을 주었습니다. 1993년 2월에 김○은이는 사면·복권되었고, 남자친구는 1/2 감형을 받았습니다. 그리고 마침내 1995년 2월 남자친구 역시 뒤따라 출소하였습니다.

김○남 사건

김○남 사건은 21년 전 자신을 성폭행한 이웃집 아저씨를 찾아가서 살해한 사건입니다. 오랜 세월이 흐른 점과 여성이 누구의 도움도 받지 않은 채 스스로 가해자를 찾아가 복수를 한 점으로 보더라도 성폭행이라는 것이 가해자에게는 잠깐의 욕망 해소일지 모르지만, 그것이 다른 사람의 인생을 얼마나 철저하게 망가뜨릴 수 있는지 깊은 생각을 던져 주는 사건입니다. 김○남씨는 사건 당시 30세였고, 성폭행을 당한 때는 9살이었습니다. 당시 김○남씨 가족은 이웃집의 우물을 함께 사용하고 있었는데, 학교에서 돌아와 물을 길러 갔다가 "잠깐 방으로 들어오라"는 친근한 아저씨 말에 넘어가 그만 성폭행을 당한 것입니다. 사건이 있은 후에 아무에게도 이 사실을 말하지 못한 채 초등학교를 졸업한 김○남씨는 서울로 올라가 가정부 일을 시작하였고, 사춘기를 겪으면서 비로소 몇 년 전에 자기에게 일어난 일이 바로 끔찍한 성폭행이라는 것을 알게 되었습니다. 그러나 혼자

고민을 하던 김○남씨는 주변의 어떤 도움도 받을 수가 없었고, 이후 결혼도 하였지만 어릴 적 성폭행의 후유증으로 부부 관계를 거부하고야 맙니다. 결국 원만하지 못한 성생활로 인해 김○남씨는 이혼을 하게 되었고, 다시 언니네 집에 가 머물다가 재혼을 하게 됩니다. 재혼한 남편과의 사이에서 아이까지 낳은 김○남씨. 그러나 김○남씨는 시간이 흘러도 여전히 먼 산을 바라보고 멍하니 앉아있거나 혼자서 중얼거리기 일쑤였고, 남편과의 잠자리를 계속 거부하는 등 증상이 심해져만 갔습니다. 결국, 김○남씨는 자신의 이런 행동이 어릴 적 성폭행의 후유증이라는 걸 인식하게 되었고, 고소를 하려 했지만 그 당시는 성폭력 범죄의 고소기간이 6개월이었으므로 이미 공소시효를 훨씬 넘긴 이후였습니다. 결국 김○남씨는 법적으로 아무런 도움을 받을 수 없음을 알고 스스로 가해자를 벌하기로 마음을 먹었습니다. 그리고 흉기을 들고 가서 가해자를 살해한 후 현장에서 검거되었습니다.

이 사건은 법정에서 김○남씨가 판사에게 던진 한마디 때문에 더욱 유명해지기도 했는데, 그것은 바로 "나는 사람을 죽인 것이 아니라, 짐승을 죽였어요"라는 말이었습니다. 이 한마디에 피해자의 모든 억울한 심정이 다 들어있다고 보아도 과언이 아닐 것입니다.

요제프 사건

자기 친딸을 감금하고서 성폭행해 자식을 7명이나 낳게 한 엽기적인 사건이 오스트리아에서 일어나 충격을 주었습니다. 아버지가 딸을 24년간이나 지하창고에 가두고 성폭행한 희대의 엽기적 사건입니다. 이 사건의 희생자는 엘리자베트 프리츨(43세)입니다. 엘리자베트는 19세 때인 1984년 아버지 요제프에 의해 자기 집 지하창고에 감금되었고, 이후 요제프의 집요하고 계속된 성폭행으로 인해 7명의 자녀를 낳기까지 하였습니다. 요제프는 심지어 이 아이들 가운데 1명이 사망하자 시신을 자택 소각장에서 직접 태우기까지 하였다고 전해졌습니다. 아이들은 제대로 교육을 받지 못하였는데, 이 중 3명은 계속 지하에서만 생활해 오다가 구출되었으며, 또 다른 자녀 3명은 아버지 겸 할아버지인 요제프가 직접 키운 것으로 알려졌습니다. 이번 사건은 갇혀 지내던 3명 중 맏딸인 키르스텐이 병으로 중태에 빠지면서 비로소 세상에 알려지게 되었습니다. 요제프는 부인에게 "엘리자베트가 의식불명인 딸을 문 앞에 버리고 갔다"고 말한 뒤 키르스텐을 병원에 입원시켰으나 이상한 낌새를 느낀 의사들이 환자의 엄마를 찾아야 한다고 경찰에 제보했고, 결국 경찰이 엘리자베트와 세 아이를 찾아낸 것입니다. 지하창고는 두꺼운 방음문으로 집과 연결됐으며, 침대와 주방, 세면 시설까지 있었다고 합니다. 요제프의 부인 로제마리씨도 그 동안 딸이 실종된 줄로만 알고 있었을 정도였습니다. 요제프의 이웃들은 엘리자베트가 밖에서 낳아 맡긴 아이들을 그가 입양해 키우는 줄로만 알았다고 말했습니다. 요제프는 부인 로제마리와의 사이에 엘리자베트 외에도 4명의 자녀가 있다고 전해졌습니다.

스톡홀름 신드롬

스톡홀름 신드롬(Stockholm syndrome)이란 범죄에 연루된 인질이 인질범들에게 오히려 동화되어 나중에는 그들에게 동조하는 비이성적 현상을 가리키는 범죄심리학 용어입니다. 대부분 성과 관련되어 있고, 심지어는 결혼에 대한 정체성과 인격을 혼란시키는 것이 특징입니다.

대부분의 희생자가 여성인데, 그 이유는 아마 감성과 감정이 여성쪽이 더 풍부하기 때문인 것으로 추정됩니다. 스톡홀름 신드롬이란 명칭은 1973년에 스웨덴 스톡홀름에서 은행에 침입한 4명의 무장 강도가 은행 직원들을 볼모로 잡고서 6일간 경찰과 대치한 사건에서 처음 관찰되었기 때문에 붙여진 이름입니다. 처음에는 인질들도 범인들을 두려워했지만, 점차 시간이 흐르면서 그들에게 동화되기 시작하였고, 오히려 자신들을 구출하려는 경찰들을 적대시하면서 사건이 끝난 뒤에도 강도들에게 불리한 증언을 하지 않았던 데서 비롯된 용어입니다. 언뜻 보면 이해가 가지 않지만, 인질사건과 같은 극한 상황에 처하게 되면 강한 스트레스와 두려움으로 인해 인질범들이 자신을 해치지 않는 것을 오히려 고맙게 여겨 차츰 그들에게 온정을 느끼게 되고, 결국은 자신을 구출하려는 경찰들에게 반감까지 가질 수 있다고 말합니다. 이 증후군은 3단계를 거쳐서 나타납니다. 첫째는 자신의 생사를 가늠할 수 있는 인질범들이 해치지 않는 것을 고마워 하고서 그들에게 온정을 느끼기 시작하는 단계, 둘째는 그들을 구출하려고 시도하는 경찰들이 위험한 상황을 초래하는 것에 대해 오히려 반감을 느끼는 단계, 셋째는 인질과 인질범들이 함께 고립되어 있고 두려움을 같이 함으로써, '우리'라는 공동체 의식이 생겨나는 단계입니다.

스톡홀름 신드롬과 관련된 사건을 두 가지만 살펴보도록 하겠습니다.

패트리시아 허스트 사건

1975년 미국의 언론 재벌 허스트 가문의 상속녀였던 패트리시아(Patricia Hearst)를 급진적 좌파 게릴라 단체가 납치하였고, 몸값으로 허스트 가족에게 수백만 달러의 식량을 빈곤층에게 무료 배급하라고 협박하였습니다. 당시 패트리시아는 버클리 대학교 2학년의 평범하고 명랑한 소녀일 뿐이었습니다. 패트리시아는 납치범에게 감화되어 2개월 뒤 샌프란시스코 은행 습격에 적극적으로 가담했습니다. 또한, 인질범 중에서 애인을 만들었고, 경찰이 인질범을 체포하려 하자 자신의 몸으로 경찰의 발포를 막는 등 인질범을 옹호하면서 범인들의 인질극에 적극적으로 동참하였습니다. 결국, 경찰과 FBI의 합동 작전으로 이들은 대부분 체포되거나 집단 자살하였고, 패트리시아는 당시 대통령인 지미 카터로부터 사면을 받았습니다. 재미있는 것은 집으로 돌아가는 그녀의 모습은 어느새 예전의 젊고 청순한 소녀로 다시 돌아가 있었다는 것입니다. 이를 본 사람들은 패트리시아가 최면 상태에 빠져 있었다고도 하고, 세뇌를 당했다고 말하기도 했습니다. 그러나 이 증상은 전형적인 스톡홀름 증후군으로 최종 판명되었습니다. 이후 패트리시아는 이 사건으로 인해 스타가 되었고, 급기야 1988년에는 그녀의 이름을 제목으로 한 영화까지 등장하였습니다. 이 사건은 타임지가 선정한 20세기 25대 범죄 사건에 이름이 올랐습니다.

두가드 사건

1991년 등굣길에 괴한에게 납치돼 감금되었던 제이시 리 두가드(29)가 18년 만에 집으로 돌아온 소식이 세계 전역에 퍼졌습니다. 안타깝게도 두가드는 납치범인 필립 게리도(58)를 자신의 남편으로 완전히 인식하고 있어 전형적인 스톡홀름 증후군이 의심되었습니다. 사건을 조사한 경찰들은 두가드가 개리도의 집 뒤뜰 오두막에서 성폭행을 당했고, 결국 두 아이를 낳았으며 반항 의지를 잃어버려 마침내 자신을 개리도의 아내라고 생각하기 시작한 것으로 전했습니다. 두가드의 아버지인 칼 프로빈 역시 사건 종료 후 두가드가 어느 시점부터 필립을 납치범이 아닌 "결혼한 남편"으로 인식하고 있는 것 같다고 말하면서 안타까움을 토로하였는데, 두가드는 일찍 탈출하지 못한 것에 대해 죄책감을 표현하면서도 개리도에 대해 여전히 강렬한 감정을 느끼고 있다고 말하였습니다. 두가드의 아이들도 이상한 행동을 보이기는 마찬가지입니다. 두가드의 두 아이들을 조사한 경찰은 이들이 마치 세뇌 당한 좀비 같았다고 전했습니다. 두 아이 모두 개리도를 마치 "신"처럼 바라보았고 억눌려 있었으며, 표정없는 기계처럼 말했다는 설명입니다.

전자발찌

성범죄자들이 기하급수적으로 늘어나면서, 이들에 대한 채찍이 지금보다 훨씬 강화되어야 한다는 사회적 목소리가 높아지고 있습니다. 우리나라에서는 최근에 성범죄자들에게 전자발찌를 채워서 이들이 이동하는 곳을 추적할 수 있게 하였지만, 이 역시 한 번 형을 받은 사람을 두 번 벌하는 것이라든지, 범죄자의 인권도 보호해야 한다는 목소리 때문에 그 시행 초기부터 삐걱거리고 있습니다. 그럼에도 불구하고, 조두순 사건 등 다른 사람의 인생을 송두리째 앗아가는 사건이 발생하자 이제 오히려 전자발찌 착용 시한을 늘리는 방안을 사회 각층에서 논의하고 있습니다.

전자발찌

즉, 지금은 부착 대상을 성폭력범과 어린이 유괴범으로 제한하고 있지만, 이를 살인, 강도 등 다른 흉악범으로까지 확대하고, 부착 착용 시한을 15년에서 평생으로 연장한다는 것입니다. 이와 함께 성범죄자의 신상 정보 공개 역시 추진하고 있습니다.

화학적 거세

2008년 말 어린 초등학생이 등굣길에 만취한 50대 남성에게 끌려가 상상 밖의 무자비한 성폭행을 당한 후 항문과 대장, 생식기의 80%가 영구적으로 소실돼 평생 불구로 살아야 하는 상태에 이른 사건이 터졌습니다. 가해 남성은 성폭행 재범이었음에도 불구하고, 오히려 재판정에서는 만취 상태였다는 점을 감안해 고작 12년 형에 처해짐에 따라 전 국민이 이에 대해 분노하는 사태가 벌어졌습니다. 이렇게 되자 우리나라에서도 성관련 재범의 경우 화학적 거세를 이용해서 영구 불임 처방을 내리자는 주장이 제기되고 있습니다. "화학적 거세"는 성범죄자에게 주기적으로 여성 호르몬을 투입해 성적 욕구를 감소시키는 방안으로 이미 미국 8개주와 스웨덴 등 여러 국가에서는 이를 채택해 성범죄자들의 재범을 막고 있는 것으로 전해지고 있습니다.

성병

질병관리청에서 2007년에 발표한 우리나라 성병 발병률의 통계를 보면, 우리 사회가 얼마나 문란하고 또 위험 수준에 빠져있는지를 느끼게 합니다. 환자 중에는 10대도 상당수 차지하고 있으며, 심지어는 50세 이상도 거의 9.5%에 달할 정도입니다. 물론 20~40대 후반까지 가장 많이 퍼져 있으나, 마찬가지로 20대에 제일 많은 환자가 몰려 있습니다. 문제는 10대의 성병 발병과 노인들의 성문제입니다. 어린 학생들이 학교에서 성교육을 받고는 있지만 입시로 인해 실질적인 교육은 어려운 상황입니다. 이러한 교육 부재는 청소년의 탈선을 막지 못할 뿐만 아니라, 막상 일이 터지면 스스로 해결할 수 없기 때문에, 이들을 또 다른 위험으로 내모는 원인이 되고는 합니다. 우리나라 청소년들의 낙태율은 점점 증가하고 있는 가운데 피임 상식은 세계 선진 15개국 중에서 꼴찌인 것으로 나타났습니다.

노인들의 경우에도 의학이 발달하면서 부부간의 성생활 시간이 훨씬 길어졌습니다만, 이에 대한 사회적 대책 마련이 미흡한 실정입니다.

성과 관련된 문제는 하루아침에 한두 가지 정책을 급히 마련하는 것으로 절대 해결되지 않습니다. 사회의 구성원인 우리 모두가 관심을 가지고 지켜보면서 실효 가능성이 있는 대책을 함께 마련해 나가야 하겠습니다.

게이더 이야기

다음 질문에 대답해 보세요. 머릿속을 보면 "가마"라는 것이 있습니다. 머릿결의 방향을 결정하는 부분이지요. 가마의 머릿결이 시계 반대 방향인지를 확인한 뒤 왼손 엄지손가락의 지문을 다른 사람과 비교하세요. 지문의 주름이 더 촘촘하지는 않나요? 그리고 검지와 약지 중 어느 쪽이 더 긴지도 확인해 보세요.

만일 머릿결이 시계 반대 방향으로 돌고 있고, 지문의 주름이 더 촘촘하며, 검지가 약지보다 길다면 당신은 "게이"일 가능성이 높습니다. 이것은 "뉴욕"이라는 미국의 시사주간지가 "게이더(Gaydar)의 과학"이라는 제목으로 발표한 내용입니다. 게이더는 게이를 찾는 레이더(radar)의 약자입니다.

동성애자들끼리 서로를 어떻게 알아보느냐에 대한 연구는 오래되었습니다. 게이를 식별하는 연구까지 이루어진 이유는 최근에 이들의 사회 활동이 부쩍 많아졌기 때문입니다.

동성애의 원인에 대해서는 지금도 계속 연구가 되고 있습니다. 동성애자들이 모두 남녀로서의 성적 특성이 뒤바뀌어 있는 것은 아닙니다. 동성애가 유전적인 요인에 의한다는 말도 있고, 아기가 산모의 태내에 있을 때 성호르몬의 분비가 불균형해서 생긴다는 보고도 있습니다.

재미로 보는 통계에 따르면, 첫째 아이보다 둘째가, 또 둘째 아이보다 셋째가 게이가 될 확률이 30% 이상 높다고 합니다.

생각해봅시다

1. 동성애에 대한 우리 사회와 서구 사회의 인식을 비교하시오.

2. 트랜스젠더의 임신 사례에 대하여 생물학적 차원에서 구체적으로 설명해 보시오.

3. 성 정체성은 유전적 문제인지, 아니면 환경적 문제인지 자료를 조사해 정리하시오.

4. 전자발찌에 대한 의견을 말해 보시오.

5. 유아 성폭력의 폐해에 대해 말해 보시오.

CHAPTER

14 결혼 이야기

학 | 습 | 목 | 표

다양한 성은 성적 정체성의 문제를 말합니다. 동성애나 트랜스젠더 등 과거에는 잘 드러나지 않았던 성 풍조가 개방적 물결을 타고서 공개적으로 알려지고 있습니다. 또한 점점 심각해지는 성문란과 성폭력의 문제도 현대 사회의 비뚤어진 성의식을 대변해 주고 있습니다. 이번 장에서는 이런 문제들에 대하여 잠시 생각해 보기로 합니다.

결혼제도

현대문화권은 배우자를 1명으로 제한시키는 일부일처제만을 인정하고 있습니다. 물론 2명 이상의 배우자를 인정하는 일부다처제나 일처다부제도 최근까지 일부 민족의 전통적 풍습으로 존재하기는 했습니다. 일처다부제의 대표적 예가 인도의 토다(Toda)족일 것입니다. 토다족의 여성은 남편의 남동생을 두 번째 배우자로 맞아들이는 것이 합법적이며, 만약 남편 쪽에 식구가 없으면 전혀 다른 남성과 또 다시 결혼하는 것이 허용되었습니다.

그러나 일부다처제나 일처다부제의 경우 경제적 여유가 뒷받침해야 하기에 1명과 결혼하는 것이 보통의 관습입니다. 특히, 일부다처제에서 남성이 여러 부인과 결혼하려면 돈이나 음식, 가축으로 각 사람에게 보상해야 하고, 각각의 부인에게 거처할 공간을 마련해 주는 등 경제적 재력이 있어야 하기 때문입니다. 부인들 간에는 분명한 순서가 정해져 있고, 만약 남편이 이혼을 원한다면 그동안 제공한 모든 재산과 자녀들을 부인에게 빼앗기는 것이 일부다처제 사회의 규율이기도 합니다. 대개는 첫째 부인이 서열상 가장 높지만, 때로 첫 아들을 낳은 부인이 서열상 일차적 부인의 역할을 하기도 하였습니다.

배우자와의 만남

배우자 만남과 결정의 단계를 보면, 한국적 문화에서는 연애와 중매, 그리고 그 중간 형태가 대체로 존재합니다. 보수적이던 과거 시절에는 중매 결혼이 대부분이었지만, 점차 문화가 개방되고 여성의 인권이 강화되면서 연애 결혼의 빈도가 정비례적으로 증가하고 있습니다. 그러나 여전히 보수적인 성향이 짙은 지역에서는 중매 후 연애 등 중간 형태의 만남이 많은 편입니다. 중간 형태의 만남은 사회 활동이 바쁜 사람들에게 만남의 기회를 제공한다는 장점과 함께 서로의 신분과 환경을 사전에 조율하여 만날 수 있다는 이점 때문에 더 선호되기도 합니다. 인터넷이나 동호회 모임이 활성화됨에도 불구하고, 결혼중개소가 많아지는 이유가 이런 시대적 상황을 잘 반영하고 있습니다.

결혼의 형태

결혼을 전제로 하지만, 일단 만나서 서로의 성격과 생활 방식을 탐색해 보는 시행결혼(trial marriage) 제도가 있습니다. 시행결혼은 어떤 면에서 합리적인 것처럼 보이기도 합니다. 요즈음 결혼 3년내 이혼하는 가정이 늘고 있고, 그 첫 번째 이유가 성격 불화이기에 이를 사전에 해소할 수 있는 방법이니까요. 시행결혼의 특징은 아기를 낳을 의도 없이 순전히 성(性)적인 이유로 상대와 결혼한다는 것입니다. 만일 결혼 기간 중 아기가 생기게 되면, 그때부터 법적으로 부모가 되고 정식 결혼 상태로 바뀌는 겁니다. 시행결혼은 보통 두 사람 사이의 결속력이 부족하여 오래 지속되기가 힘듭니다. 부부의 가장 큰 성립 조건인 아기의 문제가 처음부터 결여된 것입니다.

비슷한 경우로 계약결혼(contract marriage)이 있습니다. 이는 일정한 기간 동안만 결혼생활을 함께 하는 것을 말합니다. 계약결혼은 서로가 원하면 그 기간을 연장할 수도 있습니다. 시행결혼과 비슷하지만, 차이는 서로의 재산권이 완전히 독립되어 있다는 것입니다.

결혼은 대체로 신분과 환경이 비슷한 사람들끼리 만나는 걸 전제로 하고 있습니다. 과거의 계급사회에서는 이것이 정말 큰 문제였지만, 지금은 누구나 평등한 사회라서 많이 해소가 되었습니다. 그럼에도 불구하도, 아직도 경제, 교육, 직업 등에서 다소 차이가 나는 결혼이 이루어지기도 하는데, 자기보다 신분이 낮은 배우자와 결혼하는 경우를 하이포가미(hypogamy), 자기보다 신분이 높은 배우자와 결혼하는 경우를 하이퍼가미(hypergamy), 동등한 위치에서 결혼하는 경우를 이소가미(isogamy)라 부릅니다.

결혼연령

우리나라 민법상 성년 기준은 20세입니다. 최근에 이를 19세로 낮추려는 움직임이 있지만, 그렇게 되면 여러 가지 사회활동의 구속이 풀리기 때문에 파급이 예상됩니다. 예를 들어, 경제력 없는 19세 자녀가 무절제한 사회 활동으로 빚을 지어도 부모가 통제할 수 없는 부작용이 생깁니다.

성년 기준에 따라 부모의 허락 없이 결혼할 수 있는 나이도 20세입니다. 그러나 대부분의 젊은이들은 25~30세 사이에 결혼을 합니다. 조혼은 성적으로 미성숙한 상태에서 결혼을 하는 행위입니다. 조혼을 허락한 나라에서는 대개 남자는 성적으로 성숙한 20대 이후에, 여자는 10대 초반에 결혼을 했기 때문에 신부가 거의 강간을 당하는 수준이었다고 합니다. 이런 결혼 풍습은 남녀의 권리가 평등한 현대 사회에서는 더 이상 찾아보기 어렵습니다.

지금은 사회적으로 취업 활동과 여가 활동의 기회가 많아졌습니다. 따라서 남자도 그렇고 여자도 마찬가지로 자기 혼자만의 시간을 가능한 더 오래 즐기고 또 인생의 초반을 자기 발전에 투자하려는 경향이 짙습니다. 그러다 보니, 점차 결혼 연령대가 높아지고 있는 현실입니다. 요즘은 30대를 훌쩍 넘긴 미혼 남녀를 주위에서 어렵지 않게 찾아볼 수 있는데, 예전처럼 서두르거나 답답해 하기 보다 당당한 모습이 더 자연스러워 보입니다. 다만, 늦은 결혼은 자녀 출산에는 다소 부정적인 결과를 가져오는데, 저출산의 문제와 생물학적 유전질환의 가능성이 그것입니다. 우리나라의 평균 출산율은 가정당 1.3명입니다. 계산상으로만 본다면, 지금부터 20년 이내에 전체 인구의 1/4이 줄어들게 됩니다. 이는 국력과도 직결되는 문제임과 동시에, 사회 노동력에 심각한 우려를 초래하므로, 국가적 차원에서 지원 정책이 필요한 부분입니다.

이혼법

이혼은 정의로만 본다면 부부가 모두 생존하고 있는 상태에서 혼인 관계가 해소되는 것을 말합니다. 원시 부족사회에서는 결혼의 목적이 자녀 생산에 있었기 때문에, 자식이 없으면 당연히 일방적으로 여성이 이혼을 당하고는 하였습니다.

기독교 문명이 발달하면서 이혼의 방식과 형태가 달라졌습니다. 처음에는 로마 교황의 허가 없이는 결혼이나 이혼이 모두 불가능하였습니다. 그러나 중세기 후반에 들어서면서 보다 합리적 사유에 근거하는 풍조가 마련되었고, 배우자의 부정이나 불임의 경우를 제외하고는 점차 이혼을 인정하지 않게 되었습니다.

물론, 결혼과 이혼은 지극히 사적인 것이지만, 로마 교황청이 관여하는 바람에 생겨난 역사적 사건도 있었습니다. 바로 영국의 헨리 8세 이야기입니다. 이 내용은 당시 영국의 종교와 유럽 각국의 정치 방향을 바꿀 정도로 영향을 미쳤고, 최근에는 영화로까지 제작되었을 정도로 유명한 이야기입니다. 헨리 8세는 본인이 원하지 않는 형의 미망인을 데리고 살았는데, 미모의 다른 여성과 결혼하기를 원해 교황에게 이혼을 청구하였습니다. 그러나 정당한 사유가 아니라는 이유로 이혼은 승낙되지 않았고, 화가 난 헨리 8세는 교회법을 마음대로 바꾸어 끝내 이혼하고 말았습니다. 당연히 로마 교황은 그를 파문하였고, 왕은 로마 교황과 끝내 결별하고 말았습니다. 이혼법에서 자유로워진 헨리 8세는 이후에도 왕비를 여러 번 바꾸었고, 결국 6번째 부인을 맞아 살다가 뇌졸중으로 사망하고 맙니다. 이 사건 이후 종교 개혁을 주창한 사람들에 의해 이혼은 결혼 당사자들의 합의사항으로 해결해야 한다는 주장이 제기되었고, 이 주장이 받아들여져 오늘까지 이어지고 있습니다.

이혼의 사유

가정법원의 자료를 참조하면, 이혼 사유도 여러 가지입니다. 경제적 이유와 성격 불화가 보통 첫 번째 사유이지만, 성생활의 불만으로 이혼하는 경우도 제법 많습니다. 성 개방문화가 확대되면서 부부간의 은밀한 성 이야기도 이제는 당당하게 털어놓는 긍정적 분위기가 확산되고 있습니다. 긍정적이라 말하는 의사를 찾아 상담하고 부부가 보다 적극적으로 함께 고민하면서 이혼이라는 최악의 상황을 피할 수 있기 때문입니다. 특히, 성생활의 불만은 서로의 성을 이해하지 못해 비롯되는 경우가 많은데, 간혹 남편은 외도의 정당성을, 아내는 불륜의 정당성을 주장하기 위해 서로간의 성적 불만을 주장하기도 합니다. 사유가 어디에 있든지 간에 이혼은 부부간에 취할 수 있는 마지막 결정이라는 점에서 신중함이 필요합니다. 요사이 젊은 부부들은 끈기가 다소 부족한 경향이 있습니다. 그럴수록 한 번 더 생각해보고 시간을 두어 대화로 풀어야 하겠습니다.

부부간 성생활

욕구 불만이나 우울증, 불안, 불면증 등은 성 생활의 부조화에서 유래될 수 있습니다. 부부간 건전한 성생활은 그 만큼 중요한 것으로서 결혼 생활의 행복 지표로 작용합니다. 조사에 따르면, 결혼생활이 행복하다고 이야기하고 생활이 활력소가 넘치는 부부일수록 성 관계에 있어서도 만족스러워하고 있음을 알 수 있습니다. 여기서 만족도는 성 관계의 빈도와도 비례하지만 서로간의 사랑 교감이 더욱 중요한 것으로 나타납니다.

부부의 성생활 및 결혼 만족도에 영향을 미치는 요인으로는 남편의 나이와 부부간의 연령차, 결혼기간, 자녀의 유무 등을 생각해 볼 수 있습니다. 부부간의 연령차가 너무 나거나 신부에 비해 남편의 건강 나이가 늙어서 아내의 성적 욕구를 해소시키지 못하면 아무리 부부라도 서로 소원해질 수 있습니다. 결혼 기간이 길면 길수록 상대에 대한 호기심과 신선감이 떨어져서 성 관계가 소원해질 수도 있습니다. 일단 자녀가 탄생하면, 모든 초점이 아기에게 맞추어지므로 부부간의 성관계가 소원해지는 것은 어쩔 수 없습니다.

대학생들에게 물었습니다. 어린시절 부모가 서로 애정 표현하는 것을 목격했을때 부모가 자연스럽게 대해 주면 그 만큼 아이도 성에 대하여 자연스러워지지만, 부모가 야단치거나 내쫓거나 한 경우에는 그 자체로서 성에 대해 평생 부정적 생각을 하게 된다는 대답이 많았습니다.

결혼 생활에서 부부간 성 생활은 상대에 대한 관심도 표명이기 때문에 중요합니다. 신혼 초에는 환상과도 같았던 상대에 대한 애정과 성에 대한 호기심이 시간이 지나면서 점차 의무와 권리처럼 변한다면, 그 가정에는 활력소가 많이 사라진 것입니다. 또한, 결혼생활이 지속되면서 직장 생활이나 업무에 휘둘려 서로에 대해 소홀해질 수도 있습니다. 현명한 부부라면 끊임없이 두 사람이 함께 할 수 있는 취미를 개발하거나 주말에 시간을 같이 보내면서 서로에 대한 신선감을 유지할 필요가 있습니다. 상호 존중과 사랑으로 맺어진 부부라 할지라도 그것을 끊임없이 확인해 줄 때 마치 펌프와도 같이 새로운 사랑이 샘솟기 때문입니다.

결혼 생활의 질을 향상시키는 것은 상대방 말에 귀를 기울여 주는 것입니다. 가정은 피곤하고 지친 배우자를 편하게 해주는 유일한 안식처입니다. 힘이 들수록 유머 감각을 잃지 않고 상대방을 인정해 주는 것, 평생 친구가 되어주는 것이 중요합니다. 절대로 자신들의 성 생활을 서로 비난하거나 남들과 비교해서는 안 됩니다. 아예 신혼 초에 앞으로 부부간의 갈등이 생기면 어떻게 해결할 지를 미리 정해 놓는 것도 현명한 처사 중 하나입니다. 예를 들어, 아무리 화가 나도 침대는 같이 쓰기 등입니다.

결혼 서약

결혼식의 한 순서 중 서로에 대해 서약하는 순서가 있습니다. 그 내용은 배우자를 향해 건강할 때나 아플 때나, 가난할 때나 부유할 때나, 슬플 때나 기쁠 때나 변함 없이 신의를 지키며, 평생 사랑하고 함께 할 것을 서약하는 것입니다. 배우자에 대한 사랑은 이처럼 조건부 사랑이 아닙니다. 언제 어떤 상황에 처하더라도 반드시 옆에 있어 줄 것을 약속하는 책임감의 서약입니다. 이 마음을 평생 간직하면, 여러분의 결혼 생활이 한결 복되고 행복할 것이라고 믿습니다.

결혼은 초콜릿처럼

"사랑은 초콜릿 맛과 같다"라는 말을 흔히 합니다. 너무나 달콤하고 매혹적이라서 그 맛을 한번 알면 영원히 잊을 수 없기 때문에 붙여진 속설입니다. 그러나 초콜릿의 역사도 정말 사랑만큼 달콤할까요?

그 맛이 얼마나 유혹적인지 중세시대에는 쵸콜릿을 만드는 사람을 영혼을 빼앗는 마녀 취급했다는 이야기가 전해져 옵니다. 그 이야기를 바탕으로 만든 영화도 있습니다. 아즈텍 문명의 슬픈 최후도 바로 이 초콜릿과 관련되어 있습니다.

초콜릿은 데오브로마 카카오(Theobroma cacao)라는 나무에서 열리는 카카오 콩으로 만듭니다. 원래 마야 사람들과 아즈텍 사람들이 가공해서 즐겨 마시던 음료였는데, 나중에 고형으로 변형되었습니다. 아즈텍 사람들에게 카카오나무는 특별히 소중했습니다. 이유는 이 맛있는 카카오를 물려준 농업의 신이 언젠가 다시 나타나 그들을 도울 거라는 전설 속 믿음 때문이었습니다. 1571년 스페인이 영토를 확장해 나갈 때 돈 코르테스가 아즈텍에 도착했고, 아즈텍인들은 그를 돌아온 농업의 신으로 오해했습니다. 그래서 모든 것을 다 바쳤는데, 나중에야 잘못된 것을 알고 후회했지만 이미 때가 늦은 뒤였습니다. 이렇게 아즈텍을 정복한 코르테스는 카카오나무를 유럽으로 옮겨갔고, 이를 프랑스와 이탈리아에서 음식 재료로 사용하면서 점차 유럽 전역과 아프리카로까지 전파되어 나갔습니다.

초콜릿의 맛은 처음과 끝이 일정해서 한번 그 맛에 빠지면 헤어나지 못하는 것은 맞습니다. 비록 역사 속에서 아즈텍 사람들은 희생당했지만, 지금도 그 맛은 우리 입 안에 살아 있습니다. 결혼생활도 항상 처음의 달콤했던 순간처럼, 살아가면서 더욱 단맛을 발휘할 수 있도록 만들어 나가는 지혜가 필요합니다.

생각해봅시다

1. 결혼의 형태를 구체적인 용어를 사용해서 말해보시오.

2. 각 나라 별로 부모의 동의 없이 결혼할 수 있는 나이를 조사해보시오. 가장 빠른 나라는 어디인가요? 또한 가장 늦은 나라는 어디인가요?

3. 행복한 결혼을 위해 필요한 조건이 있다면 무엇일까요? 3가지만 들어보시오.

4. 결혼은 "자기 자신보다 배우자를 위한 삶을 살아가는 것이다"라는 말이 있습니다. 배우자에 대해 어떤 자세와 태도가 올바른 것인지 생각을 밝히시오.

5. 현대사회에서 가장 빈도가 높은 이혼 사유는 무엇인지 조사하시오.

CHAPTER

MARRIAGE, SEX & INHERITANCE

15 임신과 출산, 그리고 아빠

학|습|목|표

결혼의 결실은 건강한 아기와 행복한 부부 관계, 그리고 가정의 완성입니다. 아기를 갖는다는 것은 축복인 동시에 10여 개월에 걸쳐 기나긴 고행을 거쳐야 하는 쉽지 않은 과정입니다. 특별히 엄마와 아기가 하나의 육체로서 식사와 배설을 함께 하며, 정서적, 감정적 교류까지도 나누어가는 성스러운 과정입니다. 임신 기간 중에는 여러 가지를 조심하여야 합니다. 먹는 음식물에서부터 각종 약물, 병균들로부터 임산부와 아기를 보호하여야 합니다. 엄마의 육체에는 임신 중 호르몬의 변화로 인해 다양한 생리적 변화가 일어나는데, 이는 출산에 이어 수유로까지 이어집니다. 임신 전 과정에 걸쳐 강조할 주안점들을 두루 살펴보고, 임신 중 아버지의 역할도 함께 논의해 봅니다.

임신의 첫 번째 신호

대다수의 여성들은 임신을 하자마자 자기의 몸이 변화되고 있음을 직관적으로 알아채게 됩니다. 그리고 언제 임신을 했는지 그 시기도 대체로는 거의 확실하게 알고 있습니다. 그렇지만, 어떤 여성은 놀라울 정도로 임신 사실에 둔감합니다. 이런 경우는 자기가 임신했다는 것조차 상당한 기간 동안 자각하지 못하며, 따라서 임신 시기를 정확하게 잡아내는 것은 더더욱 어려운 일입니다. 임신을 했다는 것과 임신을 자각한다는 것은 전혀 다른 사건이기 때문입니다.

항간에는 임신을 하면 "이렇게 된다더라", "몸에 어떤 변화가 나타난다더라" 등 별의별 소문이 많이 돌아다니지만, 사실 이 세상 모든 여성들이 동일한 증상을 느끼는 것은 아닙니다. 또 사람에 따라서 민감도가 다르기 때문에 어떤 사람은 같은 증상이라도 더욱 심각하게 경험하는 반면에, 어떤 사람들은 거의 느끼지도 못하고 지나쳐 버립니다. 그중에서도 가장 흔한 예가 바로 입덧입니다. 입덧은 비교적 모든 임산부에게 공통적으로 나타나는 증상입니다. 그렇다면, 이외에 또 어떤 임신 증상들이 있을까요?

① 아침 일찍 느끼는 심한 구토와 불편함입니다. 이것을 영어로는 "morning sickness"라고 합니다. 임신 현상 중에서 제일 흔한 것인데, 거의 모든 임산부들이 제일 불편하게 느끼는 증상 중 하나입니다. 그러나 월경주기가 평소에 불확실했다면, 이 증상이 임신을 말해주는 지표가 될 수는 없습니다. 증상 또는 불규칙하기 때문입니다.

② 월경주기를 건너뛰는 것입니다. 임신과 함께 자궁내막의 변화가 최소화되고 최고로 두꺼워짐에 따라서 더 이상의 월경이 나타나지 않는 것입니다. 그렇지만, 단순히 월경을 건너뛰었다고 해서 모두가 임신은 아닙니다. 월경주기는 임신이 아니더라도 여성이 정신적 스트레스를 심하게 받거나 염증 등 여러 원인으로 아플 때, 그리고 체중이 심하게 변할 때 역시 잠시 중단될 수 있습니다. 심한 빈혈이나 피곤 또는 경구피임약을 장기간 복용하였더라도 이런 증상이 생길 수 있습니다. 이외에도 자궁근종이 있다면 월경의 불규칙함은 자주 발견이 됩니다. 따라서 임신 여부를 제대로 진단하려면, 이렇게 겉으로 나타나 보이는 자각증상에만 매달려서는 안 될 것입니다.

③ 임신이 되면, 엄마는 차후에 있을 수유를 위해 준비를 합니다. 엄마의 유선이 호르몬의 작용으로 크게 발달하면서 준비를 하는 것입니다. 즉, 유선이 팽창하고 유방이 커지면서 눈으로 확연히 알 수 있을 정도의 임신 징조를 보이는 것입니다. 물론, 유방의 발달은 임신 초기부터 나타나기 때문에 임신 여부를 진단할 수 있는 중요한 징표가 되고는 합니다. 게다가 피곤함과 함께 온 몸의 근육 통증을 수반하기도 합니다. 이는 그동안 쓰지 않았던 근육들이 한꺼번에 팽창되기 때문입니다. 유방이 커질 뿐만 아니라 유두 역시 발달하면서 민감해집니다. 심지어 옷깃에 스치기만 해도 쓰라리게 아플 수 있습니다. 이런 증상 역시 처음 몇 주 동안은 눈에 띄게 진행되지만, 익숙해지면서 서서히 사라지는 것이 보통입니다.

④ 피곤함과 입덧입니다. 앞에서도 언급하였지만, 입덧은 임신으로 인해 나타나는 증상 중 가장 광범위하고 흔한 것입니다. 이렇게 피곤함과 입덧을 우리는 종종 "아는 병"이라고 웃으면서 이야기합니다. 축복받은 임신과 함께 나타나는 "병 아닌 병"이란 뜻이겠지요. 보통은 임신 5~6주쯤 이런 증상을 호소하기 시작합니다. 체력이 약한 여성이라면 그보다 일찍 시작할 수도 있습니다. 그렇지만 때로는 상상임신 등으로 인해 유사한 증상이 생길 수 있기 때문에 분명한 진단을 위한 병원 진료가 필수적입니다. 엄마가 혼자서 이런 자각 증상들을 놓고서 "내가 임신이다 아니다"를 확증하는 것은 위

험할 수 있습니다. 간혹 임신 2주 만에 입덧을 느꼈다는 여성도 있습니다. 그리고 부작용 때문에 지금은 더 이상의 사용을 금하고 있지만, 입덧 억제제로 인해 임신 여부가 불분명해질 수도 있습니다. 입덧은 보통 임신 3~4개월경에 자연스럽게 사라지지만, 심할 경우에는 그 이상 지속할 수도 있습니다. 피곤한 것도 사람과 정도에 따라서 다르지만, 거의 움직이기 못하고 침대에만 누워 있어야 할 경우도 종종 있습니다. 이럴 때는 편하게 낮잠을 자는 것도 많은 도움이 됩니다.

⑤ 임신이 되면 소변을 보는 횟수가 늘어납니다. 이것은 자궁이 아기 때문에 팽창하면서 주위의 방광을 압박해 들어가기 때문입니다. 임신 중 호르몬인 프로게스테론(progesterone)이 증가하는 것도 소변보는 간격이 줄어드는 원인 중 하나입니다. 프로게스테론이 늘어나면 방광세포를 자극해서 심지어는 소변이 충분하게 들어차지 않았음에도 불구하고 뇨의를 느끼게끔 됩니다.

⑥ 입덧이 생기면 임산부는 당연히 식사가 어려워집니다. 심지어 음식물이나 마시는 물의 냄새를 맡는 것조차 괴로울 정도입니다. 이 때문에 식욕이 변할 수 있습니다. 그동안 좋아하던 음식과 싫어하던 음식에 대한 기호도가 예상하지 못한 방향으로 바뀌어져 버리고 심지어는 좋아하는 음식도 막상 먹지 못하게 됩니다. 음식물에 대한 후각 역시 예민해져서 평소에는 느끼지 못하던 냄새를 맡게 되는데, 이 때문에 음식물에 대한 편애가 더욱 커지게 됩니다.

⑦ 임산부는 임신기간 내내 여러 가지로 신체 생리작용이 불편하게 됩니다. 그중의 하나가 변비입니다. 변비가 생기는 이유도 프로게스테론 때문인데, 이 호르몬은 모체의 상태를 전반적으로 안정화시켜 주는 대신 모든 생리활성을 늦춥니다. 이렇게 되면 배변 역시 늦어지면서 심한 변비를 유발할 수 있습니다. 심지어는 불편할 정도를 넘어서 성격을 변화시키고, 우울증을 일으켜 감정 변화가 쉽게 일어날 수도 있습니다.

임신의 진단

임신에 대한 가장 정확한 진단 기준은 혈중 호르몬의 레벨을 측정하는 것입니다. 가임 여성의 경우 상기한 임신 증상들이 몇 주 동안 계속해 이어진다면, 그리고 분명하게 그 기간 주위에 성(性)적인 관계가 있었다면 더 이상 자각 증상에 매달리지 말고 호르몬을 측정하여 임신을 확인하는 것이 무엇보다 중요합니다. 대부분의 호르몬 검사는 약국에서 판매되는 임신진단 키트로 실시할 수 있습니다. 검사 방법도 아주 간단하여 의사나 간호사의 힘을 빌리지 않고 혼자서도 조사할 수 있습니다. 키트에는 소변을 떨어뜨리는 부분이 있습니다. 먼저 소독한 솜으로 요도 주위를 청결하게 닦아낸 다음 여기에 소변을 한 방울 떨어뜨리면 결과가 나타나고, 이를 판독하여 임신 여부를 알 수 있게 됩니다. 대부분의 키트는 HCG(human chorionic gonadotropin)를 측정하는 것입니다. 임신 2주경부터 태아는 자궁에 착상을 시도하는데, 이때 태아가 만드는 호르몬이 바로 HCG입니다. HCG는 태반의 발생을 유도하고, 동시에 모체를 임신에 최적합 상태로 유지하기 위해 태아가 만들어내는 호르몬입니다. 이 호르몬이 태반을 통해 모체에 전달되어 소변으로 검출되는 것입니다. 정확하게 말하자면, 임신진단 키트에는 HCG의 항체가 묻어 있는 것입니다. 여기에 항원인 소변의 HCG가 반응을 하고, 그 결과가 회사에서 디자인한 모양(+ 또는 –)으로 검출되는 것입니다. 진단 키트는 항원과 항체 반응에 근거하고 있는 만큼 놀랄 정도로 정확합니다. 그리고 집에서 혼자서도 조작할 수 있게 잘 만들어져서 시판되고 있습니다. 때때로 월경처럼 보이는 혈흔이 임신 2주경 나타날 수도 있습니다. 이것은 보통 월경이 아니고 수정란이 자궁내막을 뚫고 착상하려는 시도 때문에 생기는 혈흔입니다.

더욱 정확하고 빠른 검사를 원한다면, 혈액에서 EPF(early pregnancy factor) 유무를 검사를 할 수도 있지만 실제로는 잘 사용되지 않는 방법입니다. 보통은 혈액검사를 잘 실시하지 않지만, 특별하게 유산의 기미가 있거나 이미 유산의 경험이 있었다면 의사와 상의하는 것이 좋겠습니다. 요즘의 키트들은 성능이 좋아서 거의 100% 확실하게 임신 여부를 가려낼 수 있습니다.

출산일의 계산

임신진단 키트를 사용해서든지 또는 다른 방법을 사용해서든지 일단 임신이 되었다는 사실을 알게 되었다면, 그 다음으로 궁금한 것은 이 아기가 언제 태어날지를 정확하게 계산하는 것입니다. 물론, 아기의 정확한 출산일은 아기 자신만 알고 있을 뿐 의사도 어머니도 알 수가 없습니다. 그럼에도 불구하고, 만약 28일 주기의 정확한 생리일을 가지고 있는 여성이라면 280일을 임신 전체 기간으로 계산하는 것이 보통입니다. 이것은 마지막 월경의 첫 번째 날을 기준으로 하는 것입니다. 만약 생리주기가 26일이었던 여성이라면 그보다 2일 적은 278일을, 32일 주기의 여성이라면 284일을 기준으로 계산할 수 있습니다.

산전진단의 필요성

일단 임신 여부를 확인하였다면, 그 다음 문제는 아기가 정상적으로 발육하고 있는지 체크하는 것입니다. 물론, 검사의 일차적인 목표는 아기에게 있지만 사실은 아기뿐 아니라 임산부를 함께 보호하기 위한 조치입니다. 어떤 사람들은 산전진단 자체에 대해 거부감을 보이기도 하지만, 현대생활에서처럼 다양한 환경적 요소가 작용하는 때에는 아기의 상태를 미리 아는 것이 대단히 중요합니다. 아기가 태어났을 때에 그 만큼 미리 준비되어 있어야 아기를 바르게 보호할 수 있기 때문입니다. 아울러 부모도 정신적, 경제적 준비를 미리 할 수 있어야 하기 때문에 산전진단은 이제 임신과 함께 고려해야 할 필수 코스로 되어 있습니다. 산전진단은 단순히 기형아의 임신 여부를 가릴 뿐만 아니라, 아기가 태어났을 때 어떤 방법으로 증상을 완화시킬 지에 대한 상담 자료를 제공하고, 임산부의 건강과 정서적 안정 역시 어떻게 준비할 수 있을지의 문제까지 상담할 수 있게 해주기 때문입니다.

어떤 형태로든지 간에 병원에 가면 각종 검사와 진료, 상담이 시작됩니다. 대체로 첫 번째 진료는 임신 4~5개월 사이에 시작되는 초음파 검사입니다. 초음파 검사에 특별한 문제가 발견되면, 의사는 이와 연관되어 앞으로 필요한 또 다른 검사들을 설명해 줄 것입니다. 숙련된 의사라면 앞으로 있을 여러 가지 검사의 장단점과 함께 필요한, 부모로서 생각해 보아야 할 준비 과정에 관하여 의논을 해 줄 것입니다. 만약 첫 번째 아이라면 어머니와 아버지가 된다는 것이 과연 어떤 느낌인지를 서로 대화하고 의논하면서 새로운 생명의 탄생에 대해 책임감을 일깨울 필요가 있습니다. 생명은 경이로우면서도 대단히 정교한 것이기 때문입니다. 산전진단을 통해서 부모가 무엇을 준비할 것인지 하나씩 배워나가고, 출산용품부터 옷가지까지 아기를 위해 정성껏 준비해 가면서 부모 역시 더욱 성숙해질 수 있습니다.

임신 중 식사

임신 사실을 알고 나서 갑자기 다이어트를 시도한다든지 아니면 새로운 영양식을 시작하는 것은 전혀 권장할 만한 사항이 아닙니다. 자연스럽게 평소의 식습관과 건강 상태를 유지해 주어야 어머니 뱃속의 아기도 이에 적응하기 때문입니다. 물론 평소에 좋지 못한 습관을 가지고 있었던 임산부라면 문제가 다르겠지요. 안 좋은 생활 습관을 태어날 아기를 위해 바꾸어 줄 필요가 있습니다. 대표적인 예가 아예 아침식사를 거르거나 자극적 음식을 선호하는 것입니다. 이렇게 되면, 아기는 주기적으로 원하지 않는 다이어트와 영양결핍에 노출될 수밖에 없습니다. 가능한 아침식사도 규칙적으로 해야만 아기에게 늘 일정한 영양분이 전달됩니다. 또한 필수 영양소도 골고루 전달될 수 있습니다. 식단에서 신선한 야채와 과일은 항상 추천되는 품목들입니다.

물론 아기를 임신하였다는 것은 여성으로 보아을 때 굉장히 급격한 변화입니다. 그동안 혼자만 처신하면 되었던 생활 습관을 어머니의 습관으로 모든 것을 변화시켜야 합니다. 그렇다고 해서 평생토록 살아온 자신만의 생활 습관을 송두리째 바꾸는 것은 역시 쉽지 않습니다. 햄버거나 핫도그 같은 페스트푸드를 피하면서 조금씩 건강식으로 변화해 나가는 것이 중요합니다. 그리고 영양식이라 할지라도 너무 많은 식사량은 아기의 체중 변화를 유발할 수 있습니다. 과잉 식사로 인해 아기의 발육이 지나치면 출산 때 고생할 수 있습니다. 임신 초기에는 대체로 입덧이 심하기 때문에 식사가 불규칙하고 소식(小食)을 할 가능성이 높습니다. 이 또한 지극히 자연스러운 것입니다. 임신 후기로 갈수록 아기는 더 많은 영양분을 요구할 것이고, 엄마도 이에 따라 식사량이 늘어날 것입니다. 이런 변화에 자연스럽게 적응하고, 또 아기를 위해서 때로는 절제하는 것이 부모로서의 역할입니다. 간혹 지나치게 허기가 지면 바나나를 먹거나 우유를 마시는 것이 입덧에 도움이 될 수 있습니다.

BMI

임신기간 중에 임산부가 건강한 체중을 유지하고 있으며, 적절한 템포로 체중이 불어나고 있다면 이는 아기가 잘 자라고 있다는 것을 의미합니다. 아기의 체중이 얼마나 늘어나는 것이 정상인지는 여러 가지 요소에 의해 좌우될 수 있습니다. 만약 쌍둥이 임신이라면 체중이 늘어나는 정도도 당연히 다를 것입니다.

그렇다면 임신기간 중 이상적인 체중은 얼마일까요? 이것은 BMI(Body Mass Index)라고 일컫는 소위 "체질량지수"로 결정할 수 있습니다. BMI를 결정하려면, 그림의 가로축과 세로축에 자신의 키와 임신 전 표준체중을 적용시키면 됩니다.

이 2개의 축이 만나는 점이 바로 BMI입니다. 예를 들어, 키가 160cm인 사람이 평상시 체중 53kg이었다면, BMI는 21입니다. 만약 BMI가 19이하라면 저체중에 속하며, 19~26

KG	체질량지수																
92	39	38	37	36	36	35	34	33	32	31	31	30	29	29	28	27	27
	39	38	37	36	35	34	33	33	32	31	30	30	29	28	28	27	27
	39	38	37	36	35	34	33	32	32	31	30	29	29	28	27	27	26
89	38	37	36	35	34	34	33	32	31	30	30	29	28	28	27	27	26
	38	37	36	35	34	33	32	32	31	30	29	29	28	27	27	26	26
	37	36	35	34	34	33	32	31	30	30	29	28	28	27	27	26	25
86	37	36	35	34	33	32	32	31	30	29	29	28	27	27	26	26	25
	36	35	35	34	33	32	31	30	30	29	28	28	27	27	26	25	25
	36	35	34	33	32	32	31	30	29	29	28	27	27	26	26	25	25
83	35	35	34	33	32	31	30	30	29	28	28	27	26	26	25	25	24
	35	34	33	32	32	31	30	29	29	28	27	27	26	26	25	24	24
	35	34	33	32	31	30	30	29	28	28	27	26	26	25	25	24	24
79	35	33	32	32	31	30	29	29	28	27	27	26	26	25	24	24	23
	34	33	32	31	30	30	29	28	28	27	26	26	25	25	24	24	23
	34	32	32	31	30	29	29	28	27	27	26	25	25	24	24	23	23
76	33	32	31	30	30	29	28	27	27	26	26	25	25	24	23	23	22
	33	32	31	30	29	29	28	27	27	26	25	25	24	24	23	23	22
	32	31	30	30	29	28	28	27	26	26	25	24	24	23	23	22	22
73	32	31	30	29	29	28	27	26	26	25	25	24	24	23	23	22	22
	32	30	30	29	28	27	27	26	26	25	24	24	23	23	22	22	21
	31	30	29	28	28	27	26	26	25	25	24	23	23	22	22	21	21
70	31	30	29	28	27	27	26	25	25	24	24	23	23	22	22	21	21
	30	29	28	28	27	26	26	25	24	24	23	23	22	22	21	21	20
	30	29	28	27	27	26	26	25	24	24	23	22	22	21	21	21	20
67	29	28	28	27	26	26	25	24	24	23	23	22	22	21	21	20	20
	29	28	27	26	26	25	25	24	23	23	22	22	21	21	20	20	19
	29	27	27	26	25	25	24	24	23	23	22	21	21	21	20	20	19
64	28	27	26	26	25	24	24	23	23	22	22	21	21	20	20	19	19
	28	27	26	25	25	24	23	23	22	22	21	21	20	20	19	19	19
	27	26	25	25	24	24	23	22	22	21	21	20	20	20	19	19	18
60	27	26	25	24	24	23	23	22	22	21	21	20	20	19	19	18	18
	26	25	25	24	23	23	22	22	21	21	20	20	19	19	19	18	18
	26	25	24	24	23	22	22	21	21	20	20	19	19	19	18	18	17
57	26	24	24	23	23	22	22	21	21	20	20	19	19	18	18	18	17
	25	24	23	23	22	22	21	21	20	20	19	19	18	18	18	17	17
	25	24	23	22	22	21	21	20	20	19	19	18	18	18	17	17	17
54	24	23	23	22	21	21	20	20	19	19	19	18	18	17	17	17	16
	24	23	22	22	21	21	20	20	19	19	18	18	17	17	17	16	16
	23	22	22	21	21	20	20	19	19	18	18	18	17	17	16	16	16
51	23	22	21	21	20	20	19	19	18	18	18	17	17	16	16	16	15
	23	22	21	20	20	19	19	19	18	18	17	17	16	16	16	15	15
	22	21	21	20	20	19	19	18	18	17	17	17	16	16	15	15	15
48	22	21	20	20	19	19	18	18	17	17	17	16	16	15	15	15	14
	21	20	20	19	19	18	18	17	17	17	16	16	15	15	15	14	14
	20	20	19	19	18	18	17	17	17	16	16	16	15	15	15	14	14
45	20	19	19	18	18	18	17	17	16	16	16	15	15	15	14	14	14
	19	19	18	18	18	17	17	16	16	16	15	15	15	14	14	14	13
	19	18	18	18	17	17	16	16	16	15	15	15	14	14	14	13	13
41	19	18	18	17	17	16	16	16	15	15	15	14	14	14	13	13	13
	18	18	17	17	16	16	16	15	15	15	14	14	14	13	13	13	12
	18	17	17	16	16	16	15	15	15	14	14	14	13	13	13	12	12
	17	17	16	16	16	15	15	15	14	14	14	13	13	13	12	12	12
METER	1.52		1.56		1.6		1.64		1.68		1.72		1.76		1.80		1.84

BMI 기준표

사이가 가장 이상적인(건강한) 수치입니다. BMI가 27과 30 사이에 속한다면 과체중, 그보다도 높으면 비만에 속하게 됩니다. 따라서 상기한 사람은 정상 수치 범위에 들어갑니다. 만약 쌍둥이를 임신하였다면, BMI는 당연히 수치가 달라집니다. 물론 보편적인 기준으로서 BMI를 이야기하지만 사람은 누구나 조금씩 다릅니다. 즉, 상기한 표가 임신 중 이상적인 체중 변화를 나타내는 기준이지만, 그 변화 정도는 같은 사람일지라도 매주 다를 수 있습니다. 어떤 사람은 임신 초기에 체중이 늘고, 어떤 사람은 임신 후반기에 갈수록 체중 변화가 심할 수 있습니다. 또 어떤 사람은 그 변화가 임신 기간 내내 불규칙하기도 합니다. 설사 체중 변화가 정상 범위를 조금 벗어난다하더라도 요즘은 다양한 검사 방법과 의료 기술이 발달되어 있기 때문에 크게 걱정할 필요는 없습니다. 의사가 초음파 등을 통해 검사한 결과에서 아기가 정상으로 자라고 있다고 하면 문제될 것도 없습니다.

아기의 크기는 또한 어머니의 자궁 크기와 비례합니다. 따라서 아기가 작다는 이야기는 임산부의 자궁이 원래 작다는 뜻일 뿐 아기의 건강과는 아무런 연관성이 없습니다. BM 수치는 어디까지나 초음파 등 추가적 검사가 필요한지 여부를 결정하는데, 사용되는 것입니다. 또한 어머니가 건강을 잃지 않도록 적절한 영양소를 포함한 식단을 제공하기 위한 지표일 뿐입니다.

임신기간 중 임산부의 체중이 늘어나는 데에는 여러 가지 요소가 작용합니다. 제일 큰 변화의 요소는 역시 아기가 커지는 것입니다(약 40%). 그 다음은 아기가 충분히 자라도록 영양분을 나르기 위해 혈액량이 증가하는 것입니다(약 20%). 아기와 함께 자궁이 커지는 것도 10% 정도, 양수가 증가하는 것도 10% 정도 영향을 미칩니다. 이외에도 태반의 성장과 유방의 발달이 체중에 작용합니다.

임신을 하면, 피부가 이전보다 부드러워집니다. 보습 효과도 좋아져서 수분을 잘 머금어 촉촉하게 보입니다. 이 역시 임신 중 호르몬의 변화 때문에 생기는 변화입니다. 그럼에도 불구하고, 피부의 건강은 전반적으로 안 좋아져서 다크 서클(dark circle)이나 여드름이 많이 생겨나며, 핏줄이 몸의 이쪽저쪽에서 거미줄처럼 퍼져 보이게 될 수도 있습니다.

임신 중 입덧(morning sickness)은 피로와 구토를 다분히 수반합니다. 그리고 입덧은 하루 중 아무 때나 일어날 수 있습니다. 조사에 따라 다르겠지만, 임신부 중 80% 이상이 입덧으로 고생한 경험이 있다고 합니다. 그러나 이 입덧은 6 주가 지나면서 자연스럽게 사라지기 때문에 오히려 아는 병이라는 점에서 임신을 축복하는 징표가 되기도 합니다. 입덧이 아무리 심한 경우라도 늦어도 임신 3개월이 지나면 사라지게 마련입니다. 처음에 불균형해지고 심하게 변화했던 호르몬 레벨이 안정되기 시작하고, 또 신체가 이에 적응했기 때문입니다. 입덧은 여러 가지 임신 호르몬 중에서도 HCG와 관계가 있다고 보입니다. 때때로 입덧이 너무 심하면, 그 후유증이 임산부나 아기에 영향을 주지 않을까 걱정하는 사람을 볼 수 있는데, 사실은 전혀 그렇지 않습니다. 아무리 입덧이 심해서 못 먹는다 해도, 또 그 때문에 임산부의 체중이 줄어든다고 해도 입덧은 임신 초기의 증상이므로, 아기 성장에 거의 영향을 주지 않습니다. 다만 이렇게 너무 먹지 못 할 때에는 한 번에 많이 음식물을 섭취하려 들지 말고, 적게 자주 먹는 것이 도움이 됩니다. 신 맛은 입맛을 돋우기 때문에 석류 알이나 레몬주스를 섭취하는 것도 도움이 됩니다.

또한 무슨 일을 하든지 쉽게 피로할 수 있는 것이 임신기간입니다. 따라서 가능한 시간이 날 때마다 쉬어가며 일을 하고, 항상 조금씩이라도 먹으려 노력하는 것이 중요합니다. 임신 기간 중 후반기로 갈수록 요실금 증상이 나타날 수도 있습니다. 소변이 원하지 않는 때와 장소에서 찔끔거리는 증상입니다. 이것은 팽창된 자궁이 방광을 누르면서 생기는 일시적인 현상인데, 신기하게도 출산과 함께 즉시 없어집니다. 그럼에도 불구하고, 요실금 증상이 계속 지속된다면 방광이나 요도에 염증이 생겼을 수 있으므로 담당 의사와 상의할 필요가 있습니다. 때로는 코피가 심하게 터질 수도 있습니다. 임신이 점차적으로 진행되면서 엄마는 아기에 대한 긴장과 함께 임신으로 인한 육체적 불편함 때문에 불면증에 시달릴 수도 있습니다.

특수한 임신

아기를 갖는다는 것, 생명을 창조한다는 것 — 임신은 누구에게나 특별한 것입니다. 그리고 임신을 하면 아기나 엄마 모두가 특별한 취급을 받는 것이 당연합니다. 그 만큼 소중한 존재들이니까요. 그러나 임신 중에는 정말 특별한 경우가 있습니다. 즉, 특별한 검사를 필요로 하는 경우를 말하는 것입니다. 예를 들면, 임산부의 나이가 35세 이상이라면 이 경우에 해당합니다. 다운증후군의 확률이 급격하게 높아지기 때문입니다. 다운증후군은 앞에서 공부한 것처럼 염색체의 비분리현상(chromosomal nondisjunction) 때문에 생기는데, 35세가 되면 그 확률이 급속하게 증가합니다. 예를 들어, 25세 때에는 다운증후군의 확률이 1:1500 정도로 낮기 때문에 검사를 특별히 할 이유가 없지만, 30세가 되면 그 확률이 거의 2배인 1:900 정도로 증가합니다. 이 확률이 35세 때에는 1:350까지 증가하고, 40세가 넘으면 30~100:1 정도로까지 정말 급격하게 증가합니다. 요즈음 나이가 들어서 병원을 방문하면 몇 가지 권장되는 검사들이 있습니다. 융모막검사(CVS)와 혈중 alpha-fetoprotein(AFP) 검사, 양수검사 등입니다. 앞으로는 검사기술이 더욱 발달할 것이기 때문에 아무리 노산(老産)이라고 해도 다운증후군의 출산율이 현저하게 줄어들거나 아예 이 세상에서 없어질지도 모릅니다. 특별히 부모가 원하는 경우가 아니라면 말입니다. 그러나 한 가지 우리가 기억해야 할 것은 선천성 장애 역시 우리에게 주어진 생명의 선물이라는 점입니다.

임산부가 당뇨가 있거나 천식이 심한 경우, 그리고 쌍둥이 임신이라면 역시 특별한 검사가 필요합니다. 노산(老産)이라면, 이런 증상들이 더욱 흔하게 나타날 수 있습니다. 그러나 이제는 그리 놀랄 일은 아닙니다. 왜냐하면, 여성의 사회 진출이 활발해지면서 그만큼 노산이 흔해졌기 때문입니다. 상대적으로 의학기술도 발달했기 때문에 검사만 잘 받는다면 건강한 아기를 낳을 확률과 원활한 임신의 진행이 이제는 그리 어려운 일이 아닙니다. 나이가 들어서 아기를 가질 때 임산부에게 나타날 수 있는 또 다른 증상은 임신 당뇨와 심한 고혈압입니다.

임신의 수칙

다음은 임신분가 특별히 지켜야 할 5가지 수칙입니다.

❶ 적게, 그리고 자주 먹는 것입니다. 아기가 자궁에서 자라기 때문에 당연히 복부에는 위가 팽창할 수 있는 공간이 적을 것이고, 따라서 한 번에 많이 먹을 수가 없습니다. 그럼에도 불구하고, 아기는 계속해서 자라나기 때문에 필요한 영양소가 많이 요구됩니다. 때문에 자주, 그리고 적게 먹는 것이 꼭 필요합니다.

❷ 때때로 낮잠을 자는 것도 피로를 푸는 방법 중 하나입니다. 임신 중에는 자주 피곤하기 때문에 시간이 날 때마다 잠을 충분히 자서 피곤을 풀어 주어야 합니다.

❸ 적절한 운동을 꾸준하게 하여야 합니다. 운동 중에서도 수영이 특별하게 권장됩니다. 수영은 물 속에서 움직이기 때문에 몸 전체에 골고루 압력을 전해 주어 임산부의 피로를 그 만큼 감소시켜 줍니다. 또한 아기에게 전해지는 중력을 줄여주고, 엄마의 근육도 풀어주면서 적당한 피로감으로 인해 수면을 유발하기 때문에 가장 적절한 운동입니다.

❹ 임신 기간이 길어지면서 몸을 움직이는 것조차 힘들어지게 될 것입니다. 점차 집안의 일은 커녕 자기 몸을 움직이는 것도 귀찮아질 수 있습니다. 그렇게 될 때를 대비해서

미리부터 친구나 가족들에게 미리 연락을 해 놓아 필요한 도움을 청하도록 합니다. 분만의 신호가 오기 시작한다면, 특별히 응급시 연락할 수 있는 전화번호들을 챙겨 놓을 필요가 있습니다.

5. 술과 담배는 당연히 끊어야 합니다. 스트레스도 피하는 것이 필요합니다. 직장생활로 인해 매일 신경이 곤두선다면, 잠시 휴가를 얻거나 휴직을 하는 것도 방법입니다. 흡연의 범위에는 간접 흡연도 포함됩니다. 배우자가 흡연자라면 적어도 임신 기간에는 협조를 해서 임산부 주변에서는 담배를 피지 못하게 해야 합니다.

아빠

한 생명체를 창조하고, 그 아기의 아빠가 된다는 것은 남자에게 아주 특별한 경험입니다. 비록 자기 자신이 직접 임신을 하는 것은 아니더라도, 정서적, 감정적으로 충분히 교감을 하면서 임신의 전 과정을 배우자와 함께 느낄 수도 있습니다. 특히, 태어날 아기가 만약 첫 아기라면 아빠는 더욱 자랑스러움과 함께 두려움을 느낄 것입니다. 이것은 지극히 당연한 일입니다. 그 만큼 아기를 갖는다는 것은 아무리 준비해도 부족한, 경이로운 일이기 때문입니다. 임신과 출산을 통해 부부간의 사랑도 더욱 깊어지며, 아빠는 가장으로서의 책임감이 더욱 강해지게 될 것입니다. 이런 감정은 미리 출산계획을 하고서 가지는 아기라면 조금 더 분명하겠지만, 어쨌든 남성에게도 많은 감정적 변화가 생기는 것은 분명합니다. 살다보면 놀랄만한 일도 생기기 마련입니다. 결혼을 했음에도 여러 사장을 감안하여 당분간 아기를 갖지 말자고 약속하고서 피임을 했거나 계획하지 않았는데 덜컥 아기가 들어서는 경우도 있습니다. 이럴 때라면, 앞에서 언급한 경이로움과 함께 놀라움, 그리고 책임감이 더욱 강해질 수 있습니다.

부부의 정서적 협조

재미있는 것은 대부분의 아빠들이 아직 태어나지도 않은 아기와 정서적으로 경쟁을 한다는 것입니다. 엄마의 시선과 관심이 온통 아기에게만 집중되어 있기 때문입니다. 심지어는 임신 기간 중에 자기 혼자만 내동댕이쳐졌다는 생각과 함께 외로움을 이겨내지 못하는 철부지 아빠도 있습니다. 물론, 이런 것들은 모두 개인적 차이가 있습니다. 중요한 것은 그럴수록 배우자와 대화를 더 많이 하면서 함께 사랑으로 풀어 나가야 한다는 점입니다. 여성은 임신 그 자체만으로도 힘들고 외롭습니다. 갑자기 임신과 함께 여성이 더 성장한 것처럼 보이는 것은 그 만큼 새 생명에 대한 책임감이 강해지고 그 길을 감당하기 위해 더욱 대담해지기 때문입니다. 아빠도 자신이 부모가 된다는 점에 대해서 이제부터는 심각하게 생각을 정리해야 합니다. 요즘은 원활한 임신과 출산을 위해 아빠가 개입할 수 있는 의료적인 부분들이 많이 있습니다. 가능하면 엄마와 함께 병원에 가서 의사의 설명을 함께 듣고서, 현재 어떤 상황이 엄마의 자궁 내에서 진행되고 있는지에 대한 이해를 함께 높일 필요가 있습니다. 그러면서 공부도 같이 하고, 임신에 필요한 의학적 용어 등을 의논하며, 마음의 준비도 하면서 이해도를 높여가야 합니다.

요즘은 병원에 가면 초음파를 통해 아기의 움직임을 직접 볼 수 있습니다. 움직이는 아기를 본다는 것은, 그리고 심장의 박동소리를 듣는다는 것은 그 자체로서 굉장히 흥분되는 일입니다. 배우자의 신체가 매일매일 어떻게 변화하고 있는지 알면 알수록 서로에 대한 이해가 깊어지면서 왜, 그리고 어떤 도움이 필요하지를 따듯하게 배려할 수 있습니다. 부부 관계에 있어서도 부드러운 키스 등 평소와는 다른 방법으로 서로의 욕구를 충족시킬 필요가 있습니다. 그러기 위해서는 많은 대화가 절대적으로 필요합니다. 어쨌든 간에 임신 중 부부간에 생기는 감정의 변화는 출산 후 두 사람의 관계를 또한 심각하게 좌우하기 때문에 아주 중요합니다. 함께 운동을 하거나 움직임이 불편한 엄마의 운동을 아빠가 도와주는 것도 좋은 방법입니다. 임신 중에도 건강하려면 몸을 움직여야 하지만 움직이는 것 자체가 어렵기 때문에 남편이 협조해 돕는다면 그것은 정서적으로 아주 큰 고마움이 됩니다. 쇼핑센터에서 물건을 사거나 시장을 볼 때 무거운 짐을 남편이 들어주는 것도 좋겠지요. 보수적인 남편이라서 이전에 따듯한 사랑을 미처 표시해 본 적이 없다면 바로 이때가 기회입니다. 임신과 육아 교실을 함께 다니는 것은 어떨까요? 그런 만큼 서로가 상대방을 더욱 배려하고 사랑하는 자세가 필요합니다.

아빠의 역할

때때로는 남자도 배우자와 거의 같은 정도로 임신 과정을 겪는 모방 현상이 일어날 수 있습니다. 심지어는 어떤 남자는 심한 피곤함과 변비, 체중도 증가와 입덧까지 경험한다고 합니다. 또한 출산 때에도 마치 자신이 직접 분만하는 것처럼 진통을 느끼는 남자가 있다고 합니다. 그러나 이런 것들은 정상적인 현상이 아닙니다. 오히려 이러한 증상이 계속되거나 심하다면 의사를 만나 상의해 볼 필요가 있습니다.

아기가 태어나면 부부의 역할 분담이 필요합니다. 신생아는 배가 작기 때문에 거의 2시간마다 보채고 울면서 먹고 싶다고 재촉합니다. 피곤한 엄마가 혼자서 이를 감당하기는 정말 어렵습니다. 모유가 아닌 우유를 먹이는 경우라면 더욱 심각합니다. 우유병을 데우고, 씻고, 소독하고 등등 할 일은 많은데, 아기는 계속 울어대고 아빠는 잠만 잔다면 난감할 것입니다. 따라서 아빠가 함께, 그리고 교대로 역할을 분담하여 서로가 충분한 수면을 취하고 피로를 풀어가면서 아기를 돌봐야 아기와 함께 부부의 사랑이 건강하게 자라날 수 있을 것입니다.

진통

배우자에게 가장 가까운 사람은 바로 남편입니다. 그런 만큼, 남편의 배려와 도움은 원활한 임신과 출산을 위해 절대적인 것입니다. 이전에는 분만실에 남자가 들어가는 것 자체가 드물었지만, 요즘의 젊은 남편들은 분만실에 당연히 함께 들어가서 출산의 전 과정을 도우려고 노력합니다. 그럼에도 불구하고, 경험과 지식이 부족하기 때문에 서두르고 당황하기만 할 뿐 도대체 무엇을 해야 할 지 모르는 경우가 다반사입니다. 허둥대다가 의사선생님이 가위를 넘겨주고서 탯줄을 자르라고 하면 그때 더욱 당황해 하는 것이 보통입니다. 예정된 날짜와 시간에 태어나는 아기는 많지 않습니다. 오히려 생각지도 않은 곳에서, 생각지도 않은 시간에 아기가 나오는 것이 일반적입니다. 그럼 분만실에서는 어떤 일이 벌어지고, 또 어떻게 해야 할까요?

초산인 경우라면 2~3주쯤 전에, 두 번째 아기라면 출산 바로 직전에 엄마에게 몇 가지 생리적인 변화가 나타납니다. 제일 먼저 보이는 것은 자궁과 다리에서의 변화입니다. 아기가 출산 몇 주 전에 거꾸로 서면서 자궁을 둘러싼 혈관을 누르는데, 이것이 다리 쪽을 압박하여 엄마의 다리가 부어오를 수 있습니다. 질 입구에 하얀색의 분비물이 증가할 수도 있는데, 만약 이 분비물의 색이 누렇게 변색되어 있다면 세균 감염을 의심할 수 있습니다. 감기에 걸리지도 않고 오한이 나지도 않는 데도 호르몬의 변화로 인해 몸이 덜덜 떨릴 수 있습니다. 심지어는 설사가 자기 의지와 상관없이 흘러나올 수도 있습니다.

사실 이런 신호들이 정확하게 아기가 언제 나올지를 말해 주지는 않습니다. 다만, 대체로 자궁이 곧 수축을 시작할 거라는 것을 말해 줄 뿐입니다. 자궁 수축이 일어나기 직전에 또 한 가지 생길 수 있는 것은 혈흔입니다. 이 혈흔은 자궁의 입구를 막고 있던 점막이 떨어져 나오는 것입니다. 진통(수축)이 규칙적으로 나타나면서 매 5분 간격으로 이어진다면, 그리고 이 진통이 점점 더 강해진다면 이미 분만은 시작된 것입니다. 그렇다고 해서 병원에 너무 일찍 갈 필요는 없습니다. 진통이 아직 참을만 하다면, 즉 아주 강하지 않다면 집에서 조금 더 자궁이 열리기를 기다리는 것이 더 편하기 때문입니다. 그러나 각각의 진통이 5분 이내 간격으로 가까워지면서, 그리고 한번 시작했을 때 1분 정도 지속되기를 계속한다면, 이제 한 시간 내로 분만이 가까워지고 있는 것입니다. 진통의 간격이 3분 이내로 줄어들면 분만이 정말 상당히 가까워진 것입니다. 이렇게 진통이 시작되면서 동시에 양수가 터지는 것을 경험한다면, 이제는 정말 병원에 갈 때가 되었다는 신호입니다. 두 번째 아기라면 초산보다 전체 시간이 절반 이하로 줄어드는 게 보통입니다.

출산

아기는 자신이 세상에서 나와야 하는 때를 누구보다도 잘 알고 있습니다. 따라서 아기가 질 입구에 머리를 내밀기까지 미리 힘을 주어서 밀어 내려 할 필요가 없습니다. 그랬다가는 엄마가 미리 지쳐서 나중에 진짜 힘이 필요할 때 제대로 수축할 수 없기 때문입니다. 출산 시의 진통을 줄여 주는 의료적 방법이 몇 개 있기는 하지만 그다지 바람직하지 않습니다. 약물이 태반을 통해서 아기에게 그대로 전달될 수 있기 때문입니다. 따라서 자연스럽게 호흡을 조절하고, 자세를 바르게 잡아 아기가 보다 쉽게 나올 수 있도록 유도하는 것이 무엇보다 권장되는 방법입니다.

아기 머리가 질 입구에 보이기 시작하면, 이제 엄마가 힘을 주어 수축을 시작할 때입니다. 힘은 연속적으로 주고 있는 것이 아닙니다. 한번 힘을 준 후에 심호흡을 하고, 마음속으로 천천히 열까지 센 다음 다시 힘을 주는 방식을 되풀이합니다. 이때 엄마는 고통과 피곤으로 완전히 지쳐 있기 때문에 아빠가 옆에서 이 템포를 기억하도록 도와주는 것이 좋습니다.

아기의 머리가 일단 나오기 시작하면, 이때부터는 머리를 손으로 받치면서 받아냅니다. 머리가 모두 빠져 나오면 엄마는 힘주기를 잠시 멈추도록 합니다. 탯줄이 아기의 목을 감고 있을 수 있는데, 그렇다면 빨리 느슨하게 풀어 주어야 합니다. 기도를 열어주는

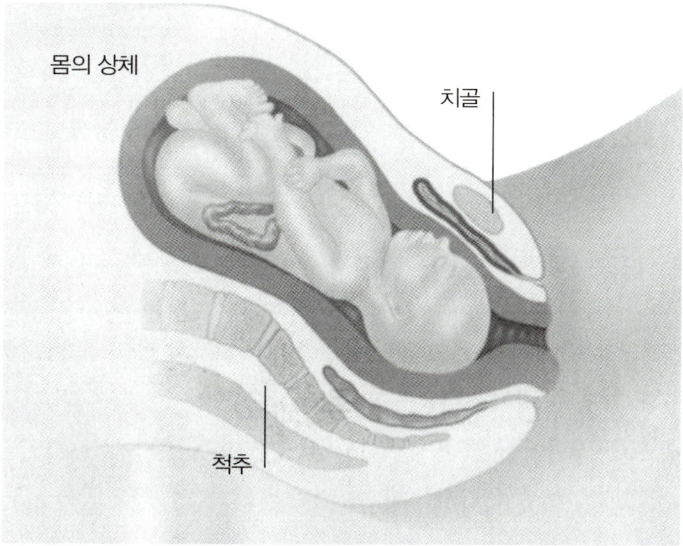

출산

것이지요. 이와 동시에 코와 입에 들어있는 점액들도 얇은 수건이나 가아제로 깨끗이 닦아 기도를 확실하게 열어주어야 합니다.

한 번 더 수축하면, 아기는 어깨와 몸통까지 나오게 됩니다. 이때부터는 아기를 손으로 잡아 빼기보다 자연스럽게 미끄러지듯 나오기를 기다리는 것이 좋습니다. 분만이 완전히 끝나서 아기가 나오면 아기를 조금 거꾸로 들어(머리보다 다리가 더 높게 들어서) 입과 코에 들어있는 액체들이 모조리 흘러나오게 조치해 줍니다. 갓 태어난 아기에게는 이 세상이 엄청 춥습니다. 따듯한 엄마의 자궁 속에 들어있다가 추운 세상으로 나왔기 때문입니다. 세상이 아무리 더워도 자궁보다는 춥기 마련입니다. 아기를 담요로 빨리 감싸서 체온이 보호되도록 합니다.

수유

수유는 아기를 출산하자마자 어머니가 첫 번째로 겪어야 하는 과정입니다. 어떤 사람에게는 이 수유 작업이 비교적 쉬운 반면에, 어떤 사람에게는 쉬워 보이면서도 사실은 어려울 수 있습니다. 모유가 처음부터 잘 분비된다면 문제가 없겠지요. 그러나 상황에 따라

당황스러울 정도로 젖이 잘 나오지 않을 때도 많습니다. 아기가 젖을 잘 물고 빠느냐도 관건입니다. 이는 아기의 성숙도를 나타내는 지표이기도 합니다.

직장에 다니는 어머니라면 아마도 모유보다 우유를 선호할 것입니다. 그럼에도 불구하고, 아기에게 제일 좋은 식사는 모유라는 것을 아무도 부정할 수 없습니다. 가능한 한 아기를 낳고서 처음 분비되는 모유(초유)를 아기에게 꼭 먹이는 것이 좋습니다. 물론 제왕절개 등을 통해 출산하였다면, 이때는 초유가 잘 나오지 않기 때문에 의사와 의논할 필요가 있습니다.

이렇듯 초유를 먹이는 이유는 첫째, 아기가 젖을 잘 빠는지를 보기 위한 것입니다. 아기에게도 어른처럼 먹는 문제가 제일 중요합니다. 젖을 빨려는 의지만 있으면 아기는 건강한 것이지만, 그 반대로 젖을 빨려고 하지 않는다면 아직 아기가 미성숙했을 가능성이 있습니다. 아기는 대체로 6시간 간격으로 젖을 먹는데, 얼뜻 보기에는 그 먹는 양이 무척 적게 보일 수 있습니다. 그렇지만 아기의 위 자체가 아주 작다는 것을 생각하면 그 정도로도 충분합니다. 유방에는 유방엽(lobe)과 유선(duct)이 들어 있습니다. 그리고 유방엽 안에는 유방꽈리(alveoli)들이 들어 있습니다. 이 유방꽈리에 모유가 모였다가 젖꼭지로 흘러나오는 것입니다. 젖꼭지에는 약 15개 내외의 작은 구멍이 외부를 향해 열려 있습니다. 젖이 분비되기 위해서는 옥시토신(oxytocin)과 프로락틴(prolactin)이라는 2종류의 호르몬이 필요합니다.

두 번째는 초유에 들어있는 영양분과 면역항체 때문입니다. 처음 2~3일 사이에 나오는 모유를 초유(colostrum)라고 하는데, 여기에는 아기가 필요로 하는 각종 단백질과 지질, 당분, 비타민 그리고 면역항체들이 풍부하게 들어 있습니다. 특히, 이 면역항체 때문에 초유의 중요성이 강조되는 것입니다. 초유는 색깔도 다소 진한 노란색을 띠고 있습니다. 모유의 성분과 색깔은 시간이 가면서 변합니다. 몇 주가 지나면 점점 묽어지면서 색도 하얗게 바뀌어집니다. 어떤 산모들은 모유가 적게 나와서 고민을 하는데, 그럴 때는 높은 칼로리의 음식물을 충분하게 섭취하는 것이 중요합니다. 술과 커피는 가능한 삼가는 것이 좋습니다.

만약 어머니가 직장생활을 하여야 할 경우에는 합성 우유(formula milk)를 아기에게 먹여야 합니다. 이 경우에는 부부가 함께 수유의 수고를 해야 하기에 아버지도 젖병을 살균하는 방법 등을 미리 배워 두는 것이 좋습니다. 우리는 보통 말하기를 아기가 우유를 먹는다고 하지만, 한 살 미만의 아기에게 일반 우유를 그대로 주는 것은 옳지 않습니다. 일반 우유에는 단백질 함량이 높아서 신생아의 신장이 다칠 염려가 있기 때문입니다. 대신

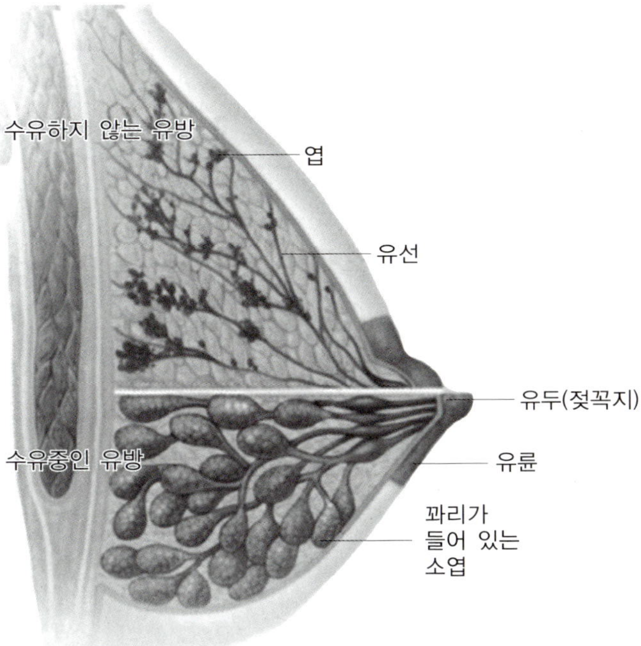

유선의 구조

에 아기에게 필요한 영양소가 적절히 혼합된 합성 우유를 먹이는데, 대체로 철분 등을 강화시킨 우유입니다. 선천적으로 특정한 영양물질에 대하여 대사질환이 있는 아기라면, 의사와 의논하여 특수 영양소를 제외하거나 첨가한 우유를 제공해 주어야 합니다.

탯줄과 태반

아기가 태어날 때 함께 나오는 것이 탯줄입니다. 병원에서는 보통 탯줄 윗부분의 적당한 두 군데를 집게로 집어서 표시한 다음 그 사이를 자릅니다. 출산 직후에는 탯줄에도 다소의 떨림이 이어지고 있기 때문에 이것이 멈출 때까지 기다릴 필요가 있습니다. 이 떨림은 일종의 태아의 심장 박동 같은 것입니다. 떨림이 계속되는 한 탯줄은 미리 자를 필요도 없고, 또 그렇다고 무한정 오래 나둘 이유도 없습니다. 다만 탯줄을 일찍 잘라주면 그만큼 아기의 호흡기와 순환기가 빨리 적응하게 됩니다. 한 가지 기억해 두어야 할 것은 탯줄을 너무 짧게 자르면 안 된다는 겁니다. 탯줄 속에는 아기의 내장이 들어와 있을 수 있기 때문입니다. 따라서 배꼽에서부터 최소 10여 cm 이상은 여유를 두고서 잘라 주어야 합니다.

탯줄을 자르고 나면, 잠시 후 태반이 이어서 나오게 될 것입니다. 태반 역시 의사가 따로 검사할 필요가 있습니다. 태반은 아기에게 영양분을 공급하고, 노폐물을 배설하는 등 아기의 위와 소화기, 폐, 장의 역할을 10개월간 맡아 했던 기관이기 때문에 태반이 건강해야만 태어난 아기도 건강할 것입니다. 이 때문에 태반은 반드시 검사를 거쳐야 하는 기관입니다.

응급 상황 시 대처

아기의 탄생은 예측을 하기 어렵습니다. 그리고 적절한 상식을 갖추지 못한 부모라면 응급 시 당연히 당황할 수밖에 없습니다. 한 가지 분명한 것은 어떠한 경우에도 분만의 전체 과정이 순식간에 진행되는 일은 거의 없다는 사실입니다. 따라서 아무리 양수가 터지고, 겉보기에 위급해 보여도 절대로 당황하거나 허둥대는 모습을 임산부에 보여서는 안 됩니다. 그렇게 되면, 임산부가 불안해지면서 오히려 심리적으로 더욱 위축될 수 있기 때문입니다. 평소에 다니던 병원의 전화번호와 담당 의사, 그리고 간호사의 연락번호를 늘 간직하거나 쉽게 발견할 수 있는 곳에 두는 습관을 가질 필요가 있습니다. 무엇보다도 임산부를 안정시키고, 편안한 자세로 눕혀서 이동시키는 것이 중요합니다. 급할수록 천천히 상황을 설명하고, 지시에 따라 차분하게 대처하도록 합니다.

선천성질환과 남녀평등

여성이 35세를 넘어서 임신하고 출산하면 다운증후군의 확률이 급격하게 높아진다는 것은 보편화된 상식입니다. 그렇다면 남성의 나이가 35세를 넘으면 어떨까요? 남성의 노산(老産)은 자녀에게 아무런 영향도 미치지 않는 걸까요?

그동안 남성의 나이는 임신과 출산에서 거의 문제가 되지 않았습니다. 그러나 최근의 몇 가지 연구는 남성 역시 35세를 넘을 때 자녀에게 선천성 질환을 일으킬 확률이 높아진다는 것을 보여주고 있습니다. 바로 자폐증(autism)입니다. 물론 자폐의 원인을 두고서 그동안에도 치열한 공방이 있었습니다. 어릴 때 맞은 백신이 신경세포를 파괴하여 자폐가 생긴다는 보고도 있었고, 수은이 섞인 음식물을 먹은 아이들이 자폐가 되었다는 보고도 있었습니다. 특히, 홍역 백신은 그중에서도 첫 번째로 꼽힌 원인입니다. 그럼에도 불구하고, 아직도 자폐의 정확한 원인은 알려지지 않고 있습니다.

최근에 유전공학적 기술들이 의학에 도입되면서 자폐의 원인을 유전자의 변이로 설명하려는 움직임이 나타나고 있습니다. 그 결과, 몇몇 대상 유전자가 알려지기는 했지만 서로간의 연관성도 확실하지 않고, 게다가 모든 자폐 아동들이 동일한 유전자 변이를 가지고 있지 않아 아직까지도 오리무중인 상태입니다. 자폐 아동들이 백신을 맞는 시기가 15~18개월 사이라는 점이 우연하게도 자폐가 진단되는 시기이기에 백신을 자폐의 원인으로 보는 것도 사실은 무리가 있습니다.

그동안은 선천성 질환의 문제를 고스란히 여성이 떠안고 있었습니다. 그러나 이제는 이러한 문제에서도 남녀가 공히 책임을 지고 함께 문제를 떠안아야 할 시기가 되었습니다. 현대 의학의 기술은 새로운 진단기술과 함께 치료법을 계속해서 개발하고 있습니다. 선물로 주어진 자녀를 예쁘게 키우면서 행복한 가정을 만드는 것이 바로 오늘을 살아가는 우리 부모들의 책임입니다.

생각해봅시다

1. 임신이 되면 어떤 증상들이 뚜렷해지는지 나열하시오.

2. 임신 중 여성호르몬들은 어떻게 변화하며, 그 결과 어떤 증상들이 초래되는지 말하시오.

3. 임신진단 도구의 원리를 설명하시오.

4. 평소 생리주기가 28일인 여성의 전체 임신기간은 얼마인지 계산하시오.

5. 임신 중 아빠의 역할에 대해 말해보시오.

맺는 말

오래된 이야기이지만 한 가지 예를 들어 보겠습니다. 1879년에 덴마크의 수도 코펜하겐에서 한 연극이 공연되었습니다. 노르웨이의 작가 입센의 "인형의 집"이란 연극이었습니다. 이 연극은 그 당시 사회적 통념으로는 받아들일 수 없는 파격적인 내용을 담고 있었기 때문에 엄청난 충격으로 받아들여졌고, 곧 큰 사회적 반향을 불러 일으켰습니다.

줄거리는 다음과 같습니다. 이 연극의 주인공 "노라"는 고생 한번 모르고 인형처럼 곱게 자란 뒤에 변호사에게 시집가서 두 아이를 낳아 기르며, 편안하고 행복하게 살고 있었습니다. 그런데 그 집안에 예기치 않은 풍파가 닥친 것입니다. 남편이 병들어 드러누웠고, 수입이 없어지자 어쩔 수 없이 노라가 직업 일선에 나선 것입니다. 결국 노라는 남편의 병수발 등으로 빚을 지게 되었고, 인정사정 없는 고리대금업자는 노라를 철저하게 궁지로 몰아 넣었습니다. 막다른 골목에서 노라가 상의할 수 있는 상대는 남편뿐인지라 궁지에 몰린 자신의 처지를 노라는 남편에게 고백하였습니다. 그런데 당연히 그동안의 수고를 위로해줄 줄 알았던 남편이 거꾸로 호통을 치며 말하는 것이었습니다. "거짓말쟁이 여자와는 살 수 없다. 모든 것이 끝장이다"라고 말입니다. 그 후 시간이 흘러가고 우여곡절 끝에 어려움이 간신히 지나갔습니다. 그리고 모든 것이 평안해지자 남편은 다시 전처럼 노라에게 상냥한 남편으로 변하였습니다. 그러나 이미 남편의 속마음을 알게 된 노라는 이때 자유롭게 집을 떠납니다. 그러면서 말합니다.

"나는 아내이기 이전에, 또 어머니이기 이전에, 한 사람의 인간으로 살고 싶다"

당시 연극을 본 사람들의 반응은 대체로 두 가지였습니다. 성 해방의 본보기라는 긍정적 반응과 가정을 파괴하면서까지 자아를 살리는 것이 온당한가라는 비난이었습니다. 그러나 문제는 노라가 집을 떠나기 전에 이미 가정 공동체는 실종되었다는 사실입니다.

현대 사회에는 노라의 가정과 같은 가정들이 늘어나고 있습니다. 그래서 이혼이 늘어나고 청소년 가출도 늘고 있습니다. 다른 모든 것을 갖추었어도 가족들 간에 훈훈한 대화와 따뜻한 배려를 가지지 못한 가정은 이미 병든 가정입니다.

가정은 행복을 만들어내는 공장입니다. 그리고 그 주체는 부부입니다. 부부가 합심하면 못할 일도 없지만, 부부가 갈라서면 세상 어느 곳보다도 추운 곳이 가정입니다. 여기의 핵심 단어는 "대화"입니다. 항상 마주하고 사랑하며 지혜로운 대화로 편안하고 행복한 가정을 만들어 나갑시다. 행복한 가정이 모이면 행복한 사회가 될 것으로 믿기 때문입니다.

찾아보기

[ㅇ]

[ㅈ]

[ㅊ]

[ㅋ]

[ㅌ]

[ㅍ]

[ㅎ]

저자소개

유 민

(계명대학교 생물학과 교수)

연세대학교 생물학과 졸업

미국 Kent State University 이학박사 (Biomedical Sciences 전공)

미국 University of Michigan (Ann Arbor) 연구교수

대한의생명과학회 회장 역임

저서 : 생명의 기원, 분자생물학, 바이오테크놀로지와 생명윤리, 암이라고요? 외 다수